PET DISEASES

寵物疫病

目　錄

緒　論

學習目標

一、知識目標

1. 認識寵物疫病的危害、寵物疫病防控研究的內容及重要性。
2. 了解寵物疫病課程的重要性、學習內容、學習方法和學習資源。
3. 了解寵物疫病與人類健康的關係。

二、技能目標

1. 能正確理解和看待寵物疫病的發展進程，具備綜合調查分析的能力。
2. 能正確理解和貫徹寵物疫病防控的方針、政策。
3. 能掌握寵物疫病診治的工作流程。
4. 能運用寵物疫病診治的技術和方法，對患病寵物實施診治。
5. 能對寵物主人做好針對性的寵物健康、公共衛生安全宣傳、科普工作。
6. 能進行相關知識的自主、合作、探究學習。

寵物疫病是研究寵物疫病（包括寵物傳染病和寵物寄生蟲病）發生和發展的規律以及預防、控制和消滅寵物疫病的方法，保障公共衛生安全的科學。

內容	要　點
訓練目標	能正確認識寵物疫病防控研究的內容和重要性，了解寵物疫病課程的重要性、內容、學習方法。
思考	1. 寵物疫病中有哪些是人獸共患病? 2. 寵物疫病防控研究的內容是什麼? 3. 如何成為一個有責任擔當、有理想信念、有仁心仁術的獸醫工作者?

內容與方法

一、寵物疫病防控研究

序號	內容	要　點
1	寵物疫病的危害	(1) 寵物疫病中有很多疾病（如狂犬病、布魯氏菌病、結核病、華支睪吸蟲病等）是人獸共患病，不僅危害寵物健康，也危害人類健康，影響公共衛生安全。 (2) 寵物疫病影響寵物健康，從而傷及愛寵人士情感。 (3) 寵物疫病中有許多疾病是多種動物共患病，不僅影響寵物健康，也危害其他動物健康，給畜牧、寵物行業造成經濟損失。 (4) 寵物疫病危害犬、貓、皮毛動物健康，影響相關產業發展，造成經濟損失。
2	防控研究的重要性	(1) 保證寵物和人類健康，保障公共衛生安全。 (2) 提高寵物愛好者的養寵體驗，構建和諧社會。 (3) 促進寵物疫病防控技術變革創新。
3	寵物疫病防控研究的內容	(1) 寵物疫病的發生與流行規律。 (2) 寵物疫病的診斷技術。 (3) 寵物疫病的治療原則、技術與措施。 (4) 寵物疫病的防控技術與措施。

二、寵物疫病課程

序號	內容	要　點			
1	重要性	課程性質與地位	本課程為必修課。 本課程為專業核心課。 本課程為職業技術課。		
2	學習內容	寵物傳染病	總論	(1) 寵物傳染病的發生與流行。 (2) 寵物傳染病的診斷。 (3) 寵物傳染病的治療。 (4) 寵物傳染病的預防。	
			各論	(1) 診斷	①按照實際臨床診療工作中的工作任務，進行臨床綜合診斷（從流行病學、臨床症狀、病理變化幾個方面著手），做出初診。

- 寵物傳染病
  - 各論
    - (1) 診斷
      - ②藉助實驗室診斷，進行確診。
    - (2) 防控措施
      - ①針對患病寵物，提出科學、合理的治療方案。
      - ②針對疾病，提出科學、合理的綜合防控方案。

2　學習內容

- 寵物寄生蟲病
  - 總論
    - (1) 寵物寄生蟲病的發生與流行。
    - (2) 寵物寄生蟲病的診斷。
    - (3) 寵物寄生蟲病的防治。
  - 各論
    - (1) 診斷
      - ①按照實際臨床診療工作中的工作任務，進行臨床綜合診斷（從寄生蟲生活史、臨床症狀、病理變化幾個方面著手），做出初診。
      - ②藉助實驗室診斷，進行確診。
    - (2) 防控措施
      - ①針對患病寵物，提出科學、合理的治療方案。
      - ②針對疾病，提出科學、合理的綜合防控方案。

3　學習方法

學習方法有很多，因人而異，主要注意以下幾點：

(1) 利用資訊化技術和工具，用好學習資源。
(2) 唱好學習三部曲：課前預習、課中專心學習、課後及時複習。
(3) 理論連繫實際，理論學習、實驗實訓兩手都要抓。
(4) 積極參加寵物疾病的臨床診療工作。
(5) 開展線下學習、線上學習、線上和線下混合式學習。
(6) 自主學習、合作學習、探究學習有機結合。

複習與練習題

一、是非題

（　）1. 寵物疫病隻影響寵物健康，不會影響人類健康。
（　）2. 寵物疫病分為病毒病、細菌病。
（　）3. 寵物疫病都是外源性疾病。
（　）4. 寵物疫病都是自然疫源性疾病。
（　）5. 寵物疫病都可以用疫苗預防。
（　）6. 寵物疫病包含寵物傳染病和寵物寄生蟲病。
（　）7. 寵物疫病可防可控。

（　）8. 有些寵物疫病是人獸共患病。

（　）9. 有些寵物疫病是因為人們的不良生活、飲食習慣引起的。

（　）10. 有些寵物疫病還沒有可用疫苗。

二、單選題

1. 以下屬於寵物疫病危害的是（　）。
   A. 影響寵物健康　B. 影響寵主情感　C. 造成經濟損失　D. 以上都是
2. 寵物疫病可以影響以下哪些動物？（　）。
   A. 犬科動物　B. 貓科動物　C. 皮毛動物　D. 以上都是
3. 防治人獸共患寵物疫病，有益於（　）。
   A. 寵物健康　B. 人類健康　C. 公共衛生安全　D. 以上都是
4. 寵物疫病防控研究的內容包括寵物疫病的（　）。
   A. 發生與流行規律　B. 診斷技術　C. 防控技術　D. 以上都是
5. 寵物傳染病包括（　）。
   A. 寵物病毒病　B. 寵物細菌病　C. 人獸共患病毒病　D. 以上都是
6. 以下不屬於寵物傳染病的是（　）。
   A. 狂犬病　B. 血吸蟲病　C. 犬瘟熱　D. 貓瘟
7. 以下不屬於寵物寄生蟲病的是（　）。
   A. 球蟲病　B. 布魯氏菌病　C. 華支睪吸蟲病　D. 弓形蟲病
8. 以下不屬於寵物疫病的臨床綜合診斷的是（　）。
   A. 流行病學診斷　B. 病原學檢查　C. 臨床症狀診斷　D. 病理變化診斷
9. 以下不屬於預防疫病的生物製劑的是（　）。
   A. 弱毒疫苗　B. 利巴韋林　C. 類毒素　D. 不活化疫苗
10. 寵物疫病是一門（　）。
   A. 必修課　B. 專業核心課　C. 職業技術課　D. 以上都是

習題答案

一、是非題

1.×　2.×　3.×　4.×　5.×　6.√　7.√　8.√　9.√　10.√

二、單選題

1.D　2.D　3.D　4.D　5.D　6.B　7.B　8.B　9.B　10.D

第一章
寵物傳染病

第一節　寵物傳染病診斷與防治技術

學習目標

一、知識目標

1. 掌握寵物傳染病的發生與流行規律的基礎知識。
2. 掌握寵物傳染病的診斷、治療與預防的基礎知識。

二、技能目標

1. 能正確理解和看待寵物傳染病的發展進程，具備綜合調查分析的能力。
2. 能正確理解和貫徹寵物傳染病防控的方針、規範。
3. 掌握寵物傳染病診治的工作流程。
4. 能運用寵物傳染病診治的技術和方法，對患病寵物實施診治。
5. 能進行相關知識的自主、合作、探究學習。
6. 能正確進行寵物病料的採集、保存和送檢。
7. 能正確給患病寵物進行輸液療法。
8. 能正確進行消毒。

任務一　寵物傳染病的發生與流行規律

內容	要　點
訓練目標	正確理解寵物傳染病發生和流行的基本規律。
思考	1. 如何監測寵物傳染病? 2. 寵物傳染病是如何發生和流行的? 3. 作為獸醫工作者，請簡述監測寵物傳染病的意義。

內容與方法

一、感染（傳染）

序號	內容	要點		
1	定義	感染又稱傳染，是病原微生物侵入動物機體，並在一定的部位定居、生長、繁殖，引起機體產生病理反應的過程。		
2	分類	(1)		外源性感染：病原微生物從外界侵入動物機體引起的感染。
				內源性感染：因動物機體抵抗力下降，寄生在動物體內的條件性病原微生物引起的感染。
		(2)		單純感染：單一病原微生物引起的感染。
				混合感染：兩種或兩種以上病原微生物同時參與的感染。
		(3)		原發感染：最先侵入動物體內引起的感染。
				繼發感染：動物感染一種病原微生物後，因機體抵抗力下降，其他病原微生物侵入或原先寄居在動物體內的條件性病原微生物引起的感染。
		(4)		顯性感染：表現出明顯的臨診症狀的感染。
				隱性感染：不表現任何症狀的感染。
		(5)		最急性感染：病程較短，一般在 24h 內，常沒有典型症狀、病變的感染。
				急性感染：病程一般在幾天到兩三週不等，伴有明顯症狀的感染。
				亞急性感染：病程一般在兩三週到一個月不等，症狀一般較緩和的感染。
				慢性感染：病程在一個月以上，一般無症狀或症狀比較輕微的感染。
		(6)		全身感染：病原微生物侵入動物機體，並擴散至全身多部位，或其代謝產物被吸收，引起全身症狀的感染。如菌血症、病毒血症、毒血症、敗血症、膿毒敗血症等。
				局部感染：侵入動物機體的病原微生物被限制在一定部位生長繁殖，引起局部病變的感染。
3	條件	(1) 病原微生物	毒力	有較強毒力才能突破機體的防疫屏障。
			數量	毒力越強，引起感染所需病原數量越少；毒力越弱，引起感染所需病原數量越多。
			侵入門戶	有些病原微生物只有特定的侵入門戶，如沙門氏菌、破傷風梭菌；有些病原微生物侵入途徑是多種的，如布魯氏菌、炭疽桿菌。

3	條件	(2) 易感動物	對病原微生物有感受性的動物，稱為易感動物。 動物的種類不同對病原微生物的感受性不同。 動物年齡、性別、營養狀況等因素影響其易感性。
		(3) 外界環境因素	病原微生物生長、繁殖、傳染受環境影響：夏季氣溫高有助於病原菌生長繁殖，易發生消化道傳染病；昆蟲活動頻繁的夏季、秋季易發生蟲媒傳染病。 機體抵抗力、易感性受環境影響：在寒冷冬季，易感動物呼吸道黏膜抵抗力降低，易發生呼吸道傳染病。

二、傳染病

序號	內容	要　點		
1	定義	由病原微生物引起，有一定的潛伏期和臨診表現，且有傳染性的疾病稱為傳染病。		
2	特徵	(1) 由病原微生物引起的。如狂犬病由狂犬病病毒引起，布魯氏菌病由布魯氏菌引起。		
		(2) 具有傳染性和流行性	傳染性：患病動物體內排出的病原體，侵入易感動物引起其感染。 流行性：個別動物患傳染病，可傳染造成群體發病。	
		(3) 感染的動物機體發生特異性免疫反應。		
		(4) 耐過動物獲得特異性保護	患傳染病的動物耐過後，體內產生一定量的特異性免疫效應物質（如抗體、細胞因子等）。該效應物質在體內存留一定時間，可保護動物機體不受同種病原體侵害。 不同傳染病耐過保護的時間長短不一。	
		(5) 具有特徵性的症狀和病變。		
3	發展階段	(1) 潛伏期	從病原微生物侵入機體並進行繁殖到動物出現最初症狀的一段時間。	①不同傳染病潛伏期不同。 ②同一傳染病不同患病個體的潛伏期不一定相同，但相對穩定。 ③處於潛伏期的患病動物沒有臨床表現。
		(2) 前驅期	動物從出現最初症狀到出現特徵性症狀的一段時間。	①時間一般較短。 ②僅表現疾病的一般症狀，如食慾下降、發燒等。

3	發展階段	(3) 急性期：傳染病特徵性症狀的表現時期。	該階段患病動物排出體外的病原微生物最多、傳染性最強。
		(4) 恢復期：急性期發展到動物死亡或恢復健康的一段時間。	①動物機體不能控制或殺滅病原體，則以死亡為結果。 ②動物機體抵抗力得到加強，病原體被有效控制或殺滅，則恢復健康。 ③病癒後動物體內的病原體不一定立即消失，一段時間內可能會出現帶病原體現象。

三、傳染病的流行

序號	內容	要點
1	流行的基本環節	傳染病的流行必須同時具備傳染源、傳染途徑、易感動物三個環節。 (1) 傳染源 定義：某種傳染病病原體能在其中定居、生長、繁殖，並將病原體排出體外的動物機體，稱為傳染源。 患病動物：是最重要的傳染源。患病動物在前驅期能排出大量毒力強的病原體；在急性期排出體外的病原體最多。 病原帶原者：無症狀但攜帶並排出病原體的動物，稱為病原帶原者。是更危險的傳染源。分三類：潛伏期病原帶原者、恢復期病原帶原者和健康病原帶原者。 (2) 傳染途徑 定義：傳染源排出的病原微生物經一定方式再侵入其他易感動物的路徑，稱為傳染途徑。 水平傳染：定義：指傳染病在群體間或個體間以水準形式橫向平行傳染。 直接接觸傳染：①指無任何外界因素參與下，病原體經傳染源與易感動物以交配、舐、咬等方式直接接觸引起傳染。②流行特點：一個接一個發生，形成明顯鏈鎖狀。以狂犬病為代表。

1 流行的基本環節	（2）傳染途徑	水平傳染	間接接觸傳染	①指在外界因素參與下，病原體經傳染媒介使易感動物發生傳染的方式。該傳染方式較常見。 ②常見傳染媒介有汙染的飼料、飲水、空氣、飼養工具、土壤、活的媒介物等。
		垂直傳染		定義：指傳染病從母體到子代兩代間的傳染。包括：經胎盤傳染、經卵傳染、經產道傳染。
	（3）易感動物			定義：易感動物指一定數量有易感性的動物群體。動物易感性的高低與病原體的種類、毒力強弱有關。
		影響動物易感性的因素	內在因素	不同種動物對一種病原體的感受性有較大差異；初生動物、高齡動物抵抗力一般較弱，年輕動物抵抗力較強。
			外在因素	環境濕度、溫度、光線、有害氣體濃度、日糧成分、餵養方式、運動量等。
			特異性免疫狀態	透過母源抗體獲得特異性免疫。 接觸抗原獲得特異性免疫。
2 流行過程的表現形式	按一定時間內患病動物數量、波及範圍大小，分 4 種表現形式。			
	（1）散發	①指在較長時間內，一個區域的動物群體中僅出現零星病例。 ②特點：零星發病。例如：狂犬病、破傷風、犬鉤端螺旋體病等。		
	（2）地方流行性	①指一定地區和動物群體中，發病動物較多，但常侷限於一個小範圍。 ②特點：侷限小範圍。例如：炭疽、犬艾利希體症等。		
	（3）流行性	①指一定時間內動物發病數或發生率超過正常水準，波及範圍較廣。 ②特點：傳染速度快、波及範圍較廣。		
	（4）大流行	①指一種傳染範圍極廣，動物發生率很高的流行過程，常波及整個國家或跨國流行。 ②特點：傳染範圍極廣、發生率很高、波及範圍廣。例如：流感。		

3	流行的特點	季節性	指某些傳染病常發生在一定的季節，或某季節的發病頻率明顯高於其他季節。例如：犬艾利希體症。
		週期性	指某些傳染病在一次流行後，常隔一段時間再次發生流行。例如：口蹄疫。
4	影響流行過程的因素	自然因素	氣候、氣溫、光照、濕度、雨量、地形、地理環境等。
		社會因素	獸醫衛生法規、生產力、經濟、文化、科技水準等。

四、疫源地和自然疫源地			
序號	內容	要　點	
1	疫源地	定義：指具有傳染源及其排出的病原體存在的地區。	
		疫點	指範圍較小的疫源地或單個傳染源構成的疫源地。
		疫區	指較大範圍的疫源地。
2	自然疫源地	自然疫源性疾病	指在自然情況下，即使沒有人類或人工飼養動物的參與，某些傳染病病原體也可經傳染媒介感染動物造成流行，並長期在自然界循環延續後代的疾病。例如：狂犬病、布魯氏菌病、鸚鵡熱等。
		自然疫源地	指存在自然疫源性疾病的地區。

複習與練習題

一、是非題

(　) 1. 內源性感染是動物體內的條件性病原體在動物機體抵抗力降低時引起的感染，又稱為自身感染。

(　) 2. 不同傳染病的潛伏期不同，一般來說，潛伏期短的疾病經過比較嚴重，潛伏期長的則表現較為緩和。

(　) 3. 耐過某種傳染病的動物一定不會再攜帶病原體。

(　) 4. 潛伏期的病原帶原者不具備感染的能力。

(　) 5. 採取嚴格消毒措施主要針對切斷傳染途徑這一環節。

(　) 6. 定期對飼養員進行健康檢查是為了防止動物疫病傳染給人。

(　) 7. 自身感染又稱為內源性感染。

(　) 8. 局部病變的感染稱為局部感染，有可能隨著病程發展為全身感染。

(　) 9. 經卵傳染的傳染途徑屬於垂直傳染。

(　) 10. 影響流行過程的因素包括自然因素和社會因素兩大類。

二、單選題

1. 病原微生物侵入動物機體後，按動物所表現的症狀是否明顯可分為（　）。
   A. 顯性感染和隱性感染　B. 良性感染和惡性感染
   C. 原發感染和繼發感染　D. 一過性感染和頓挫性感染
2. 採取嚴格消毒措施主要針對切斷傳染病流行的哪個環節？（　）。
   A. 傳染源　B. 傳染途徑　C. 易感動物　D. 其他
3. 下列選項描述正確的是（　）。
   A. 最急性型病例往往看不到前驅期和臨床急性期
   B. 最急性型病例無前驅期和臨床急性期
   C. 急性型病例常表現出典型的臨床症狀
   D. 慢性型病例常表現出非典型性臨床症狀
4. 下列關於傳染病流行的季節性的分析，不正確的是（　）。
   A. 流行季節有利於病原體的生長繁殖
   B. 流行季節有利於傳染媒介的活動
   C. 流行季節對易感動物抵抗力有影響
   D. 流行季節有利於易感動物抵抗力增強
5. 當發生率為100％時，（　）。
   A. 死亡率大於致死率　B. 死亡率小於致死率
   C. 死亡率等於致死率　D. 其他
6. 下列哪個不是切斷傳染病流行環節中易感動物而採取的措施？（　）。
   A. 注射疫苗　B. 注射藥物治療患病寵物
   C. 注射高免血清治療　D. 注射高免血清緊急預防
7. 經產道傳染屬於（　）途徑。
   A. 直接接觸傳染　B. 間接接觸傳染
   C. 垂直傳染　D. 水平傳染
8. 臨床上診斷傳染病一般在（　）。
   A. 潛伏期　B. 前驅期
   C. 臨床急性期　D. 恢復期
9. 下列哪種疫病不屬於自然疫源性疾病？（　）。
   A. 狂犬病　B. 犬瘟熱
   C. 布魯氏菌病　D. 肝炎
10. 以下認為疫源地被消滅的是（　）。
   A. 傳染源被消滅
   B. 所有傳染源死亡或離開疫區、康復動物體內不帶有病原體，經過一個最長潛伏期沒有出現新的病例，疫源地徹底消毒
   C. 傳染媒介被消滅
   D. 排於外界的病原體被消滅

習題答案

一、是非題

1.√ 2.√ 3.× 4.× 5.× 6.× 7.√ 8.√ 9.√ 10.√

二、單選題

1.A 2.A 3.A 4.D 5.B 6.B 7.C 8.C 9.D 10.B

任務二　寵物傳染病的診斷

寵物傳染病發生後，及時、正確診斷是防治工作的關鍵和首要環節，它關係到能否正確制定有效的防控措施。

寵物傳染病診斷的方法很多，可分兩類，即臨床綜合診斷和實驗室診斷。其中臨床綜合診斷包括流行病學診斷、臨床症狀診斷、病理變化診斷，實驗室診斷包括病理組織學診斷、病原學診斷、免疫學診斷、分子生物學診斷等。

內容	要　點
訓練目標	正確理解並進行寵物傳染病的診斷。
思考	1. 寵物傳染病的診斷方法有哪些? 2. 如何診斷寵物傳染病? 3. 為精準診斷寵物傳染病，如何創新診斷技術?

內容與方法			
一、臨床綜合診斷			
（一）臨床症狀診斷			
序號	內容	要　點	
1	定義	利用人的感覺器官或藉助簡單器械（如體溫計、聽診器等）直接對患病寵物進行檢查，稱為臨床症狀診斷。	
2	主要檢查方法	六診：問診、視診、聽診、觸診、叩診、嗅診。	
		血、糞、尿的常規檢查。	
3	主要檢查內容	患病寵物的精神、食慾、體溫、脈搏、體表、被毛、分泌物及排泄物變化。	
		患病寵物呼吸、消化、泌尿生殖、神經、運動、感官等系統的變化。	
4	主要優缺點	優點	簡便快速。適用於有特徵症狀的典型病例，如狂犬病、破傷風、犬細小病毒病等。
		缺點	有一定的侷限性，多數情況下只能提出可疑傳染病範圍，不能確診。不適用於發病初期、非典型病例、症狀相似的病例。

<table>
<tr><th colspan="5">（二）流行病學診斷</th></tr>
<tr><th>序號</th><th>內容</th><th colspan="3">要　點</th></tr>
<tr><td>1</td><td>定義</td><td colspan="3">指針對患病動物群體、經常與臨床症狀診斷連繫在一起的一種診斷方法，常在流行病學調查（疫情調查）基礎上進行。</td></tr>
<tr><td rowspan="3">2</td><td rowspan="3">主要調查內容</td><td>(1) 本次疫病流行情況</td><td colspan="2">①最初發病時間、地點，隨後蔓延情況，目前疫情分布。
②疫區內各種動物數量和分布情況；發病動物種類、數量、年齡、性別，疫病傳染速度和持續時間。
③發病後是否診斷過，採取過哪些措施，效果如何。
④接種過哪些疫苗、疫苗來源、免疫方法、接種劑量和次數等。
⑤抗體水準情況，是否存在壓力因素（如發病前後飼料、飼養管理、氣候、運輸等）。
⑥查清感染率、發生率、死亡率和致死率。</td></tr>
<tr><td>(2) 疫情來源調查</td><td colspan="2">①本地過去是否發生過類似疫病，何時發生，流行情況如何，是否確診，採取過哪些措施，效果如何。
②附近地區是否發生過類似疫病。
③發病前是否由外地引進寵物、寵物飼料、寵物用品或物品，輸出地有無類似疫病。
④是否有外來人員到本場或本地區參觀、訪問、銷售等。</td></tr>
<tr><td>(3) 傳染途徑和方式調查</td><td colspan="2">①本地各類有關動物飼養管理、使役和放牧情況。
②動物流動和防疫衛生情況。
③交通、市場、屠宰檢疫情況。
④病死動物處理情況。
⑤疫區的地形、氣候、河流或湖泊、交通、植被、野生動物、節肢動物的分布活動情況。
⑥助長疫病傳染蔓延的其他因素。</td></tr>
<tr><td rowspan="6">3</td><td rowspan="6">主要調查方法</td><td rowspan="3">(1) 詢問調查</td><td>方式</td><td>詢問、座談等。</td></tr>
<tr><td>對象</td><td>寵物主人、飼養者，寵物醫護人員等。</td></tr>
<tr><td>內容</td><td>易感動物、傳染源、傳染途徑、傳染媒介等。</td></tr>
<tr><td rowspan="3">(2) 現場調查</td><td>方式</td><td>現場觀察。</td></tr>
<tr><td rowspan="2">重點</td><td>疫區的獸醫衛生情況、地理特徵、氣候條件等。</td></tr>
<tr><td>疫區動物發病狀況、動物飼養管理情況等。</td></tr>
</table>

		(3) 實驗室檢查	目的		查明致病因子。
			內容		病原檢查、抗體檢查、毒物檢查等。
					對動物的排泄物或嘔吐物，寵物食品或飲水檢查等。
3	主要調查方法	(4) 統計分析	即把各項調查結果進行綜合分析，對各種數據應用統計學方法歸納分析，以便進一步了解疫情。		
			常用統計指標	①發生率	指一定時期內動物群體中發生某病新病例的百分比。
					反映傳染病的流行速度。
				②感染率	指用臨床檢查方法和各種實驗室檢查法（病原學、血清學等）檢查出的所有感染某傳染病的動物數占被檢查動物總數的百分比。
					反映流行過程的基本情況。
				③盛行率	指在一定時間內動物群體中患病動物數占該群動物總數的百分比。
					反映該時間段內新老病例情況。
				④死亡率	指因某病死亡的動物數占該群動物總數的百分比。
					反映病例在動物群體中發生的頻率。
				⑤致死率	指因某病死亡的動物數占該群動物中患該病動物數的百分比。
					反映傳染病的嚴重程度。

（三）病理變化診斷

序號	內容	要　點
1	定義	指對患傳染病的病死動物進行剖檢，肉眼觀察其病理變化，並做出診斷。
2	作用	驗證臨床症狀診斷結果的正確性；為選擇實驗室診斷方法和內容提供依據。
3	剖檢注意事項	(1) 排除炭疽後再剖檢：疑似炭疽病例，先做末梢血塗片，必要時取脾抹片，染色鏡檢。 (2) 在規定地點剖檢，剖檢後做好無害化處理和消毒。 (3) 在寵物病死後立即採集病料：夏季不超過 8h，冬季不超過 24h。 (4) 選擇症狀較典型的、未經治療的病例剖檢。 (5) 飼養場的病死寵物，盡可能多剖檢幾隻。 (6) 短時間內不能送到檢驗單位的病料，用保存液保存。

4	剖檢操作順序	(1) 觀察屍體外觀變化	①有無屍僵、皮膚變化等。 ②天然孔有無分泌物、排泄物、出血及其性質。 ③體表有無腫脹或異常。 ④四肢、頭部、五官有無變化。
		(2) 檢查內臟	①先查胸腔，再查腹腔。 ②先看外表（漿膜），再切開實質臟器。 ③先檢查消化道以外的組織器官，再看消化道。

二、實驗室診斷

（一）病理組織學診斷

序號	內容	要點	
1	定義	指取病變部位組織，經傳統組織病理技術（或綜合運用免疫組化技術、分子生物學技術、雷射掃描共聚焦顯微鏡技術以及晶片技術等方法）做組織病理學檢查，明確組織學病變（或顯微病變），以此診斷疾病。	
2	傳統組織病理技術	常規石蠟切片製作程序	組織固定→取材→固定→脫水→透明→浸蠟→包埋→切片→染色→封片→觀察
3	注意事項	(1) 不同傳染病，取樣組織來源不一定相同。 (2) 病理組織學診斷技術發展經歷肉眼、光學顯微鏡、電子顯微鏡、分子技術、基因水準五個階段，實現了從定性到定量診斷。 (3) 臨床上，病理組織學診斷應根據實際需求選擇定性或定量診斷技術。	

（二）病原學診斷

序號	內容	要點	
1	定義	指應用微生物學方法進行病原學檢查。	
2	常用方法	病料塗片和鏡檢、分離培養和鑑定、動物接種試驗。	
3	病料塗片和鏡檢	適用範圍	可用於細菌。具有特徵性形態的病原菌可快速做出診斷。大多數病原菌無特徵形態，僅提供初步診斷依據。
		操作步驟	(1) 取樣：取病變顯著的組織器官。 (2) 塗片：塗片數張。 (3) 染色：選擇相應染色方法進行染色。 (4) 鏡檢：觀察細菌形態。

		適用範圍	可用於病毒、細菌、真菌、螺旋體等。
4	分離培養和鑑定	主要操作步驟	(1)分離培養：①病毒的分離培養可選用禽胚、動物或細胞組織等。②細菌、真菌、螺旋體等的分離培養可選擇適當的人工培養基。
			(2)鑑定：包括形態學、培養特性、動物接種、免疫學、分子生物學等方法。
		適用範圍	可用於病毒、細菌等。
5	動物接種試驗	實驗動物	常選擇對病原體最敏感的動物進行人工感染試驗。常用的實驗動物有小鼠、豚鼠、倉鼠、家兔、家禽、鴿等。
		主要操作步驟	(1) 用適當方法處理病料。 (2) 將處理好的病料進行人工接種實驗動物。 (3) 觀察記錄實驗動物的發病時間、臨床症狀，以及死亡情況。 (4) 當實驗動物死亡或經一定時間後剖檢，觀察病理變化。 (5) 採集病料，進行塗片鏡檢。 (6) 分離鑑定。

（三）免疫學診斷

序號	內容	要點	
1	定義	指應用免疫學的理論、技術和方法診斷各種疾病和測定動物機體免疫狀態。	
2	分類	包括血清學試驗、變態反應。	
3	血清學試驗	定義	指利用抗原和抗體特異性結合的免疫學反應進行診斷。
		原理	用已知抗原來測定被檢動物血清中的特異性抗體。 用已知抗體來測定被檢材料中的抗原。
		特點	特異性強、檢出率高、簡易快速等。
		常用方法	中和試驗、凝集試驗、沉澱試驗、溶細胞試驗、補體結合試驗及免疫標記技術等。

4	變態反應	定義		又稱過敏反應，指動物機體對某些抗原初次應答後，再次接受相同抗原刺激時，發生的一種以機體生理功能紊亂或組織細胞損傷為主的特異性免疫應答。
		發生條件		（1）容易發生變態反應的特應性體質。 （2）與抗原接觸。
		分類	Ⅰ型變態反應	即速發型，又稱過敏反應。 常見有：過敏性休克、食物過敏性胃腸炎、濕疹、過敏性鼻炎等。
			Ⅱ型變態反應，即細胞毒型。	
			Ⅲ型變態反應	即免疫複合物型。 常見有：血清病、鏈球菌感染後引起的腎小球腎炎等。
			Ⅳ型變態反應	即遲發型。 常見有：接觸性皮炎，多種細菌、病毒（如結核分枝桿菌、布魯氏菌、麻疹病毒）感染引起的Ⅳ型變態反應。 Ⅳ型變態反應主要操作步驟： （1）將變應原（如結核菌素）按照操作程序要求注射到待檢動物特定部位。 （2）觀察動物機體局部或全身反應。 （3）判定結果，並做出診斷。

（四）分子生物學診斷

序號	內容	要　點
1	定義	又稱基因診斷，主要是針對不同病原微生物所具有的特異性核酸序列和結構進行測定。
2	特點	靈敏度高、特異性強、檢出率高。
3	分類	基因診斷方法很多，在傳染病診斷方面有代表性的技術主要是：聚合酶鏈式反應（PCR）、核酸探針、DNA 晶片技術。

4	PCR 診斷技術		即聚合酶鏈式反應，是體外基因擴增技術。
		優點	特異性強、靈敏度高、操作簡便、快速、重複性好、對原材料要求較低等。
		缺點	易出現假陽性。
		應用	PCR 用於傳染病的早期診斷和傳染源鑑定，主要是檢測病原。 常用檢測病原體的 PCR 有反轉錄 PCR（RT-PCR）、免疫 PCR 等。
		主要操作步驟	（1）在 DNA 序列資料庫 GeneBank 中檢索已知病原微生物特異性核酸序列。 （2）根據已知病原微生物特異性核酸序列，設計合成與其 5′端同源、3′端互補的 2 條引物。 （3）在體外反應管中加入待檢病原微生物核酸（模板 DNA）、引物、4 種 dNTP 和有熱穩定性 *Taq* DNA 聚合酶。 （4）將反應管置於 PCR 儀。 （5）在適當條件（Mg^{2+}、pH 等）下，經過一個循環（包含變性、複性、延伸 3 個步驟），一般經 20～30 次循環後可檢測反應結果。 （6）用 PCR 產物進行瓊脂糖凝膠電泳。 （7）利用凝膠成像分析系統對電泳凝膠圖像進行拍攝和分析，做出診斷。
5	核酸探針技術	定義	又稱基因探針（或核酸分子雜交技術），指利用核酸鹼基互補理論，將標記過的特異性核酸探針與經過處理、固定在濾膜上的 DNA 進行雜交，以鑑定樣品中的未知 DNA。
		組成	待檢核酸（模板）。 固相載體（NC 硝酸纖維膜或尼龍膜）。 核酸探針（用同位素、酶或螢光材料等標記過）。
		特點	敏感性高、特異性強、簡便快速。
		分類	根據反應特點可分為原位雜交、斑點雜交、Southern 雜交、Northern 雜交。
		主要操作步驟	（1）以已知病原微生物的核酸片段、DNA 或 cDNA 資料庫中核酸片段、或根據已知病原微生物核酸序列人工設計合成的核酸片段為探針材料，製備核酸探針。 （2）用同位素、地高辛、生物素等標記核酸探針。 （3）將待檢核酸（模板）與標記核酸探針經變性、複性。 （4）進行酶底物反應（或放射自顯影）。 （5）按照固相膜的相應位置出現預期反應條帶或斑點情況，做出診斷。

6	DNA晶片技術	定義	是一種大規模整合的固相雜交，是指在固相支持物上原位合成寡核苷酸或者直接將大量預先製備的DNA探針以顯微影印的方式有序地固化於支持物表面，然後與標記的樣品雜交。透過對雜交信號的檢測分析，得出樣品的遺傳資訊（基因序列及表達的資訊）。
		特點	高通量、高精確度、高靈敏度、多參數同步分析、快速。
		應用	可用於基因表達檢測、突變檢測、基因組多態性分析、基因文庫作圖及雜交定序等。
		主要操作步驟	晶片製備→樣品製備→雜交反應→信號檢測和結果分析

複習與練習題

一、是非題

（ ）1. 臨床上診斷傳染病一般在臨床急性期。

（ ）2. 相比犬舍，動物醫院中可能含有的病原微生物種類更多。

（ ）3. 問診不是臨床診斷的手段。

（ ）4. 致死率是指死亡動物占動物總數的百分比。

（ ）5. 疫區可以正常進行動物貿易往來。

（ ）6. 病料可以常溫送檢。

（ ）7. 採取微生物檢驗材料時，要嚴格無菌操作，並嚴防散布病原。

（ ）8. 細菌生化試驗在細菌鑑定及疾病診斷中有重要意義。

（ ）9. 注射結核菌素屬於變態反應。

（ ）10. 血清學試驗屬於免疫學診斷手段之一。

二、單選題

1. 以下不是臨床症狀診斷手段的是（ ）。
   A. 問診　B. 聽診　C. 尿常規檢查　D. 基因定序
2. 發生率是指在一定時期內動物群體中（ ）。
   A. 新病例百分比　B. 被檢測動物百分比
   C. 死亡與總數百分比　D. 新舊病例百分比
3. 病理學診斷在哪個時期具有重要意義？（ ）。
   A. 前驅期　B. 臨床急性期　C. 恢復期　D. 潛伏期
4. 細菌性檢驗病料保存於（ ）中。
   A. 30%甘油緩衝液　B. 50%甘油緩衝液
   C. 70%甘油緩衝液　D. 30%甘油緩衝液加青黴素溶液

5. 病毒性檢驗病料保存於（　）中。
　A. 30％甘油緩衝液　　B. 50％甘油緩衝液
　C. 70％甘油緩衝液　　D. 10％甘油緩衝液
6. 當懷疑為危險傳染病的病料時，應將盛病料的器皿置於（　）。
　A. 玻璃容器內蠟封寄送
　B. 金屬匣內，並焊封加印後裝入木匣寄送
　C. 廣口保暖瓶寄送
　D. 10mL EP 管存裝寄送
7. 細菌的培養應放置於（　）生化培養箱。
　A. 15℃　B. 26℃　C. 37℃　D. 40℃
8. 至目前為止，採用變態反應診斷運用最多的是（　）。
　A. 病毒性傳染病　B. 細菌性傳染病　C. 真菌性傳染病　D. 其他
9. 細菌性疾病血液病料採集時下列操作錯誤的是（　）。
　A. 採集後立即加入抗生素　　B. 應在動物發病未用抗生素前採集
　C. 血液應脫纖或加抗凝劑　　D. 採集後應立即冷藏送檢或冷凍保存
10. 病毒性疾病血液病料採集時下列操作錯誤的是（　）。
　A. 採集後可加入抗生素　　B. 應在動物發病初期發燒時採集
　C. 可加入檸檬酸鈉作為抗凝劑　　D. 採集後應立即冷藏送檢或冷凍保存

習題答案

一、是非題

1.√　2.√　3.×　4.×　5.×　6.×　7.√　8.√　9.√　10.√

二、單選題

1.D　2.A　3.B　4.A　5.B　6.B　7.C　8.B　9.A　10.B

實訓一　病料的採集、保存和送檢

內容	要　點
訓練目標	掌握病料的採集、保存和送檢方法。
考核內容	1. 病料的採集方法。 2. 病料的保存。 3. 病料的送檢。

內容與方法				
一、病料的採集				
序號	內容	要　點		
1	器材	高壓蒸汽滅菌器、手術刀、手術剪、鑷子、平皿、試管、廣口瓶、包裝容器、採血針頭、針筒、載玻片、蓋玻片、脫脂棉、酒精燈、打火機或火柴、一次性手套、標籤紙、記號筆、簽字筆、送樣資訊表等。		
2	試劑	保存液、來蘇兒。		
3	微生物學檢驗病料的採集	(1)膿汁、鼻液、陰道分泌物、胸水、腹水	用滅菌棉球蘸取病料後，放入滅菌試管中。 採取破潰膿腫內的膿汁或胸水、腹水等時，可用滅菌針筒抽取，放入滅菌小瓶內。 對較黏稠的膿汁，可向膿腫內注入 1～2mL 滅菌生理鹽水，然後再吸取。	
		(2)血液	全血	①用針筒抽取滅菌的 5% 檸檬酸鈉溶液 1mL。 ②無菌採靜脈血 10mL。 ③輕輕混勻後，緩緩注入滅菌容器。
			血清	①無菌採血 10mL，注入滅菌試管。 ②室溫或恆溫箱內靜置 1～2h，或用離心管離心，分離血清。 ③吸取血清至另一滅菌試管。
		(3)血液塗片	用末梢血做血液塗片數張。	

3	微生物學檢驗病料的採集	(4)膽汁	①採取整個膽囊，或用燒紅鐵片或酒精棉球燙烙膽囊表面。 ②用滅菌吸管或針筒刺入膽囊內吸取膽汁數毫升。 ③置於滅菌試管。
		(5)內臟、淋巴結	①將淋巴結、心臟、肝、肺、脾、腎等有病變部位各採 1～2cm^{3}的小方塊。 ②分別置於滅菌的試管或平皿內。
		(6)腸內容物、腸壁	①用燒紅的刀片或鐵片將欲採集的腸表面烙燙後穿一小孔。 ②用吸管從小孔插入採取腸黏膜上黏液或腸內容物，裝入試管。 ③將腸內容物除掉，用滅菌生理鹽水沖洗後，置於盛有 50% 甘油水溶液或飽和氯化鈉溶液的容器中送檢。
		(7)腦、脊髓	採取腦、脊髓並浸入 50% 甘油生理鹽水。 或割下的整個頭部，包入浸過 0. 1% 升汞液的紗布中，再用塑膠布或油紙包裹，裝入木箱或鐵桶內送檢。
4	病理組織學檢驗病料的採集	(1) 採集	①屍檢取標本時，先切取稍大的組織塊。 ②用固定液（如 10% 甲醛溶液），按照固定液量為組織體積的 5～10 倍，固定一段時間。 ③修整成適當大小。 ④換固定液，繼續固定。
		(2) 注意事項	①選擇典型病變部位與鄰近健康組織一併採取。 ②選取的組織材料要包含器官主要結構，如腎應包括皮質、髓質、腎乳頭、被膜。 ③選取病料時切勿擠壓（使組織變形）、刮抹（使組織缺損）、沖洗。 ④選取的組織不宜太大。
5	毒物檢驗材料採集	注意事項	①要求容器清潔，無化學雜質，洗刷乾淨。 ②對中毒的犬，可用導胃管取胃內容物，同時採集糞便、血液、尿液。 ③剖檢病死犬時，採集胃和腸內容物、胃壁、腸段、心臟、肝、血液、尿液、腎、膀胱等，也可取整個胃，將兩端結紮後送檢。 ④每一種病料置於一個容器，不能混合。

二、病料的保存

序號	內容	要　點
1	細菌檢驗材料	(1) 採集的臟器組織塊，保存在 30% 甘油緩衝鹽水溶液或飽和氯化鈉溶液中，加塞封固。 (2) 液體材料置於滅菌試管或毛細玻管中，加塞密封。

2	病毒檢驗材料		(1) 盡快置於低溫條件下保存。 (2) 採集的臟器組織塊，保存在 50% 甘油緩衝鹽水溶液，加塞封固。
3	血清學檢驗材料		(1) 血清應低溫保存，但不要反覆凍融。 (2) 在每毫升血清中加入 3%～5% 碳酸 1～2 滴。
4	病理組織學材料		採集的臟器組織塊，立即放入 10% 甲醛溶液或 95% 酒精中固定。
		注意事項	(1) 固定液量為送檢病料的 10 倍以上。 (2) 用 10% 甲醛溶液固定，24h 後更換新溶液一次。 (3) 嚴寒季節，取出固定好的組織塊，保存於甘油和 10% 甲醛等量混合液內。
5	毒物檢驗材料		應立即送檢，如不能立即送檢，則應放入冰箱保存。

三、病料的送檢			
序號	內容	要點	
1	病料包裝	液體病料	(1) 用滅菌細玻璃管收集後，火焰封閉管口。 (2) 用廢紙或棉花包裝封閉的細玻璃管後，裝入較大試管內，再裝入木盒中。 (3) 用滅菌試管裝蘸有鼻液、膿汁等的棉花棒，剪除多餘棒柄，密封，再裝入木盒。
		臟器組織	(1) 將病料放入容器中，加塞加蓋，用膠布密封。 (2) 用記號筆註明內容物、採樣時間等。 (3) 裝入襯墊有緩衝物（如碎紙、棉花等）的內容器。 (4) 置於加有冰塊的廣口保溫瓶中。 (5) 裝入襯墊有緩衝物的外容器，密封好。
2	病料運送	(1)填寫送檢單	①送樣單位名稱、聯絡人姓名、聯絡地址、電話、傳真、信箱等。 ②送檢動物種類、年齡、性別、發病日期、死亡時間、採樣時間、樣品名稱、樣品保存方式、樣品數量。 ③是否進行過預防接種，是否治療過，療效如何。 ④送檢動物的主要臨床症狀、剖檢病變及初步診斷。 ⑤送檢地區是否有類似疫病流行及其流行特點、發病動物種類、發病數和死亡數。 ⑥送檢目的和要求。
		(2)運輸	一般病料可郵寄。應嚴防容器破損，避免病料接觸高溫及日光。

實訓報告	在教師指導下完成附錄的實訓報告

複習與練習題

一、是非題

(　) 1. 病料的採集和送檢用於細菌分離、塗片檢查、抗體檢測、病毒分離、病理切片、免疫組化、PCR 鑑定、試紙快速診斷等。

(　) 2. 採樣前應先進行患病動物的檢查。

(　) 3. 採樣人員採樣時不需要戴手套和口罩。

(　) 4. 採樣器械與用具無需進行滅菌消毒。

(　) 5. 皮膚採集時要選皮膚病變明顯部分的邊緣，採至真皮層。

(　) 6. 採集肝時如果需要做細菌分離，應先用燒紅的手術刀片燙烙肝的表面，將接種環自燙烙的部位插入組織中取樣。

(　) 7. 內臟採集應在動物死後立即進行，最好不超過 24h。

(　) 8. 病料採集後若不能馬上送檢，可先保存於 4℃冰箱中。

(　) 9. 送檢時應附帶「送樣資訊表」，記好動物基本資訊和送檢單位資訊。

(　) 10. 病料採集完成後越快送檢越好。

二、單選題

1. 內臟採集應在動物死後立即進行，最好不超過（　）h。
   A. 6　　B. 12　　C. 18　　D. 24

2. 內臟採集應在動物死後立即進行，夏季不宜超過（　）h。
   A. 16　　B. 12　　C. 8　　D. 4

3. 採集病料用到的刀、剪刀、鑷子等用具需要事先要進行消毒，煮沸（　）min 可達滅菌消毒效果。
   A. 5　　B. 10　　C. 15　　D. 30

4. 採集內臟時，採集用的刀、剪刀最好先用（　）擦拭，並在火焰上燒一下，再進行組織的剪切。
   A. 酒精　　B. 生理鹽水
   C. 甘油　　D. 清水

5. 採集肝時，採集的病料不宜過大或過小，下列病料中大小合適的是（　）。
   A. 0.5cm^2 小方塊　　B. 5cm^2 小方塊
   C. 15cm^2 小方塊　　D. 30cm^2 小方塊

6. 做細菌檢驗的病料需要放入（　）中，並加塞封固。
   A. 10%甲醛溶液　　B. 30%甲醛溶液
   C. 30%甘油緩衝鹽水　　D. 50%甘油緩衝鹽水

7. 做病毒檢驗的病料需放入（　）中，並加塞封固。
   A. 10%甲醛溶液　　B. 30%甲醛溶液
   C. 30%甘油緩衝鹽水　　D. 50%甘油緩衝鹽水

8. 做病理組織學檢查的病料需放入（　）中，並加塞封固。

A. 10%甲醛溶液　　B. 30%甲醛溶液

C. 30%甘油緩衝鹽水　　D. 50%甘油緩衝鹽水

9. 不能立即送檢的病料可先保存於（　）中。

A. 室溫環境　　B. 4℃冰箱

C. −20℃冰箱　　D. −80℃冰箱

10. 皮膚採樣時，若皮膚表面皮屑較多，可用（　）黏取皮屑以及病灶周圍的被毛，放入滅菌容器中。

A. 棉花棒　　B. 紗布　　C. 透明膠　　D. 標籤中

習題答案

一、是非題

1.√ 2.√ 3.× 4.× 5.√ 6.√ 7.× 8.√ 9.√ 10.√

二、單選題

1.A 2.D 3.D 4.A 5.B 6.C 7.D 8.A 9.B 10.C

任務三　寵物傳染病的治療

寵物傳染病的治療，必須在遵守相關法規要求的前提下，在嚴格封鎖或隔離的條件下進行，採取消除病原體致病作用、增強動物機體抗病力和調整恢復機體生理機能的綜合治療措施。

內容	要　　點
訓練目標	掌握寵物傳染病的治療方法。
思考	1. 寵物傳染病常見治療方法有哪些? 2. 如何做到辨證論治? 3. 在治療寵物傳染病時，如何貫徹好中西醫結合的治療原則?

內容與方法

一、寵物傳染病治療的意義

序號	內容	要　　點
1	治療意義	(1) 挽救發病寵物，減少損失。 (2) 消除傳染源。 (3) 綜合防疫，保護易感動物。

二、寵物傳染病治療的原則

序號	內容	要　　點
1	治療原則	(1) 早發現早治療。 (2) 標本兼治：對症治療和對因治療相結合。 (3) 特異性治療和非特異性治療相結合。 (4) 藥物治療和綜合措施相結合。 (5) 局部治療和全身治療相結合。 (6) 針對病原體療法與針對動物機體療法相結合。 (7) 中西醫治療相結合。 (8) 堅持因地制宜、勤儉節約。 (9) 治療用藥遵守原則： ①注意藥物的適應症，合理使用，有的放矢。 ②掌握劑量，用藥足量，保證療效，但要防止過量。 ③療程要足，避免一天一換藥。 ④抗菌藥物要定期更換，輪換用藥，不宜長期用一種藥物。 ⑤要科學合理地進行聯合用藥，避免藥物中毒和浪費。

三、寵物傳染病治療的方法			
序號	內容	要點	
1	針對病原體的療法	指幫助動物機體殺滅或抑制病原微生物，或消除其致病作用的療法。	
		(1)特異性療法	指應用單株抗體、高免血清、痊癒血清（或全血）等特異性生物製品進行治療。 注意事項：①早期使用；②多次足量；③途徑適當；④防止過敏。
		(2)抗生素療法	指用抗生素對細菌性傳染病進行的治療。 注意事項：①掌握抗生素的適應症；②綜合考慮劑量、療程、給藥途徑、不良反應、經濟價值等；③不濫用抗生素；④結合臨診經驗，按照藥理學要求合理聯合用藥。
		(3) 化學療法	指使用有效的化學藥物幫助動物機體消滅或抑制病原體的方法。常用化學藥物包括：①磺胺類藥物；②抗菌增效劑；③硝基咪唑類藥；④喹諾酮類藥；⑤抗病毒藥。
2	針對動物機體的療法	指幫助動物機體增強自身抵抗力，調整、恢復生理機能，促使機體戰勝疾病，恢復健康的療法。常用方法有加強護理、對症治療等。	
		(1)加強護理	①在嚴格隔離場所進行治療。 ②隔離場所必須光線充足、乾燥、通風良好、有單獨籠。 ③保持安靜、做好衛生和消毒。 ④隔離場所做好防寒保暖（冬季）、防暑降溫（夏季）。 ⑤專人管理，嚴禁閒雜人員入內。 ⑥飲具、用具等物品要專用。 ⑦供給充足、清潔的飲水。 ⑧供給易消化、高品質的飼料，少餵勤添。 ⑨根據病情需要，可注射葡萄糖、維他命或其他營養物質。 ⑩人工灌服免疫多醣膏、營養膏等。
		(2)對症治療	指為減緩或消除某些嚴重症狀，採取調節和恢復機體生理機能而進行的內外科療法。 常用方法有退燒、利尿、緩瀉、止瀉、止血、止痛、鎮靜、解痙、興奮、強心、輸氧、防治酸中毒和鹼中毒、調節電解質平衡、局部治療措施、某些急救手術等。

複習與練習題

一、是非題

（ ）1. 磺胺嘧啶與甲氧苄啶聯合可產生協同作用。

（　）2. 寵物傳染病治療的意義是消除傳染源，進行綜合性防疫措施。
（　）3. 寵物傳染病重在預防，治療可有可無。
（　）4. 治療寵物傳染病不需要隔離。
（　）5. 用高免血清治療屬於特異性療法。
（　）6. 用單株抗體治療不屬於特異性療法。
（　）7. 高免血清應該在重症晚期使用。
（　）8. 抗生素聯合用藥可增強抗菌譜。
（　）9. 針對動物機體只需採用對症療法。
（　）10. 抗病毒藥主要是破壞病毒複製的過程。

二、單選題

1. 以下不屬於對症治療的是（　）。
   A. 止吐　B. 止瀉　C. 鎮靜　D. 抗病毒
2. 緊急接種的前提和關鍵是（　）。
   A. 生物製品的選擇　B. 消毒
   C. 分清健康者和潛伏期感染者　D. 確認疫病的性質
3. 下列哪個不是切斷傳染病流行環節中易感動物而採取的措施？（　）。
   A. 注射疫苗　B. 注射藥物治療患病寵物
   C. 注射高免血清治療　D. 注射高免血清緊急預防
4. 下列哪種製劑使機體產生免疫力最快？（　）。
   A. 弱毒苗　B. 不活化疫苗　C. 類毒素　D. 抗毒素
5. 以下不屬於寵物傳染病治療原則的是（　）。
   A. 對因治療與對症治療相結合　B. 預防為主，防重於治
   C. 局部治療與全身治療相結合　D. 中西醫治療相結合
6. 以下不是抗生素療法注意事項的是（　）。
   A. 掌握適應症　B. 不輪換用藥　C. 不濫用藥　D. 聯合用藥
7. 以下不是特異性療法注意事項的是（　）。
   A. 多次足量使用　B. 途徑適當　C. 晚期使用　D. 防止過敏
8. 使用磺胺類藥物治療犬病的同時應給予碳酸氫鈉，目的是（　）。
   A. 加速磺胺類藥物及其代謝物排泄　B. 增強抗菌作用
   C. 減慢磺胺類藥物及其代謝物排泄　D. 減輕藥物對肝和腎的毒性
9. 磺胺嘧啶與 TMP 聯合可產生（　）。
   A. 協同作用　B. 拮抗作用　C. 相加作用　D. 配伍禁忌
10. 應用氟喹諾酮類抗菌藥治療寵物疾病的主要不良反應是（　）。
   A. 急性毒性　B. 影響軟骨發育　C. 腎毒性　D. 二重感染

習題答案

一、是非題

1.√ 2.√ 3.× 4.× 5.√ 6.× 7.× 8.√ 9.× 10.√

二、單選題

1.D 2.C 3.B 4.D 5.B 6.B 7.C 8.A 9.A 10.B

實訓二　輸液療法

內容	要　點
訓練目標	掌握脫水程度判斷、輸液量與速度的計算、留置針安裝、輸液泵使用、輸液療法操作。
考核內容	1. 脫水程度判斷。 2. 輸液量計算。 3. 計算輸液速度。

內容與方法

一、脫水程度判斷

序號	內容	要　點
1	輕度脫水	失水量：為總體重的2%～4%。 表現：患病動物精神沉鬱、口稍乾、口渴、皮膚彈性減退、尿少、脈搏數明顯增加。
2	中度脫水	失水量：為總體重的4%～8%。 表現：患病動物精神沉鬱、眼球內陷、飲欲增加、皮膚彈性減退、尿少、脈搏數明顯增加。
3	重度脫水	失水量：為總體重的8%～10%。 表現：患病動物精神沉鬱、眼球深陷、體表靜脈塌陷、結膜發紺、鼻鏡皸裂、脈搏快而細弱、皮膚無彈性。

二、輸液量、輸液速度的計算

序號	內容	要　點
1	輸液量	(1) 根據患病犬、貓的脫水程度判斷後計算。 (2) 一天的輸液量=維持量+補充量。 (3) 維持量：每公斤體重40～60mL。 (4) 補充量=體重（kg）×脫水量（2%～10%）。

2	輸液速度	(1) 通常的輸液速度為每公斤體重 10～16mL/h。 (2) 大型犬，心臟功能正常、脫水嚴重的病例可達每公斤體重 80～100mL/h。 (3) 初生幼犬每公斤體重 4mL/h。
3	注意事項	心臟、肺功能異常的患病犬、貓，要根據具體情況控制輸液量和輸液速度。

<table>
<tr><th colspan="5">三、輸液療法的操作</th></tr>
<tr><th>序號</th><th>內容</th><th colspan="3">要　點</th></tr>
<tr><td>1</td><td>器材</td><td colspan="3">乾棉球、自黏膠、自黏彈性綳帶、保定用具、體溫計、聽診器、留置針、輸液器、輸液泵、針筒、壓脈帶、止血鉗等。</td></tr>
<tr><td>2</td><td>試劑</td><td colspan="3">酒精棉球、碘酊、生理鹽水、乳酸林格氏液、葡萄糖溶液、利巴韋林、青黴素鈉、三磷酸腺苷（ATP）、輔酶 A、維他命 C、維他命 B_6 等。</td></tr>
<tr><td rowspan="4">3</td><td rowspan="4">輸液療法主要操作步驟</td><td colspan="3">安裝留置針→按照處方要求，配置輸液用液體→按照輸液泵操作規範，進行輸液治療→輸液結束後，對留置針進行封針，以便次日複診輸液用。</td></tr>
<tr><td>留置針安裝主要操作步驟</td><td colspan="2">(1) 選擇留置針。
(2) 一般選擇前肢頭靜脈安裝留置針。
(3) 選擇適宜的保定方式。
(4) 用壓脈帶或助手協助，使前肢頭靜脈怒張。
(5) 用酒精棉球消毒靜脈進針部位。
(6) 進針角度以 15°角為最佳，淺刺進入皮下組織沿血管走向進入 2～5mm，若透明針尾有回血現象即停止進針。
(7) 用食指輕推針頭部位凸起的栓柄，使軟性針頭進入血管，暫時不拔出硬針，防止血液倒流。
(8) 用膠帶進行第一次軟針體固定。
(9) 首次固定好後，用右手拇指按壓住軟針埋入血管部分，將硬針抽出後，左手為軟針旋上肝素帽。
(10) 擰好肝素帽，用膠帶纏繞針體，鬆緊要合適。
(11) 用 1～3mL 生理鹽水緩慢推入留置針內通針。
(12) 安裝自黏彈性綳帶於留置針處。</td></tr>
<tr><td rowspan="2">輸液泵使用主要操作步驟</td><td>(1)固定輸液泵</td><td>①旋轉固定夾，露出足夠輸液架管子大小的空隙。
②將輸液泵緊貼在輸液架管子，旋緊固定夾，水平固定輸液泵。</td></tr>
<tr><td>(2)接通電源，開機自檢</td><td>①將電源線插入電源插座。
②按住電源開關鍵 3～5s 後鬆開，開始自檢。</td></tr>
</table>

3	輸液療法主要操作步驟	輸液泵使用主要操作步驟	(3)安裝輸液管	①向外拉開拉手，打開泵門。 ②將輸液管拉直後放入裝管槽內，按照輸液泵的輸液方向安裝輸液管，抬起止液夾，將輸液管卡入止液夾固定。 ③裝好輸液管後，關上泵門。
			(4)設定基本參數	①根據安裝的輸液管選擇對應的輸液管品牌。 ②根據處方醫囑調節相應的參數（速率、輸液時間、輸液量）設置。 ③按方向鍵將游標移動至輸液量的數字上，再按移位鍵選擇數字，按數字設置加（或減）鍵改變數值大小，設置所需輸液量。 ④同法設置輸液速率、輸液時間。 注意事項： 先設置好輸液量。 設置輸液量、輸液時間，自動計算並顯示輸液速率。 設置輸液量、輸液速率，自動計算並顯示輸液所需時間。
			(5)開始輸液	①按兩次快進鍵，第二次按住不放直到輸液管輸出端輸出連續液體，排出輸液管內空氣。 ②將輸液管與患病動物靜脈通道連接。 ③按啟動鍵啟動，開始輸液。 ④輸液全過程，輸液管流量調節器要開啟。
			(6)輸液完成，關閉電源	①達到設定預置量時，發出警報提示輸液已完成，按下停止鍵。 ②斷開與患病動物靜脈通道的連接。 ③按住電源開關鍵 3～5s 後鬆開，關閉電源。 ④從電源插座拔出電源線。

實訓報告	在教師指導下完成附錄的實訓報告

複習與練習題

一、是非題

(　) 1. 當機體出血需要調整血容量時可進行輸液。

(　) 2. 只要機體發生嘔吐就需要進行輸液。

(　) 3. 當犬患犬細小病毒病時需要進行輸液治療。

(　) 4. 當貓患貓瘟時不需要進行輸液治療。

（　）5. 輸液可以給機體提供能量、藥物。

（　）6. 膠體溶液用於血漿膠體滲透壓降低所致的循環血量的減少、水腫。

（　）7. 患犬輕度脫水時，會出現精神沉鬱、口稍乾、口渴、皮膚彈性降低、尿少、脈搏數明顯增加。

（　）8. 一貓嘔吐、腹瀉，其失水量約為總體重的 7%，則該貓為輕度脫水。

（　）9. 一成年黃金獵犬無心臟疾病，其脫水程度為重度脫水，失水百分比為 10%，輸液時輸液速度可選每公斤體重 80～100mL/h。

（　）10. 靜脈輸液時應使用輸液器進行輸液。

二、單選題

1. 靜脈輸液的目的不包括（　）。
   A. 補充營養，維持熱量　B. 輸入藥物治療疾病
   C. 改善水電解質紊亂，維持酸鹼平衡　D. 增加血紅素，改善貧血
2. 輸 10%右旋糖酐的主要作用是（　）。
   A. 補充蛋白質　B. 提高血漿膠體滲透壓
   C. 增加血容量、改善微循環　D. 補充營養和水分
3. 失水量為總體重的 2%～4%屬於（　）。
   A. 重度脫水　B. 中度脫水　C. 輕度脫水　D. 無脫水
4. 下列失水量百分比屬於重度脫水的是（　）。
   A. 3%　B. 5%　C. 7%　D. 9%
5. 下列輸液量公式正確的是（　）。
   A. 一天的輸液量＝維持量＋補充量　B. 一天的輸液量＝維持量－補充量
   C. 一天的輸液量＝維持量　D. 一天的輸液量＝補充量
6. 患病犬、貓輸液時每天應輸的維持量為每公斤體重（　）。
   A. 10～30mL　B. 40～60mL
   C. 70～90mL　D. 100～120mL
7. 犬、貓通常的輸液速度為每公斤體重（　）。
   A. 1～6mL/h　B. 7～10mL/h
   C. 10～16mL/h　D. 17～20mL/h
8. 下列輸液速度適合大型犬的是每公斤體重（　）。
   A. 50mL/h　B. 60mL/h　C. 70mL/h　D. 80mL/h
9. 下列輸液速度適合出生幼犬的是每公斤體重（　）。
   A. 4mL/h　B. 8mL/h　C. 12mL/h　D. 16mL/h
10. 體重 5kg 的病犬脫水程度為 2%時，約需補液（　）。
   A. 1 000mL　B. 600mL　C. 300mL　D. 100mL

習題答案

一、是非題

1.√　2.√　3.×　4.×　5.√　6.×　7.×　8.√　9.×　10.√

二、單選題

1.D　2.C　3.B　4.D　5.B　6.B　7.C　8.A　9.A　10.B

任務四　寵物傳染病的預防

寵物傳染病的預防，必須認真貫徹「 預防為主」的方針，採取做好飼養管理、防疫衛生、預防接種、檢疫、隔離、消毒等綜合防疫措施。

內容	要　點
訓練目標	理解預防工作的基本原則、方針和內容；熟悉寵物傳染病預防的主要措施。
思考	1. 動物疫病預防有什麼要求? 2. 預防寵物傳染病的方法有哪些? 3. 從遵守動物防疫相關法律法規角度，簡述如何做一個知法、懂法、守法的好公民。

內容與方法			
一、防疫工作的基本原則、基本內容			
序號	內容		要　點
1	基本原則		(1) 建立健全各級防疫機構，保證寵物傳染病防疫措施的貫徹落實。 (2) 貫徹「 預防為主」的方針。 (3) 貫徹執行獸醫法規。
2	基本內容	(1)預防措施	①加強飼養管理，增強寵物機體的抵抗力。 ②寵物養殖場應貫徹自繁自養的原則，實行「 全進全出」的生產管理制度。 ③做好免疫接種，加施免疫標識。 ④做好衛生消毒工作，定期殺蟲、滅鼠，病死寵物屍體和糞便要無害化處理。 ⑤認真貫徹執行防疫、檢疫工作制度，加強流浪寵物及寵物市場管理。 ⑥各地獸醫機構要調查研究本地疫情分布，普及寵物防疫科學知識。
		(2) 撲滅措施	①及時發現、診斷和上報疫情並通知毗鄰地區。 ②迅速隔離發病寵物，汙染地消毒。發生危害大的疫病時，採取封鎖措施。 ③緊急免疫接種，對發病寵物進行及時、合理治療。 ④合理處理死亡寵物和淘汰患病寵物。

二、主要生物安全措施

序號	內容	要點		
1	檢疫	定義	指用各種診斷、檢驗方法，對動物、動物產品進行傳染源檢查，並採取相應措施，防止疫病發生和傳染。	
		目的	及時發現、控制動物疫病，保護人類健康。	
		對象	動物檢疫中政府規定的動物疫病。	
		分類	(1) 國內檢疫	①產地檢疫，即寵物生產地的檢疫，分為集市檢疫監督和收購檢疫。 ②運輸檢疫監督，是在各種運輸工具（如火車、汽車、飛機等）運送寵物、寵物產品過程中進行的檢疫與監督工作。
			(2) 國境口岸檢疫	①進出境檢疫。 ②旅客攜帶動物檢疫。 ③國際郵包檢疫。 ④過境檢疫。
2	隔離	定義	指將不同健康狀態的動物分隔開，完全、徹底切斷其來往接觸，以防疫病傳染、蔓延。	
		隔離對象	(1) 患病寵物	指有典型症狀、類似症狀或其他特殊診斷呈陽性的寵物。 隔離措施： ①選擇不易撒播病原體、消毒處理方便的場所隔離。 ②專人管理，加強衛生，嚴格消毒。 ③禁止無關人員和其他寵物出入、接近。 ④隔離區內用具、飼料、糞便等徹底消毒處理後才可運出。 ⑤無治療價值的患病寵物按規定無害化處理。
			(2) 可疑感染寵物	無症狀但與患病寵物及被其汙染的環境有過明顯接觸的寵物。 隔離措施： ①應消毒後另選地方隔離、看管。 ②出現症狀的則按患病寵物處理。 ③經過一個該傳染病最長潛伏期無症狀者，取消隔離。

				指疫區內上述兩種以外的其他易感寵物。
2	隔離	隔離對象	(3) 假定健康寵物	隔離措施：①與以上兩種寵物嚴格隔離飼養。 ②加強衛生消毒。 ③可進行緊急免疫接種、藥物預防。
3	消毒	定義	指用物理、化學或生物學方法殺滅或清除外界環境中的病原微生物，切斷其傳染途徑，防止疫病流行。	
		分類	(1) 預防性消毒	平時對動物舍、場地、用具和飲水等進行的定期消毒，以達到預防傳染病的目的。
			(2) 隨時消毒	在發生傳染病時，為了及時消滅患病動物排出的病原體而進行的消毒。
			(3) 終末消毒	在患病動物解除隔離、痊癒或死亡後，或在疫區解除封鎖前，為消滅疫區內可能殘留的病原體而進行的全面徹底消毒。
		常用方法	(1) 機械性清除	指用機械方法（如清掃、洗刷、通風等）清除病原體。
			(2) 物理消毒法	①陽光、紫外線和乾燥。 ②高溫消毒：火焰燒灼、烘烤、煮沸、蒸汽消毒。
			(3) 化學消毒法：利用各種化學藥品進行消毒。	
			(4) 生物熱消毒：主要用於糞便消毒。	
4	殺蟲	定義	指用物理、生物、藥物等殺蟲法殺滅節肢動物（如蚊、蠅、蜱、虱、蟎等）等生物傳染媒介，切斷傳染途徑，消滅傳染源。	
		分類	(1) 物理殺蟲法	①用噴燈火焰噴燒昆蟲聚居的牆壁、用具等的縫隙，或用火焰焚燒昆蟲聚居的垃圾等。 ②用 100～160℃ 乾熱空氣殺滅牽引工具、其他物品上的昆蟲及其蟲卵。 ③用沸水或蒸汽燒燙車船、畜舍、衣物上昆蟲。 ④用儀器（如某些專用燈具、器具等）誘殺昆蟲。 ⑤用機械的拍、打、捕、捉等方法。
			(2) 生物殺蟲法	指用昆蟲的天敵或病菌、雄蟲絕育技術等方法來殺滅和控制昆蟲。

4	殺蟲	分類	(3) 藥物殺蟲法		指用化學殺蟲劑來殺蟲。
				類型	①胃毒作用藥劑（如敵百蟲）。 ②觸殺作用藥劑（如溴氰菊酯）。 ③燻蒸作用藥劑（如敵敵畏）。 ④內吸作用藥劑（如倍硫磷）。
				常用殺蟲劑	①有機磷殺蟲劑：用量較小、毒殺迅速、易分解；毒性較大、有殘留。如敵百蟲、敵敵畏、倍硫磷、馬拉硫磷、雙硫磷、辛硫磷等。 ②擬除蟲菊酯類殺蟲劑：廣譜、高效、擊倒快、殘效短、毒性低、用量小。如胺菊酯。 ③昆蟲生長調節劑：不汙染環境、對人、畜禽無害。如保幼激素、昆蟲生長調節劑。 ④驅避劑：劑型多、使用方便。如避蚊胺、鄰苯二甲酸二甲酯等。
5	滅鼠	定義			指採取器械、藥物、生態等滅鼠法進行滅鼠，以切斷傳染途徑，消滅傳染源。
		分類	(1) 器械滅鼠法		指用各種工具以不同方式（如關、夾、壓、扣、套、翻、堵、挖、灌等）撲殺鼠類。
			(2) 藥物滅鼠法		指用滅鼠藥物撲殺鼠類。
				滅鼠藥物	①消化道藥物，如磷化鋅、敵鼠鈉鹽、殺鼠靈、安妥、氟乙酸鈉。 ②燻蒸藥物，如三氯硝基甲烷。
			(3) 生態滅鼠法		指用鼠類天敵捕食鼠類。
6	動物屍體處理	概述			指用化製、深埋、發酵、焚燒等方法無害化處理病死動物屍體。
		處理方法	(1) 化製		指在特定加工廠加工處理病死動物屍體，消滅病原體。
				特點	簡便易行、處理不徹底。
			(2) 深埋	主要操作	①選擇遠離水源、住宅區、其他養殖場的地方，地勢乾燥、平坦。 ②埋的深度在 2m 以下。 ③在坑底、屍體表面撒布能殺滅病原體的消毒劑。

6	動物屍體處理	處理方法	(3) 發酵	特點	不能處理炭疽等芽孢菌致病的動物屍體。
				深井設計要求	①處理動物屍體專用。 ②直徑 3m、深 6～9m。 ③用不透水的材料砌成。 ④有嚴密的井蓋。 ⑤內有通氣管。
			(4) 焚燒	特點	消滅病原體最徹底、費用高。
				適用	處理患烈性、特別危險的疫病（如炭疽等）的動物屍體。

三、免疫接種

序號	內容	要點		
1	定義	指用人工方法將有效疫苗接種動物，使其產生特異性免疫力，由易感變為不易感的一種預防措施。		
2	分類	(1) 預防接種。 (2) 緊急接種。		
3	預防接種	指在某些傳染病經常發生（或潛在）的地區、或受鄰近地區某些傳染病威脅的地區，平時有計劃地給健康動物進行的免疫接種。常用的生物製劑有疫苗、菌苗、類毒素等。常用的接種途徑有皮下注射、皮內注射、肌內注射、滴鼻、點眼、噴霧、口服等。		
		注意事項	(1) 要制訂周密計劃。	
			(2) 要注意接種反應	①正常反應：由生物製品本身特性引起的反應。 ②嚴重反應：由生物製品本身特性引起較嚴重的反應。 ③併發症：指與正常反應性質不同的反應，主要包括過敏、誘發潛伏期感染、擴散為全身感染。
			(3) 疫苗的聯合使用	聯苗指兩種或兩種以上的細菌或病毒聯合製成的疫苗。如犬二聯苗、貓三聯苗、犬五聯苗、犬六聯苗等。

3	預防接種	注意事項	(4) 免疫程序要合理			制訂免疫程序應考慮因素： ①當地傳染病的流行情況及嚴重程度。 ②飼養場綜合防疫能力。 ③母源抗體的水準或上一次免疫接種引起的殘餘抗體水準。 ④動物機體的免疫應答能力。 ⑤疫苗的種類。 ⑥免疫接種方法。 ⑦各種疫苗的配合。 ⑧對動物健康及生產能力的影響。
			(5) 規避引起免疫失敗的因素	免疫失敗的主要原因	①疫苗因素	疫苗本身的保護性能差或有一定毒力。
						疫苗毒（菌）株與田間流行毒（菌）血清型或亞型不一致，或流行株血清型發生變化。
						疫苗運輸、保管不當。
						疫苗選擇不當。
						不同類疫苗間的干擾作用。
						使用過期、變質疫苗。
						疫苗稀釋後未及時使用。
					②動物因素	接種活疫苗時，動物體內有較高母源抗體或前次免疫殘留抗體。
						接種時動物處於潛伏感染狀態。
						接種時引起的醫源性感染。
						患有免疫抑制性疾病、其他疾病等，引起免疫力低下。
					③人為因素	疫苗稀釋錯誤或稀釋不均勻。
						接種劑量不足。
						接種有遺漏。
						接種途徑或方法錯誤。
						接種前後使用免疫抑制藥物、抗病毒藥物或抗菌藥物。
4	緊急接種	定義				指在發生傳染病時，對疫區、受威脅區還未發病的動物進行應急性計劃外的免疫接種。
		目的				建立「免疫帶」包圍疫區，防止疫情擴散蔓延。
		接種區域				疫區及其周圍的受威脅區。
		接種對象				正常無病的動物。

四、藥物預防		
序號	內容	要　點
1	定義	指在動物的飼料、飲水中加入安全劑量的藥物進行集體的化學預防。
2	藥物預防的誤區	(1) 添加藥物種類過多。 (2) 用藥時間過長。 (3) 用藥劑量過大。 (4) 過早使用新一代藥物。 (5) 藥物拌料（或飲水）不均勻。 (6) 過分依賴藥物預防。
3	藥物預防的原則和方法	(1) 選擇合適藥物：一般選用常規藥物，特殊情況下則選用特定藥物。 選擇注意事項： ①廣譜抗菌藥，可對多種病原體有效。 ②安全性要好，即對動物毒性低。 ③抗藥性低。 ④性質穩定，不易分解失效。 ⑤價格低廉，經濟實用。 (2) 嚴格掌握藥物種類、作用、劑量、用法。 (3) 掌握用藥時間、時機，做到定期、間隔、靈活用藥。 (4) 穿梭用藥、定期更換。 (5) 經拌料、飲水給藥時應混合均勻。

複習與練習題

一、是非題

(　) 1. 任何人都可以進行檢疫工作。
(　) 2. 隔離的目的是控制傳染源，切斷傳染途徑。
(　) 3. 疫苗免疫接種是人工被動免疫。
(　) 4. 消毒是指殺滅外環境中的全部病原微生物，使其達到無菌的水準。
(　) 5. 採取嚴格消毒措施主要針對切斷傳染途徑這一環節。
(　) 6. 疫苗稀釋不當、接種技術和方法有誤等都會造成免疫失敗。
(　) 7. 防疫工作的原則是預防為主。
(　) 8. 注射疫苗時，發燒、食慾下降、精神沉鬱、注射部位出現硬結等屬於正常反應。

（　）9. 疫苗接種可選用靜脈注射法。

二、單選題

1. 以下不需要隔離的動物是（　）。
   A. 健康動物　　B. 新引進的健康動物
   C. 假定健康動物　　D. 可疑感染動物
2. 消毒的對象包括無生命的物體表面和（　）。
   A. 有生命機體的體表及淺表體腔　　B. 有生命機體的深層體腔
   C. 無生命物體的深層內部　　D. 有生命機體的體表
3. 75%酒精不能用於（　）的消毒。
   A. 芽孢　　B. 細菌繁殖體　　C. 有囊膜的病毒　　D. 葡萄球菌
4. 鼠疫以（　）為傳染媒介和傳染源。
   A. 蚊　　B. 鼠類　　C. 蜱　　D. 蠅
5. 根據不同生物製劑的使用要求採用相應的接種方法，一般不採用（　）。
   A. 靜脈注射法　　B. 滴鼻免疫法
   C. 皮下注射法　　D. 肌肉接種法
6. 造成疫苗（毒苗）接種免疫失敗的原因很多，其中不包括（　）。
   A. 免疫後當天洗澡　　B. 免疫後飼餵抗病毒藥物
   C. 免疫後多喝水　　D. 免疫前飼餵抗病毒藥物
7. 抗毒素接種屬於（　）免疫。
   A. 人工主動　　B. 人工被動
   C. 自然主動　　D. 自然被動
8. 應用氟喹諾酮類抗菌藥治療寵物疾病的主要不良反應是（　）。
   A. 急性毒性　　B. 影響軟骨發育
   C. 腎毒性　　D. 二重感染

習題答案

一、是非題

1.×　2.√　3.×　4.×　5.×　6.√　7.√　8.√　9.×

二、單選題

1.A　2.A　3.A　4.B　5.A　6.C　7.B　8.B

實訓三 消 毒

內容	要 點
訓練目標	掌握寵物圈舍預防性消毒方法。 掌握常用消毒液的配製和使用。
考核內容	1. 常用消毒液的配製，具體參照消毒液使用說明書。 2. 犬舍預防性消毒的主要操作。 3. 消毒效果檢查。

內容與方法		
犬舍預防性消毒		
序號	內容	要 點
1	器材	噴霧消毒器、天平或臺秤、盆/桶、清掃及洗刷用具、高筒膠鞋、工作服、口罩、一次性 PE 手套、橡膠手套、犬舍等。
2	試劑	漂白粉、粗製氫氧化鈉、來蘇兒、高錳酸鉀等。
3	主要操作方法	(1) 操作者做好個人防護工作：戴一次性 PE 手套和橡膠手套、口罩，穿高筒膠鞋、工作服。 (2) 機械清除：將犬牽出圈舍，打開門窗。 (3) 按照先上再下、先裡再外的順序，做好圈舍、用具、地面等的徹底衛生清理。 (4) 按照常用消毒劑配製方法配製好所需消毒液，並裝入噴霧器。 (5) 按照從上到下、從裡到外的消毒順序進行消毒。 (6) 消毒結束，打開門窗通風換氣。 (7) 用清水洗刷用具等。 (8) 將犬牽入圈舍，給予潔淨飲水、飼料。 (9) 清除的糞便，用生物熱消毒法（發酵池法或堆糞法）無害化處理。
4	消毒效果檢查	(1) 圈舍機械清除效果檢查。檢查地板、牆壁、圈舍內設備的清潔度。 (2) 犬舍消毒效果細菌學檢查。從消毒過的牆壁、地板、牆角及用具取樣品，送至實驗室進行細菌學檢查。 (3) 糞便生物熱消毒效果檢查　①測溫法：用裝在金屬套管內的最高化學溫度表測定糞便的溫度，由溫度高低評價消毒效果。 ②細菌學檢查法：測定微生物數量及大腸桿菌價。
實訓報告	在教師指導下完成附錄的實訓報告	

育人故事

「巴氏消毒法」是如何發明的?

19 世紀，釀酒過程中的酸敗問題一直困擾著法國葡萄酒商人。於是他們找到微生物學家巴斯德，希望他能幫助解決葡萄酒變酸的問題。

巴斯德在顯微鏡下觀察從釀酒廠取來的少許發酵的汁液，發現鏡下有許多淡黃色小球狀生物。然後，他又來到已經變酸但沒有白色泡沫的釀酒桶前，同樣取出一些汁液，並且從桶壁灰白色的薄膜上刮下一些樣品，放在顯微鏡下檢查。這時，他發現不停活動的棒狀生物，而在那片灰色的薄膜裡，棒狀生物則更多了。

回到實驗室，他將那些灰白色的薄膜放在糖水裡。幾天後，那些棒狀物並沒有在糖水中產生。於是，他將乾酵母放在清水裡煮沸，濾去渣後加入一些糖和碳酸鈣，從而防止糖水變酸。最後，他挑出針尖大小灰白色薄膜，將它們一起放在培養皿內。兩天後，他仔細觀察培養皿，發現了一些氣泡。他從培養皿液體中取出一滴，在顯微鏡下觀察，又看到那些小棒狀的生物。他重複著同樣的實驗，每次都有大量的棒狀物出現。

當他將盛有棒狀物的液體放入新鮮牛乳中時，牛乳就會變酸。於是，巴斯德找到酒變酸的原因：是一些雜菌導致的，這些雜菌落入酒桶中，造成酒變質。

巴斯德又研究了 3 年，終於找到防止酒酸敗的方法：只要將釀好的酒加溫到50～60℃，維持 30min，就可消滅那些雜菌。這就是大家常說的巴氏消毒法。

評析	學習巴斯德勇於實踐、勇於創新、嚴謹求實的科學研究精神。

複習與練習題

一、是非題

(　) 1. 消毒是指殺滅外環境中的全部病原微生物，使其達到無菌的水準。
(　) 2. 消毒是指消除或殺滅外環境中的病原微生物，使其達到無害化處理。
(　) 3. 犬舍環境消毒前，不需要將寵物趕出圈舍外。
(　) 4. 用漂白粉消毒時應防止引起結膜炎、呼吸道炎症，需要戴好口罩。
(　) 5. 寵物食具、飲水器應選用氣味小的消毒藥。
(　) 6. 真菌一般不用酒精來消毒。
(　) 7. 乾燥、陽光、紫外線、高溫等屬於化學消毒法。
(　) 8. 發酵等糞便、汙染物無害化處理屬於化學消毒法。
(　) 9. 無囊膜的病毒對酒精敏感。
(　) 10. 犬舍消毒後，可以立即還回寵物。

二、單選題

1. 犬舍消毒後，應經（　）h 將門窗打開通風後再牽回犬。
A. 12～24　　B. 1～2　　C. 0.5　　D. 48

2. 用掩埋法進行糞便消毒時，應將汙染的糞便與漂白粉或生石灰混合，深埋於地面以下（ ）m 深處。

A. 5　B. 0.5　C. 1　D. 2

3. 消毒的對象包括無生命的物體表面和（ ）。

A. 有生命機體的體表及淺表體腔

B. 有生命機體的深層體腔

C. 無生命物體的深層內部

D. 有生命機體的體表

4. 消毒的目的一般不包括（ ）。

A. 治療消毒　B. 預防消毒　C. 隨時消毒　D. 終末消毒

5. 防疫工作中常用的消毒方法不包括（ ）。

A. 物理消毒法　B. 生物消毒法

C. 化學消毒法　D. 消滅生物媒介法

6. 75%酒精不能用於（ ）的消毒。

A. 芽孢　B. 細菌繁殖體　C. 有囊膜的病毒　D. 葡萄球菌

7. 無囊膜的病毒必須用（ ）進行消毒。

A. 碘酊　B. 酒精　C. 表面活性劑　D. 醛類消毒劑

8. 犬舍燻蒸消毒可選擇（ ）。

A. 碘酊　B. 過氧乙酸　C. 酒精　D. 漂白粉

9. 發酵等糞便、汙染物無害化處理屬於（ ）消毒法。

A. 化學　B. 物理　C. 生物　D. 機械清除

10. 乾燥、陽光、紫外線、高溫等屬於（ ）消毒法。

A. 化學　B. 物理　C. 生物　D. 機械清除

習題答案

一、是非題

1.×　2.√　3.√　4.√　5.√　6.√　7.×　8.×　9.×　10.×

二、單選題

1.A　2.D　3.A　4.A　5.D　6.A　7.D　8.B　9.C　10.B

第二節　多種動物共患病毒性傳染病

學習目標

一、知識目標

1. 掌握狂犬病防控的基本知識。
2. 掌握假性狂犬病診治的基本知識。
3. 掌握寵物免疫接種技術的基本知識。

二、技能目標

1. 能正確理解和貫徹狂犬病防控的政策法規。
2. 能正確進行狂犬病、假性狂犬病的診斷和防控。
3. 能正確進行寵物的免疫接種。
4. 掌握被犬、貓抓傷、咬傷後的處理措施。
5. 能進行相關知識的自主、合作、探究學習。

任務一　狂 犬 病

狂犬病（Rabies）又稱恐水病，俗稱瘋狗病，是由彈狀病毒科、狂犬病病毒屬的狂犬病病毒引起的一種急性、自然疫源性、高致死率的人獸共患傳染病。

內容		要　　點
訓練目標		會進行犬、貓狂犬病的診斷和防控。
案例導入	概述	石某飼養的 1 頭水牛，7 歲，體重約 550kg。2004 年 11 月 2 日，在野外放牧時曾被犬咬傷，當時未出血，畜主也未在意。2004 年 11 月 26 日，該牛表現精神沉鬱、食慾不振、起臥不安、前肢刨地，隨後

案例導入	概述	出現興奮不安、衝撞牆壁、踩踏飼槽、磨牙、流涎等症狀，有時興奮症狀有短暫的停歇，之後又再度發作。29 日早上，該牛出現極度狂躁、亂蹦亂跳、掙脫韁繩、追趕人畜、頂撞牆壁、攻擊樹木等症狀。當地群眾一邊報警，一邊準備進行應急處理，最後用粗麻繩將其強扭於一棵大樹下將牛擊斃。 經調查，咬傷牛的病犬係本村劉某所養，2004 年 10 月 28 日開始發病，先表現精神沉鬱，不願活動，不聽使喚，後來離家出走，四處遊蕩，夾尾前行，常表現出特殊的斜視與惶恐，高度興奮，到處咬傷人畜，初診疑似狂犬病。
	思考	1. 如何確診該牛患狂犬病? 2. 如何防控犬、貓狂犬病? 3. 作為一名獸醫工作者，你認為如何做才能更好地防控狂犬病?

內容與方法

一、臨床綜合診斷

序號	內容	要　　點		
1	流行病學特點	(1) 易感動物	所有溫血動物易感，其中臭鼬、野生犬科動物、浣熊、蝙蝠、牛最易感，其次為犬、貓、馬、羊、人。	
		(2) 傳染源	患病和帶毒的溫血動物。	
		(3) 傳染途徑	主要透過咬傷、損傷的皮膚黏膜、消化道、呼吸道（氣溶膠經呼吸道感染）等傳染。	
		(4) 流行特點	①季節性：一年四季均可發生，但春夏季發病較高，可能與犬的活動有關。 ②連鎖性：流行連鎖性明顯，以一個接一個的活動順序呈散發形式出現。 ③潛伏期：一般 15d，最短 8d，長達數月或數年，甚至數十年。 ④發生率：主要與咬傷部位、暴露類型、病毒在暴露部位的數量、機體免疫狀態有關；傷口的部位靠近前肢或傷口越深，發生率越高。 ⑤本病與年齡、性別、品種無關。	
2	臨床症狀	(1) 狂暴型	前驅期	①食慾異常、喜吃異物。 ②吞嚥時頸部伸展、瞳孔散大、唾液分泌增多，後軀軟弱。 ③精神沉鬱、常躲在暗處、不聽呼喚，性格多變。 ④病程 0.5～2d。

2	臨床症狀	(1) 狂暴型	興奮期	①對主人異常活潑或不認主人。 ②煩躁不安、喜歡躲在陰暗處。 ③行為凶猛，主動攻擊人或動物。 ④對外界刺激異常敏感，稍一刺激（如聲音、物體等），表現高度驚恐和反應劇烈，並有主動攻擊行為。 ⑤無目的地吠叫。 ⑥自咬四肢、尾、陰部，甚至咬至骨骼。 ⑦拒食，或喜吃異物（如木片、石塊、鐵片、掃帚等）。 ⑧下顎麻痺、流涎、唾液分泌增多。 ⑨後肢軟弱，無法站立，呈觀星狀。 ⑩病程 2～4d。
			麻痺期	①下顎下垂、舌脫出、流涎。 ②後軀、四肢麻痺，臥地不起，抽搐。 ③呼吸困難。 ④病程 1～2d。
		(2) 麻痺型（或沉鬱型）		①經短時間興奮或輕微興奮狂暴症狀，即轉入麻痺期。 ②喉、下顎、後軀麻痺，流涎，張口，吞嚥困難，恐水等。 ③病程 2～4d。
3	病理變化			①消瘦、咬傷或撕裂傷皮膚。 ②口腔、咽和喉的黏膜充血和糜爛。 ③胃內異物或空虛，胃腸黏膜充血或出血。 ④腦膜及實質中見充血或出血。 ⑤病理組織學檢查：非化膿性腦脊髓炎變化，以海馬角、腦幹最明顯。

二、實驗室診斷

序號	方法	要點
1	病理組織學檢查	(1) 採樣：取患腦炎動物的小腦或大腦海馬角處組織。 (2) 製片：用病料樣品做觸片。 (3) 染色：吉姆薩染色或 HE 染色。 (4) 鏡檢：病理切片鏡檢。 (5) 結果判讀：如鏡檢見神經細胞內有內基小體則判為陽性。
2	螢光抗體法	(1) 採樣：取可疑病犬腦組織或唾液腺。 (2) 製片：用病料樣品製成觸片或冰凍切片。 (3) 染色：螢光抗體染色。

2	螢光抗體法	(4) 觀察：在螢光顯微鏡下觀察。 (5) 結果判讀：如鏡檢見細胞質內出現黃綠色螢光顆粒則判為陽性。
3	動物接種	(1) 乳化病料：取病料製成乳劑。 (2) 接種小鼠：在 30 日齡小鼠顱內接種病料乳劑。 (3) 觀察：觀察 3 週。 (4) 結果判定：如接種後 1～2 週內，小鼠出現麻痺症狀、腦膜炎變化可判定為陽性。

三、防控措施		
序號	**內容**	**要　點**
1	預防	(1) 選擇狂犬病疫苗：國產聯苗、進口單苗；弱毒苗、不活化疫苗。 (2) 制定免疫程序：犬首免在 4 月齡，1 頭份/隻，間隔 3 週二免，間隔 3 週後測抗體，之後每年 1 次。
2	綜合防控	(1) 捉捕、管理疑似患病動物時要非常小心，以免被咬傷、抓傷等。 (2) 發現疑似病犬，立即上報上級主管部門。 (3) 對病犬立即撲殺、深埋。 (4) 追查與病犬接觸特別是被其咬傷的人或動物，並採取相應的預防措施。
3	治療	(1) 目前無有效治療方法。 (2) 立即撲殺病犬，並深埋。
4	傷口處理（人被疑似病犬咬傷）	(1) 盡快擠出傷口中血液。 (2) 立即用 20% 肥皂水徹底清洗傷口。 (3) 再用清水沖洗傷口。 (4) 再用 3% 碘酊徹底消毒傷口。 (5) 傷口不宜包紮、縫合，應盡可能暴露。 (6) 創傷深廣、嚴重或在頭、面、頸等處時，在傷口處做高效價免疫球蛋白或血清浸潤注射，應用抗生素及破傷風抗毒素。 (7) 立即接種人用狂犬病疫苗，在 24h 內接種為宜，最長不超過 72h。
案例分析	**針對導入的案例，在教師指導下完成附錄的學習任務單**	

複習與練習題

一、是非題

( ) 1. 在病理組織檢查中未見神經細胞中有內基小體，可以排除狂犬病。
( ) 2. 狂犬病可防可控。
( ) 3. 所有的溫血動物易感狂犬病。
( ) 4. 狂犬病病毒是嗜神經性病毒。

（　）5. 狂犬病臨床症狀表現為怕水、怕光、怕聲的「三怕」。
（　）6. 狂犬病臨床分為興奮期、麻痺期、恢復期。
（　）7. 狂犬病主要透過咬傷的皮膚黏膜感染，可透過氣溶膠經呼吸道感染。
（　）8. 被可疑動物咬傷後應及時清理傷口及注射狂犬病疫苗和高免血清。
（　）9. 被患狂犬病的犬咬傷後，傷口深的感染機率大，傷口淺的感染機率小。
（　）10. 狂犬病是由狂犬病病毒引起人獸共患的一種急性、自然疫源性傳染病。

二、單選題

1. 在進行狂犬病的實驗室診斷時，可取病犬的海馬角製成壓印片，進行染色鏡檢，能確診是因為檢出了（　）。
A. 粒線體　B. 內基小體　C. 高爾基體　D. 溶酶體
2. 以下是狂犬病的主要臨床特徵的是（　）。
A. 狂躁不安
B. 意識紊亂
C. 主動性攻擊行為和進行性局部或全身麻痺
D. 以上都是
3. 疑為患狂犬病的動物，診斷時最適宜採集的病料是（　）。
A. 腦　B. 心臟　C. 肝　D. 肺
4.「恐水症」是指（　）。
A. 假性狂犬病　B. 狂犬病　C. 布魯氏菌病　D. 犬瘟熱
5. 狂犬病的易感動物有（　）。
A. 人　B. 犬　C. 馬　D. 以上都是
6. 狂犬病的潛伏期為（　）。
A. 一般 15d、最短 8d　B. 長達數月或數年
C. 數十年　D. 以上都是
7. 關於狂犬病流行特點的描述，正確的是（　）。
A. 本病一年四季均可發生，但春夏季發生率較高
B. 本病的流行連鎖性明顯，以一個接一個的活動順序呈散發形式出現
C. 本病與年齡、性別、品種無關
D. 以上都是
8. 狂犬病的實驗室診斷方法為（　）。
A. 病理組織學檢查　B. 螢光抗體法
C. 酶聯免疫吸附試驗　D. 以上都是
9. 關於預防狂犬病的描述，正確的是（　）。
A. 發現狂犬病患病犬，立即上報上級主管部門
B. 捉捕、管理疑似患病動物應極其小心，以免被咬傷、抓傷等
C. 對病犬立即撲殺、深埋，並追查與其接觸特別是被其咬傷的人或動物
D. 以上都是

習題答案

一、是非題

1.× 2.√ 3.√ 4.√ 5.√ 6.√ 7.√ 8.√ 9.× 10.√

二、單選題

1.B 2.D 3.A 4.B 5.D 6.D 7.D 8.D 9.D

實訓四　免疫接種

內容	要　點
訓練目標	掌握免疫接種的方法與步驟。
考核內容	1. 疫苗選擇與使用，詳見疫苗說明書。 2. 給犬接種狂犬病疫苗的操作。 3. 分析疫苗免疫失敗的原因。

內容與方法		
序號	內容	要　點
1	器材	一次性針筒（1mL）、健康犬、體溫計、酒精棉球、碘酊棉球、乾棉球、保定用具。
2	試劑	狂犬病疫苗、生理鹽水、地塞米松、撲爾敏、腎上腺素。
3	主要操作步驟	（1）操作者個人消毒及防護工作：手消毒後戴手套、口罩，寵物犬進行保定。 （2）檢查待接種動物健康狀況：量體溫，檢查可視黏膜、下顎淋巴結。 （3）檢查疫苗外觀品質並預溫。 （4）稀釋疫苗及吸取疫苗。 （5）動物保定：紮口保定或用伊麗莎白頸圈保定、懷抱保定或者站立保定。 （6）注射部位選取及消毒：頸背部皮下結締組織。 （7）疫苗的注射：左手捏起皮膚呈三角隆起，右手持針與皮膚呈 45°角進針，回抽無回血，再緩緩注射藥物；拔出針頭，用乾棉球按壓止血，並按摩促進吸收。 （8）注射疫苗後，停留觀察 10～15min，以防止犬出現疫苗反應。
4	疫苗免疫失敗原因	（1）動物自身問題：年齡、飼養管理、營養狀況、疾病潛伏期等。 （2）疫苗問題：品質、細菌或病毒變異、運輸、保存、過期等。 （3）操作問題：疫苗稀釋不當；接種技術和方法有誤；免疫程序不科學；母源抗體與疫苗之間干擾及藥物的干擾等。

實訓報告	在教師指導下完成附錄的實訓報告

育人故事

冷面殺手「天花」剋星「牛痘」

18世紀中葉，一位名叫愛德華・詹納的英國鄉村醫生，透過一位擠奶女工偶然發現牛痘可以預防天花。經過20多年的研究和實驗，最終發明了牛痘接種法，即取感染「牛痘病毒」女工皮膚上的膿液，注射給健康人，便可以預防天花，其最大的優點就是安全性大大提高。

1798年，詹納自費發表了題為《牛痘的成因與作用的研究》的論文，想要向全英國宣傳推廣牛痘接種法。然而，令人意外的是，英國居然強烈抵制詹納的牛痘接種法，甚至有人直接說詹納是沽名釣譽的騙子，更有人說接種牛痘之後人身上會長出奇怪的犄角和體毛，進而變成牛。面對非議和詆毀，詹納並沒有退縮，他回到家鄉堅持給當地百姓接種牛痘，隨著成千上萬的生命得到拯救，不同地區和國家都慢慢開始接受了這種挽救生命的方法。

隨著牛痘接種法的不斷普及，到了20世紀，消滅天花的國家名單越來越長，人類看到了戰勝天花的曙光。1980年，世界衛生組織第33屆大會正式宣告，人類已完全消除天花。人類與天花長達3000多年的戰爭，最終宣告勝利，天花成為人類迄今為止唯一一個被徹底消滅的傳染病，而預防天花的牛痘疫苗是人類史上第一個預防傳染病的疫苗。

評析　尊重科學、探索不止。

複習與練習題

一、是非題

(　) 1. 疫苗免疫接種是人工被動免疫。
(　) 2. 疫苗在運輸過程中應低溫冷鏈運輸。
(　) 3. 類毒素也是疫苗的一種，是外毒素經甲醛去毒後製成的。
(　) 4. 接種疫苗前，應先對動物進行健康狀況的檢查。
(　) 5. 動物免疫接種後可馬上離開，不用停留觀察。
(　) 6. 疫苗稀釋不當、接種技術和方法有誤等都會造成免疫失敗。
(　) 7. 母源抗體與疫苗之間干擾及藥物的干擾等不會造成免疫失敗。
(　) 8. 注射最後一針疫苗後15d起，可以採血做抗體檢測。
(　) 9. 出現疫苗反應不用藥物解救，可自行緩解。
(　) 10. 疫苗接種可選用靜脈注射法。

二、單選題

1. 根據不同生物製劑的使用要求採用相應的接種方法，一般不包括（　）。
　A. 靜脈注射法　B. 滴鼻免疫法　C. 皮下注射法　D. 肌肉接種法
2. 狂犬疫苗屬於（　）。
　A. 減毒活疫苗　B. 不活化疫苗　C. 合成肽苗　D. 基因缺失苗

3. 皮下注射法接種疫苗的進針角度一般是（　）。

A. 30°～45°角　B. 80°～90°角　C. 10°～15°角　D. 垂直進針

4. 注射疫苗後，停留觀察（　）min，以防止出現疫苗反應。

A. 5～10　B. 10～15　C. 60　D. 120

5. 造成疫苗（毒苗）接種免疫失敗的原因很多，其中不包括（　）。

A. 免疫後當天洗澡　B. 免疫後飼餵抗病毒藥物

C. 免疫後多喝水　D. 免疫前飼餵抗病毒藥物

6. 疫苗免疫接種屬於（　）免疫。

A. 人工主動　B. 人工被動　C. 自然主動　D. 自然被動

7. 類毒素也是疫苗的一種，是（　）經甲醛去毒後製成的。

A. 內毒素　B. 外毒素　C. 抗毒素　D. 類脂質

8. 注射最後一針疫苗後（　）d 起，可以採血做抗體檢測。

A. 15　B. 7　C. 3　D. 30

9. 抗毒素接種屬於（　）免疫。

A. 人工主動　B. 人工被動　C. 自然主動　D. 自然被動

10. 以下不屬於疫苗的是（　）。

A. 不活化疫苗　B. 基因苗　C. 抗毒素　D. 類毒素

習題答案

一、是非題

1.×　2.√　3.√　4.√　5.×　6.√　7.×　8.√　9.×　10.×

二、單選題

1.A　2.B　3.A　4.B　5.C　6.A　7.B　8.A　9.B　10.C

任務二　假性狂犬病

假性狂犬病（Pseudorabies）是由假性狂犬病病毒引起的家畜及野生動物共患的一種急性傳染病，以發燒、奇癢（豬除外）、腦脊髓炎和神經炎為主要特徵。家養動物中豬多發，犬也可感染該病。

內容		要　點
訓練目標		會進行假性狂犬病的診斷、防控。
案例導入	概述	雪納瑞犬，2 歲，雌性。該犬病初精神沉鬱，蜷縮到角落，對周圍事物表現冷漠，不時變換體位，凝視和舔舐皮膚，常撕咬局部皮膚，隨後無故狂吠，流涎，呼吸急促，反覆多次在其他物體上蹭或者抓撓頸面部。就診時，病犬體溫 40.2℃，耳尖、爪子有抓傷，並伴有神經症狀，有吞嚥困難、流涎、呼吸急促等症狀。很快發生角弓反張，不久後倒地，口吐白沫，呼吸困難，間歇抽搐，很快死亡。經問診得知，病犬有採食生豬肉的經歷。初診疑似犬假性狂犬病。
	思考	1. 如何確診犬假性狂犬病? 2. 如何防治犬假性狂犬病? 3. 從傳染途徑的角度闡述生物安全的重要性。

內容與方法

一、臨床綜合診斷

序號	內容	要　點	
1	流行病學特點	（1）易感動物：自然發生於豬、牛、綿羊、犬、貓、鼠，人偶有感染。實驗動物中兔最易感，其次是小鼠、大鼠、豚鼠等。	
		（2）傳染源：病豬、帶毒豬、帶毒鼠（犬不會向外界排毒）。	
		（3）傳染途徑：主要經消化道感染（如犬常因食入病豬肉或病死鼠肉感染），但也可經呼吸道、皮膚創口及配種感染。	
		（4）流行特點	①季節性：一年四季均可發生，但冬春季多發。 ②散發或地方性流行。 ③潛伏期：犬潛伏期為 3～6d，少數達 10d；貓潛伏期為 1～9d，致死率 100%。 ④本病與年齡、性別、品種無關。

2	臨床症狀	(1) 典型假性狂犬病	①患病犬、貓表現為精神沉鬱、食慾不振、對周圍事物及主人淡漠，之後逐漸發展為情緒不穩、坐臥不安或無目的地運動及叫。 ②特徵性症狀為奇癢，表現形式有抓、咬、舔、搔皮膚某處。 ③多伴有不同程度的神經症狀，頭頸部肌肉和唇出現痙攣或抽搐。 ④病程短，一般在 2～3d 內死於呼吸中樞麻痺。 ⑤有攻擊動作，但一般不會真的攻擊人。
		(2) 非典型假性狂犬病	①精神沉鬱、虛弱、不斷呻吟並呆望身體某處，顯示該處疼痛。 ②有節奏地搖尾，面部肌肉抽搐，瞳孔大小不一。 ③病程長，最終死於呼吸中樞麻痺。
		(3) 狂躁型假性狂犬病	①情緒激動，亂咬物體，抗拒觸摸。 ②咽部麻痺致使吞嚥困難，不斷流涎，瞳孔大小不一。 ③反射興奮性先增高，後降低。 ④死於呼吸中樞麻痺。
3	病理變化		①屍體消瘦、皮膚可見咬傷或撕裂傷。 ②口腔、咽和喉的黏膜充血和糜爛。 ③胃內異物或空虛、胃腸黏膜充血或出血。 ④腦膜及實質中見充血或出血。 ⑤病理組織學檢查：非化膿性腦脊髓炎變化，以海馬角、腦幹最明顯。 ⑥特徵變化為多種神經細胞的細胞核內出現嗜酸性包含體，也稱內基小體，這是病毒寄生於神經元尼氏體部位的象徵。

二、實驗室診斷

序號	方法	要　　點
1	病理組織學檢查	(1) 採樣：取疑似感染本病犬、貓的腦幹和海馬角。 (2) 製片：用病料樣品做組織切片。 (3) 染色：吉姆薩染色或 HE 染色。 (4) 鏡檢：病理切片鏡檢。 (5) 結果判讀：如鏡檢見神經細胞核內有嗜酸性包含體，則判為陽性。
2	螢光抗體法	(1) 採樣：取疑似感染本病犬、貓的腦組織或唾液腺。 (2) 製片：用病料樣品製成觸片或冰凍切片。 (3) 染色：螢光抗體染色。 (4) 觀察：在螢光顯微鏡下觀察。 (5) 結果判讀：如鏡檢見細胞質及細胞核內出現黃綠色螢光顆粒則判為陽性。
3	動物接種	(1) 製備接種病料：將病料用磷酸鹽緩衝液（PBS）製成 10% 懸液，並離心（2 000r/min、10min），取上清液 1～2mL 備用。 (2) 接種家兔：經腹側皮下或肌內接種。

3	動物接種	(3) 觀察：觀察 7d，重點觀察接種後 36～48h 的表現。 (4) 結果判定：如接種後 36～48h 後注射部位出現劇癢而引起家兔啃咬，皮膚脫毛、破皮及出血，繼而出現四肢麻痺、臥地不起、體溫下降，最後出現角弓反張、呼吸抑制、抽搐死亡即可確診。
4	血清學試驗	可選擇中和試驗、瓊脂擴散試驗、補體結合試驗、PCR 技術及酶聯免疫吸附試驗等方法進行診斷，其中中和試驗最靈敏，且假陽性少。

三、防控措施		
序號	內容	要　點
1	預防	在病區可試用假性狂犬病弱毒疫苗，4 月齡以上的犬肌內注射 0.2mL，12 月齡以上的犬肌內注射 0.5mL，間隔 21d 再接種 1 次。
2	綜合防控	(1) 加強滅鼠。 (2) 禁止飼餵生豬肉、病豬肉。 (3) 對病犬糞便及尿液及時清理，對犬舍用 2% 氫氧化鈉消毒處理。 (4) 病犬難以治癒時，應及時隔離、淘汰。
3	治療	本病目前尚無特效療法。早期注射大劑量的假性狂犬病抗血清有一定的療效。
案例分析	針對導入的案例，在教師指導下完成附錄的學習任務單	

複習與練習題

一、是非題

(　) 1. 狂犬病和假性狂犬病的症狀相似，均能引起神經症狀。

(　) 2. 假性狂犬病又稱恐水症。

(　) 3. 假性狂犬病只感染動物，不感染人。

(　) 4. 從自然感染病例中分離的病毒稱為街毒。

(　) 5. 病豬、帶毒豬和帶毒鼠類為假性狂犬病的重要傳染源。

(　) 6. 假性狂犬病的患病動物後期都會出現頭頸部肌肉和唇肌痙攣。

(　) 7. 假性狂犬病病毒主要侵害犬、貓的神經系統，使其出現類似癲癇的症狀。

(　) 8. 狂犬病病毒和假性狂犬病病毒都能引起動物神經症狀，受感染動物都攻擊人畜，常難以鑑別。

(　) 9. 由於假性狂犬病病毒僅侷限於神經組織，所以犬、貓中不會發生橫向傳染。

(　) 10. 為了防止患假性狂犬病的犬、貓繼發感染，可應用磺胺類藥物。

二、單選題

1. 狂犬病和假性狂犬病的鑑別診斷不包括（　）。

A. 狂犬病病犬會攻擊人，患假性狂犬病的犬雖有攻擊動作，但並不會真的攻擊
B. 狂犬病病犬曾有被咬傷史，而假性狂犬病病犬無此病史
C. 假性狂犬病病犬表現奇癢，狂犬病病犬則無
D. 患假性狂犬病的犬皮膚有咬傷和撕裂傷，患狂犬病的犬則無

2. 患假性狂犬病的動物臨床症狀不包括（　）。

A. 奇癢　B. 肌肉抽搐　C. 瞳孔大小不均　D. 攻擊人畜

3. 某動物醫院接診一病例，病犬精神沉鬱、虛弱、不食，不斷呻吟和回頭呆望下腹部，有節奏地搖尾，面部肌肉抽搐，請分析該犬可能患有什麼病？（　）。

A. 狂犬病　B. 假性狂犬病　C. 腸炎　D. 寄生蟲感染

4. 關於疫苗下列說法不正確的是（　）。

A. 狂犬病疫苗在犬、貓滿 3 個月後首免
B. 狂犬病疫苗每年加強免疫一次
C. 假性狂犬病疫區的寵物需要注射疫苗預防
D. 弱毒苗的起效時間比不活化疫苗慢

5. 以下哪種情況不可能感染假性狂犬病？（　）。

A. 被打傷　B. 吃到病豬肉　C. 接觸皮膚傷口　D. 配種

6. 假性狂犬病病毒的縮寫是（　）。

A. PRV　B. RV　C. PEV　D. PCV

7. 假性狂犬病的易感動物是（　）。

A. 幼犬　B. 雄性犬、貓
C. 不同品種、性別、年齡的犬、貓　D. 雌性犬、貓

8. 患假性狂犬病的犬、貓，表現的症狀不包括（　）。

A. 病初精神不振、對周圍事物淡漠、見到主人也無表情、不食、蜷縮而臥
B. 情緒不穩定、坐立不安、毫無目的地往返運動和亂叫，神經症狀
C. 不斷舐、擦皮膚某處，稍後表現奇癢，如抓、咬、舐等
D. 亂跑、亂叫、攻擊人畜

9. 假性狂犬病病毒感染犬、貓後，表現的病理變化不包括（　）。

A. 腸壁水腫、腸黏膜脫落
B. 腦脊髓液增多，表現為瀰散性、非化膿性腦膜腦炎及神經節炎
C. 腦神經細胞、星狀細胞內可見核內包含體
D. 肺水腫

10. 假性狂犬病病毒的傳染途徑不包括（　）。

A. 食入病豬肉或帶毒鼠　B. 經呼吸道吸入病原體
C. 創口直接接觸到病原體　D. 透過配種感染
E. 氣溶膠傳染

習題答案

一、是非題

1.√ 2.× 3.√ 4.√ 5.√ 6.√ 7.√ 8.× 9.√ 10.√

二、單選題

1.D 2.D 3.B 4.D 5.A 6.A 7.C 8.D 9.A 10.E

第三節　多種動物共患細菌性傳染病

學習目標

一、知識目標

1. 掌握布魯氏菌病、結核病、鏈球菌病、炭疽、葡萄球菌病、大腸桿菌病、沙門氏菌病、壞死桿菌病的基本知識。

2. 掌握布魯氏菌病檢疫技術的基本知識。

二、技能目標

1. 能正確進行布魯氏菌病、結核病、鏈球菌病、炭疽、葡萄球菌病、大腸桿菌病、沙門氏菌病、壞死桿菌病的診斷、防控。

2. 掌握正確處理炭疽的方法。

3. 能運用檢疫技術對布魯氏菌病進行檢疫。

4. 能進行相關知識的自主、合作、探究學習。

任務一　布魯氏菌病

布魯氏菌病（Brucellosis）是由布魯氏菌引起的一種人獸共患傳染病，以生殖器官和胎膜發炎、不育和多組織器官的局部病灶為主要症狀。犬多數呈隱性感染，母犬感染後常引起流產。

內容	要　點
訓練目標	會進行布魯氏菌病的診斷、防控。

案例導入	概述	2017 年 3 月，中國湖南省婁底市動物疫病預防控制中心因人感染布魯氏菌病疫情緊急開展動物布魯氏菌病流行病學調查，發現一份犬布魯氏菌病陽性樣品，透過對疫情的發生、疫情追蹤溯源及疫情防控等進行調查，初步認定為人和犬感染羊布魯氏菌病疫情。
	思考	1. 如何確診犬、貓布魯氏菌病? 2. 如何防控犬、貓布魯氏菌病? 3. 為了提高公眾的公共衛生安全意識，我們需要做些什麼?

內容與方法

一、臨床綜合診斷

序號	內容	要　點
1	流行病學特點	(1) 易感動物：多種動物易感，如牛、羊、豬、馬、鹿、犬、貓、兔等，人也易感。 (2) 傳染源：患病、隱性帶菌動物是主要傳染源。 (3) 傳染途徑：主要透過消化道傳染，也可透過損傷的皮膚、黏膜、呼吸道等感染，還可以經胎盤垂直傳染。 (4) 流行特點：①沒有明顯的季節性。②犬、貓大多數呈隱性感染。③寵物犬、貓多呈散發，流浪犬、貓發生率較高。
2	臨床症狀	(1) 潛伏期 2 週至半年。 (2) 成年犬（貓）感染多呈隱性感染。 (3) 妊娠犬（貓）：繁殖障礙（妊娠 2～3 月時發生流產，流產前1～6 週陰唇、陰道黏膜潮紅、腫脹，陰道內流淡褐色或灰綠色分泌物）、子宮內膜炎。 (4) 流產胎兒：部分組織自溶、皮下水腫、瘀血、腹部皮下出血。 (5) 公犬（貓）：睪丸萎縮、陰囊腫大。 (6) 跛行。 (7) 眼前房出血。 (8) 消瘦。
3	病理變化	(1) 公犬（貓）：包皮炎、單側或雙側睪丸炎、附睪炎、陰囊皮炎、前列腺炎、精子異常。 (2) 母犬（貓）：乳腺炎、陰道炎、胎盤和胎兒部分溶解，伴有膿性、纖維素性滲出物和壞死灶。 (3) 關節炎、腱鞘炎或滑液囊炎。 (4) 眼色素層炎、角膜炎。 (5) 椎間盤炎、腦脊髓炎。

二、實驗室診斷		
序號	方法	要　點
1	細菌學檢查	(1) 直接塗片鏡檢 ①取樣：流產胎兒腸胃內容物、肺、肝、脾、淋巴結、流產胎盤、羊水、血液、乳汁、尿液、陰道分泌物、精液等。 ②染色鏡檢：革蘭氏染色結果為陰性，柯茲洛夫斯基染色結果為紅色、短小桿菌。 (2) 分離培養 ①取樣：無菌取新鮮血液。 ②接種培養：樣品接種營養肉湯，有氧條件培養 3～5d。 ③鑑定：取樣接種血液瓊脂斜面、肝湯瓊脂斜面培養基進行鑑定。 (3) 動物接種 ①製備病料乳劑：取新鮮病料，用生理鹽水研磨勻漿，製備成乳劑。 ②腹腔接種：給無特異性抗體的豚鼠腹腔注射病料乳劑 0.1～0.8mL。 ③凝集試驗：接種後 14～21d，心臟無菌採血，分離血清，做凝集試驗，依據凝集價做結果判定。 ④接種 28d 後，解剖取肝、脾、淋巴進行布魯氏菌分離培養。
2	血清學檢查	(1) 試管凝集試驗 ①被檢血清稀釋：0.5%石炭酸：被檢血清 = 1：25、1：50、1：100、1：200。 ②反應：用不同稀釋濃度的被檢血清與布魯氏菌抗原（100 億個/mL）反應。 ③結果判定：1：50 為陽性，1：25 為疑似（3～4 週後需重新檢測）。 (2) 虎紅平板凝集試驗 ①取樣：被檢血清、虎紅平板抗原各 0.3mL，滴加於玻板上混勻。 ②結果判定：4～10min 內出現凝集者為陽性。
3	動物接種	(1) 乳化病料：取病料製成乳劑。 (2) 接種小鼠：給 30 日齡小鼠顱內接種病料乳劑。 (3) 觀察：觀察 3 週。 (4) 結果判定：如接種後 1～2 週內小鼠出現麻痺症狀、腦膜炎變化可判定為陽性。

三、防控措施		
序號	內容	要　點
1	預防	(1) 目前尚無合適的疫苗預防犬、貓布魯氏菌病。 (2) 加強檢疫。 (3) 及時淘汰陽性犬、貓。

2	綜合防控	(1) 定期血清學檢查：每年 1～2 次，陽性犬、貓淘汰處理。 (2) 提倡自繁自養。 (3) 引種時，先隔離飼養觀察 30d，檢疫確認健康方可混群。 (4) 發現患病犬、貓應隔離，同時對其分泌物、排泄物、汙染的用具徹底消毒。 (5) 對流產胎兒、胎衣、羊水等要嚴格消毒及深埋。 (6) 工作人員穿防護服，做好消毒。
3	治療	(1) 目前無有效治療方法。 (2) 發現患病犬、貓，應立即隔離和淘汰。 (3) 做好公共衛生防護。

案例分析	針對導入的案例，在教師指導下完成附錄的學習任務單

複習與練習題

一、是非題

( ) 1. 布魯氏菌病簡稱布病。

( ) 2. 布魯氏菌病是由布魯氏菌引起的一種人畜共患傳染病。

( ) 3. 布魯氏菌病屬於自然疫源性疾病。

( ) 4. 布魯氏菌病的主要特徵為生殖器官發炎、流產、不育、多種組織器官的局部病灶。

( ) 5. 布魯氏菌可以感染犬、貓、豬、牛、羊、馬、人等。

( ) 6. 犬是犬布魯氏菌病的主要宿主，也是馬耳他布魯氏菌、流產布魯氏菌、豬布魯氏菌的帶原者。

( ) 7. 布魯氏菌病可以透過交配傳染。

( ) 8. 布魯氏菌病可以透過水平傳染，也可以透過垂直傳染。

( ) 9. 布魯氏菌病尚無合適的疫苗預防，主要透過檢疫、及時淘汰陽性病例等預防措施。

二、單選題

1. 以下屬於布魯氏菌病病原的是（ ）。
   A. 布魯氏菌病　B. 布魯氏菌　C. 結核分枝桿菌　D. 大腸桿菌
2. 以下不屬於布魯氏菌病傳染途徑的是（ ）。
   A. 垂直傳染　B. 空氣傳染　C. 水平傳染　D. 交配傳染
3. 以下不屬於布魯氏菌病主要特徵的是（ ）。
   A. 生殖器官發炎　B. 嘔吐　C. 流產　D. 不育
4. 以下屬於犬布魯氏菌病的主要宿主的是（ ）。
   A. 貓　B. 犬　C. 人　D. 牛

5. 公犬、公貓感染布魯氏菌後，不會出現的症狀是（　）。
A. 睾丸炎　B. 陰道炎　C. 附睾炎　D. 陰囊腫大
6. 母犬、母貓感染布魯氏菌後，會出現的症狀是（　）。
A. 陰囊腫大　B. 流產　C. 前列腺炎　D. 精子異常
7. 布魯氏菌病的病原屬於（　）。
A. 革蘭氏陽性菌　B. 革蘭氏陰性菌
C. 病毒　D. 以上都不是
8. 以下屬於布魯氏菌病的初篩方法的是（　）。
A. 試管凝集試驗　B. 平板凝集試驗
C. 補體結合試驗　D. 以上都不是
9. 以下屬於布魯氏菌病的確診方法的是（　）。
A. 平板凝集試驗　B. 補體結合試驗
C. 虎紅平板凝集試驗　D. 以上都是
10. 以下不屬於布魯氏菌病防控主要措施的是（　）。
A. 加強檢疫　B. 免疫接種
C. 及時淘汰　D. 以上都不對

習題答案

一、是非題

1.√　2.√　3.√　4.√　5.√　6.√　7.√　8.√　9.√

二、單選題

1.B　2.B　3.B　4.B　5.B　6.B　7.B　8.B　9.B　10.B

實訓五　布魯氏菌病檢疫技術

內容	要　點
訓練目標	掌握檢疫動物布魯氏菌病的虎紅平板凝集試驗、試管凝集試驗。
考核內容	1. 虎紅平板凝集試驗的操作和結果判定。 2. 試管凝集試驗（常量法）的操作和結果判定。

內容與方法		
一、虎紅平板凝集試驗（RBT）		
序號	**內容**	**要　點**
1	器材	微量移液器、滅菌移液器吸頭、牙籤或混勻棒、計時器、潔淨的玻璃板(其上劃分成 $4cm^2$ 的方格)。
2	試劑	商品化的布魯氏菌虎紅平板凝集試驗抗原、布魯氏菌標準陽性血清、布魯氏菌標準陰性血清。
3	操作方法	（1）按常規方法採集、分離受檢血清。 （2）將受檢血清、布魯氏菌標準陰性、陽性血清和抗原從冰箱取出平衡至室溫。 （3）渦旋混勻血清和抗原，分別吸取 $25\mu L$ 的血清和抗原加於玻璃板 $4cm^2$ 方格內的兩側。 （4）用滅菌牙籤或混勻棒快速混勻血清和抗原，塗成直徑 2cm 的圓形，4min 後，在自然光下觀察。 （5）試驗應設標準陰、陽性血清對照。
4	結果判定	（1）在標準陰性血清不出現凝集、標準陽性血清出現凝集時，試驗成立，方可對受檢血清進行判定。 （2）出現肉眼可見凝集現象者，判定為陽性（+）。 （3）無凝集現象且反應混合液呈均勻粉紅色者，判定為陰性（－）。

二、試管凝集試驗（SAT）：常量法		
序號	**內容**	**要　點**
1	器材	玻璃試管、試管架、移液器、滅菌移液器吸頭及溫箱（37℃ ± 1℃）。

2	試劑	商品化布魯氏菌試管凝集試驗抗原、布魯氏菌標準陽性血清、布魯氏菌標準陰性血清、稀釋液含 0.5% 石炭酸的生理鹽水和（或）含 0.5% 石炭酸的 10% 氯化鈉溶液。
3	操作方法	按常規方法採集、分離受檢血清。 每份血清用 4 支凝集試管。 第 1 管標記檢驗編碼後加 920μL 稀釋液。 第 2～4 管各加入 500μL 稀釋液。 取受檢血清 80μL，加入第 1 管內，並混合均勻。 取 500μL 混合液加入第 2 管並充分混勻，如此倍比稀釋至第 4 管，從第 4 管棄去混勻液 500μL。 稀釋完畢，從第 1 管至第 4 管的血清稀釋度分別為 1∶12.5、1∶25、1∶50 和 1∶100。牛、馬、鹿、駱駝血清稀釋法與上述基本一致，差異是第 1 管加 960μL 稀釋液和 40μL 受檢血清，其稀釋度分別為 1∶25、1∶50、1∶100 和 1∶200。 將按說明書要求稀釋的抗原液 500μL 分別加入已稀釋好的各管血清中，並振搖均勻。 注意：大規模檢疫時也可只用 2 個血清稀釋度（加抗原後的終稀釋度），即犬用 1∶25、1∶50。 陰性血清對照：凍乾陰性血清按說明書稀釋到規定容量後，對照試驗中稀釋和加抗原的方法與受檢血清相同。 陽性血清對照：凍乾陽性血清按說明書稀釋到規定容量後，對照試驗中稀釋和加抗原的方法與受檢血清相同。 抗原對照：按說明書要求稀釋抗原液 500μL，再加稀釋液 500μL，觀察抗原是否有自凝現象。 將加樣後的試管置溫箱（37℃ ± 1℃）孵育 18～24h，取出檢查並記錄結果。
4	凝集反應程度記錄	＋＋＋＋：菌體完全凝集，100% 下沉，上層液體 100% 清亮。 ＋＋＋：菌體幾乎完全凝集，上層液體 75% 清亮。 ＋＋：菌體凝集顯著，液體 50% 清亮。 ＋：有凝集物沉澱，液體 25% 清亮。 －：無凝集物，液體均勻混濁。
5	試驗成立條件	陽性對照血清出現完全凝集（＋＋＋＋）。 陰性對照血清無凝集（－）。 抗原對照無自凝現象（－）。

6	結果判定	犬 1：50 血清稀釋度，出現「＋＋」及以上凝集現象時，判定為陽性。 犬 1：25 血清稀釋度，出現「＋＋」及以上凝集現象時，判定為可疑。
7	結果處理	試驗結果可疑的，應在 30d 後採血重檢。
實訓報告		**在教師指導下完成附錄的實訓報告**

複習與練習題

一、是非題

（ ）1. 動物布魯氏菌病診斷技術包括臨床診斷、血清學診斷、病原學診斷。

（ ）2. 虎紅平板凝集試驗適用於動物布魯氏菌病的初篩試驗。

（ ）3. 常量法試管凝集試驗適用於牛、羊、豬布魯氏菌病的血清學確診。

（ ）4. 虎紅平板凝集試驗適用於動物布魯氏菌病的確診。

（ ）5. 常量法試管凝集試驗適用於牛、羊、豬布魯氏菌的初篩試驗。

（ ）6. 透過虎紅平板凝集試驗檢疫動物布魯氏菌病時，不需設標準血清對照。

（ ）7. 透過試管凝集試驗檢疫動物布魯氏菌病時，不需設標準血清對照。

（ ）8. 試管凝集試驗結果可疑的，經 3d 後採血重檢。

（ ）9. 常量法試管凝集試驗結果可疑的，經 30d 後採血重檢，如果仍為可疑，該牛、羊判為陽性。

（ ）10. 常量法試管凝集試驗結果可疑的，經 30d 後採血重檢，如果豬和馬經重檢仍可疑，而農場的牲畜沒有臨床症狀和大批陽性患畜出現，該畜判為陰性。

二、單選題

1. 虎紅平板凝集試驗需要潔淨的玻璃板，其上劃分成（ ）的方格。
   A. $1cm^2$　　B. $2cm^2$　　C. $4cm^2$　　D. $8cm^2$
2. 常量法試管凝集試驗不適用於（ ）布魯氏菌病的血清學確診。
   A. 犬　　B. 牛　　C. 羊　　D. 豬
3. 常量法試管凝集試驗結果可疑的，經（ ）d 後採血重檢。
   A. 3　　B. 10　　C. 20　　D. 30
4. 虎紅平板凝集試驗時，用滅菌牙籤或混勻棒快速混勻血清和抗原，塗成直徑（ ）的圓形，4min 後，在自然光下觀察。
   A. 1cm　　B. 2cm　　C. 3cm　　D. 4cm
5. 常量法試管凝集試驗時，在 1：25 血清稀釋度（犬），出現（ ）及以上凝集現象時，判定為可疑。
   A.「＋」　　B.「＋＋」
   C.「＋＋＋」　　D.「＋＋＋＋」

6. 試管凝集試驗時，在 1：50 血清稀釋度（犬），出現（　）及以上凝集現象時，判定為陽性。

A.「＋」　B.「＋＋」　C.「＋＋＋」　D.「＋＋＋＋」

7. 虎紅平板凝集試驗時，出現肉眼可見凝集現象者，判定為（　）。

A. 陰性（－）　B. 陽性（＋）　C. 陽性（＋＋）　D. 以上都不是

8. 虎紅平板凝集試驗在（　）時，試驗成立，方可對受檢血清進行判定。

A. 標準陰性血清不出現凝集

B. 標準陽性血清出現凝集

C. 標準陰性血清不出現凝集、標準陽性血清出現凝集

D. 以上都不是

9. 常量法試管凝集試驗，在（　）時，試驗成立。

A. 陽性對照血清出現完全凝集（＋＋＋＋）

B. 陰性對照血清無凝集（－）

C. 抗原對照無自凝現象（－）

D. 以上都是

10. 診斷動物布魯氏菌病可以採用的方法是（　）。

A. 臨床診斷　B. 血清學診斷　C. 病原學診斷　D. 以上都可以

習題答案

一、是非題

1.√　2.√　3.√　4.×　5.×　6.×　7.×　8.×　9.√　10.√

二、單選題

1.C　2.A　3.D　4.B　5.B　6.B　7.B　8.C　9.D　10.D

任務二　結 核 病

結核病（Tuberculosis）是由分枝桿菌引起的一種人獸共患的慢性傳染病，以胸部、腹部、關節、全身的多種組織器官形成肉芽腫、乾酪樣或鈣化病灶為特徵。

內容		要　　點
訓練目標		會進行結核病的診斷、防治。
案例導入	概述	王女士兩個月前經結核病院診斷為肺結核在家休養治療。家中飼養 1 隻 2 歲馬爾濟斯雄性犬，一個多月來發現犬精神不佳，不願活動，並日漸消瘦，逐就診。臨床檢查可見：病犬全身消瘦，被毛零亂無光澤，精神萎靡，懶動，體溫 39.2℃。兩前肢外展，兩後肢伸於腹下，呈蹲坐姿勢。呼吸急促，氣喘，表情悲戚，並頻頻咳嗽，排出灰色膿性痰液。初診疑似結核病。
	思考	1. 如何確診犬、貓結核病? 2. 如何防控犬、貓結核病? 3. 為了更好推動全球結核病防控，我們需要做什麼?

內容與方法		
一、臨床綜合診斷		
序號	內容	要　　點
1	流行病學特點	(1) 易感動物：多種動物（約 50 種哺乳動物、25 種禽類）易感，人也易感。 (2) 傳染源：患病或帶菌的哺乳動物、禽類、人。 (3) 傳染途徑：主要透過消化道、呼吸道感染，也可透過交配感染。 (4) 流行特點　①廣泛分布於世界各地。 ②高齡犬多發。 ③公犬比母犬多發。 ④主要由結核分枝桿菌、牛分枝桿菌引起，極少數由禽分枝桿菌引起。 ⑤貓感染牛分枝桿菌的機率遠高於結核分枝桿菌的機率。
2	臨床症狀	(1) 患病犬、貓在相當一段時間內不表現症狀。 (2) 出現症狀時表現食慾不振、容易疲勞、虛弱、進行性消瘦、精神不振等。

2	臨床症狀	(3) 肺結核表現為長期咳嗽（乾咳），後期轉為濕咳，並有黏膿性痰，嚴重時出現不同程度的咯血。叩診肺部有濁音，如發生肺空洞，可聽到拍水音等。 (4) 消化道結核表現為消化功能紊亂、頑固性下痢、消瘦、貧血，常有腹水。 (5) 皮膚結核多發生於頭頸部，有邊緣不整齊的潰瘍灶，潰瘍灶底部為無感覺的肉芽組織等。
3	病理變化	(1) 許多器官出現多發性的灰白色至黃色有包囊的結節性病灶。 (2) 肺結核：初期為小葉性支氣管肺炎，隨病程發展，乾酪樣壞死組織進一步鈣化。

二、實驗室診斷

序號	方法		要點
1	細菌學檢查	(1) 直接塗片鏡檢	①取樣：痰液、乳汁、尿液、淋巴結、結核病灶等。 ②製片：病料製作觸片或塗片。 ③染色鏡檢：抗酸染色鏡檢，可見分枝桿菌為紅色、其他菌為藍色。
		(2) 分離培養	①病料離心：無菌取尿、糞、其他分泌物 2～4mL 於離心管內，加等量 4% 氫氧化鈉溶液，振盪，離心。 ②接種培養：無菌勾取離心物沉渣，接種於青黴素血瓊脂、羅氏培養基等斜面固體培養基上，37℃ 培養 1 週，每 3d 拔塞換氣一次。 ③鑑定：牛分枝桿菌、結核分枝桿菌為乾燥、皺縮、灰白色或灰黃色菌落；禽分枝桿菌為較光滑、濕潤的菌落。
		(3) 動物接種	①皮內接種：健康豚鼠腹部皮內注射 0.1mL 結核菌素。 ②反應觀察：接種後 1d、2d、3d 各觀察 1 次，如局部無紅腫反應者可應用。 ③待檢病料接種：後肢腹股溝皮下注射 1～2mL 待檢病料，21～28d 後用三型結核菌素分別皮內注射。 ④結果判定： a. 如感染結核分枝桿菌或牛分枝桿菌，注射部位紅腫，72h 仍不消退；經 4～6 週，肝、脾、局部淋巴結出現結核病灶。 b. 如感染禽分枝桿菌，反應輕微，24～48h 消失；經 4～6 週，注射部位形成膿腫，附近淋巴結出現病灶。
2	皮膚結核菌素試驗		①注射部位備毛與消毒：將可疑病犬大腿內側或肩胛部去毛、消毒。 ②皮內接種：在大腿內側或肩胛部皮內注射 0.1～0.2mL 卡介苗。 ③反應觀察：48h 或 72h 觀察有無局部腫脹及全身反應。 ④對照設置：同時做生理鹽水對照。

3	X光檢查	①擺位：患病犬、貓X光檢查前做好擺位。 ②拍攝：調整X光拍攝參數，進行不同體位拍攝。 ③讀片：可見氣管、支氣管淋巴結和間質性肺炎變化；後期可見肺硬化、肺結節、肺鈣化灶。
4	血清學檢查	紅血球凝集實驗（HA）、補體結合反應（CF）、螢光抗體試驗、聚合酶鏈式反應（PCR）。

三、防控措施

序號	內容	要　點
1	預防	（1）目前尚無合適的疫苗預防犬、貓結核病。 （2）加強檢疫。 （3）及時淘汰陽性犬、貓。
2	綜合防控	（1）定期血清學檢查：每年1～2次，陽性犬、貓淘汰處理。 （2）提倡自繁自養。 （3）引種時，先隔離飼養觀察30d，檢疫確認健康方可混群。 （4）發現病犬、貓應隔離，同時對分泌物、排泄物、汙染的用具徹底消毒。 （5）對患開放性結核病的犬、貓建議實施安樂死和消毒處理，以防止傳染疾病。 （6）工作人員穿防護服，做好消毒。
3	治療	（1）考慮犬、貓結核病對公共衛生構成的威脅，建議對患病犬、貓進行安樂死，並做好消毒處理。 （2）有治療價值的，可採用藥物治療。
案例分析		**針對導入的案例，在教師指導下完成附錄的學習任務單**

育人故事

「世界防治結核病日」的由來

1882年3月24日，德國微生物學家羅伯・柯霍宣布結核桿菌是結核病的病原菌。當時結核病正在歐洲和美洲流行，由於柯霍發現了結核桿菌，為日後結核病研究和控制工作提供了重要的科學基礎，為可能消除結核病帶來了希望。

1982年3月24日，由國際防癆協會和世界衛生組織倡議、各國政府和非政府組織舉辦紀念羅伯・柯霍發現結核桿菌100週年活動，國際防癆協會會員之一的非洲馬利共和國的防癆協會提議，要像其他世界衛生日一樣，設立世界防治結核病日。這個建議後來被國際防癆協會理事會採納。

1993年4月23日，世界衛生組織在倫敦召開46屆世界衛生大會，會上通過了「全球結核病緊急狀態宣言」。要求世界各國採取緊急措施，積極與結核病危機作鬥爭，並希望加強對防治結核病的宣傳，以喚起各國對控制結核病疫情的高度重視。

1995 年年底，世界衛生組織為了更進一步地推動全球結核病預防控制的宣傳活動，喚起公眾與結核病作鬥爭的意識，與國際防癆和肺病聯合會及其他國際組織一起倡議，要提高這個重要日子的影響力。

評析　攜手共建人類衛生健康共同體。

複習與練習題

一、是非題

(　) 1. 結核病是慢性傳染病。

(　) 2. 結核病是由布魯氏菌引起的一種人畜共患傳染病。

(　) 3. 結核病屬於自然免疫性疾病。

(　) 4. 結核病的主要特徵為生殖器官發炎、流產、不育、多種組織器官的局部病灶。

(　) 5. 分枝桿菌有牛分枝桿菌、結核分枝桿菌、禽分枝桿菌、豬分枝桿菌、犬分枝桿菌 5 型。

(　) 6. 犬、貓的結核病主要是由結核分枝桿菌、牛分枝桿菌所致，極少數由禽分枝桿菌所引起。

(　) 7. 結核病主要透過呼吸道、消化道感染。

(　) 8. 犬結核病常缺乏明顯臨診表現和特徵症狀，只是逐漸消瘦，體虛，易疲勞。

(　) 9. 常用結核分枝桿菌 PPD 皮內變態反應試驗進行結核病的初篩，以結核分枝桿菌 γ-干擾素釋放試驗確診。

(　) 10. 結核病尚無合適的疫苗預防，主要透過檢疫、及時淘汰陽性病例等預防。

二、單選題

1. 以下是屬於結核病病原的是（　）。
   A. 結核病　B. 布魯氏菌　C. 分枝桿菌　D. 大腸桿菌
2. 以下不屬於結核病傳染途徑的是（　）。
   A. 呼吸道傳染　B. 消化道傳染　C. 交配傳染　D. 氣溶膠傳染
3. 以下不屬於結核病主要特徵的是（　）。
   A. 多器官結節性病灶　B. 多器官肉芽腫
   C. 發燒　D. 多器官鈣化病灶
4. 分枝桿菌有（　）型。
   A. 1　B. 2　C. 3　D. 4
5. 犬、貓的結核病主要是由結核分枝桿菌和（　）分枝桿菌所致。

A. 禽　B. 犬　C. 牛　D. 貓

6. 犬、貓感染結核病後，會出現的特徵性症狀是（　）。

A. 精神差　B. 發燒

C. 食慾減退　D. 多組織器官肉芽腫

7. 結核分枝桿菌革蘭氏染色呈（　）。

A. 陰性　B. 不能用此方法

C. 有時陰性、有時陽性　D. 陽性

8. 以下屬於結核病初篩方法的是（　）。

A. 試管凝集試驗

B. 平板凝集試驗

C. 結核分枝桿菌 γ-干擾素釋放試驗

D. 結核分枝桿菌 PPD 皮內變態反應試驗

9. 以下屬於結核病確診方法的是（　）。

A. 平板凝集試驗　B. 結核分枝桿菌 PPD 皮內變態反應試驗

C. 虎紅平板凝集試驗　D. 結核分枝桿菌 γ-干擾素釋放試驗

10. 以下關於結核病防控主要措施描述不正確的是（　）。

A. 加強檢疫　B. 及時淘汰陽性病例

C. 焚燒或深埋陽性病例屍體　D. 以上都不對

習題答案

一、是非題

1.√ 2.× 3.× 4.× 5.× 6.√ 7.√ 8.√ 9.√ 10.√

二、單選題

1.C 2.C 3.C 4.C 5.C 6.D 7.D 8.D 9.D 10.D

任務三　鏈球菌病

鏈球菌病（Streptococcicosis）是由致病性鏈球菌引起的人獸共患傳染病，犬、貓等動物主要以化膿性感染、敗血症以及中毒性休克症候群等為特徵。

內容		要　點
訓練目標		能正確診斷和治療犬、貓鏈球菌病。
案例導入	概述	趙某飼養的聖伯納母犬剖腹產出 12 隻仔犬，產後第 2 天起相繼有 7 隻發病，死亡 4 隻。病犬主要表現為精神沉鬱，吮乳無力或食慾廢絕，可視黏膜蒼白，呼吸急迫，腹部膨脹；後期體溫下降，四肢無力，共濟失調，衰竭而死亡。剖檢 2 隻病死犬，可見淋巴結和脾腫大，肝腫脹、質脆，腎有出血點，心包積液，心內膜有出血點，腦膜和腦實質充血、出血。初診疑似鏈球菌病。
	思考	1. 如何確診鏈球菌病? 2. 如何防治鏈球菌病? 3. 獸醫在直腸採集樣品的過程中，需要做哪些個人防護?

內容與方法

一、臨床綜合診斷

序號	內容	要　點
1	流行病學特點	(1) 易感動物：人和多種動物共患，犬、貓幼仔易感性最高，發生率和致死率高。 (2) 傳染源：患病和帶菌動物及汙染物；傷口、手術、病毒感染及免疫抑制性疾病可以引起內源性感染。 (3) 傳染途徑：①經呼吸道感染；②經受損的皮膚和黏膜感染；③幼仔經產道、臍帶、吸乳感染。
2	臨床症狀	(1) G 群鏈球菌為主，犬中毒性休克症候群、肺炎和心肌炎。 (2) 體溫升高（40～41℃）。 (3) 感染部位有極度疼痛、發燒、腫脹等炎症表現。 (4) 病初皮膚潰瘍和化膿、淋巴結腫大、蜂窩性組織炎。
3	病理變化	因感染鏈球菌的血清群和毒力不同，其病理變化也有一定差異。 (1) 幼仔多為臍化膿，實質器官有膿腫灶，常見淋巴結膿腫。 (2) 肝腫大、質脆，腎腫大、有出血點。 (3) 嚴重者腹腔積液，肝有化膿性壞死灶，腎大面積出血、呈花斑狀，胸腔積液有纖維素性沉著，心內膜有出血斑點。

二、實驗室診斷		
序號	方法	要　點
1	塗片鏡檢	(1) 採樣：無菌採膿汁、乳汁、內臟或胸腹腔積液。 (2) 製片：用病料樣品做塗片。 (3) 染色：革蘭氏染色或瑞氏染色。 (4) 鏡檢：塗片鏡檢。 (5) 結果判讀：如鏡檢見單個、成對或呈短鏈球形的革蘭氏陽性菌，則進一步進行細菌分離培養。
2	分離鑑定	(1) 採樣：無菌採取膿汁、乳汁、死亡犬內臟或胸腹腔積液。 (2) 培養：接種於血液瓊脂培養基上。 (3) 觀察：血平板上長灰白色、表面光滑、邊緣整齊的小菌落。 (4) 純培養：傳代分離培養，獲得純培養物後，進行生化鑑定。
3	動物接種	取病料懸液或分離培養物，皮下或腹腔接種小鼠或家兔，如 3～4d 後發病死亡，取病料做塗片鏡檢和分離鑑定。

三、防治措施		
序號	內容	要　點
1	預防	(1) 加強飼養管理，增強寵物機體抵抗力。 (2) 分娩前後注意環境及母體衛生，保持籠舍清潔、乾燥、通風，定期更換褥墊，減少壓力因素。
2	綜合防控	(1) 發現患病犬、貓，及時隔離，積極治療。 (2) 及時清除糞便，對圈舍、用具經常清洗、消毒。 (3) 常發地區，可用分離菌株製成甲醛不活化疫苗，進行免疫預防。
3	治療	治療本病時有條件最好做藥敏試驗，選擇最敏感藥物進行治療。 (1) 青黴素 G、頭孢菌素類、氟苯尼考、磺胺類藥物。 (2) 做好保溫護理工作，病情嚴重的同時配合強心、補液措施。

案例分析	針對導入的案例，在教師指導下完成附錄的學習任務單

育人故事

人感染豬鏈球菌事件的經驗總結	
概述	2005 年 6 月下旬，中國四川省部分地區發生豬鏈球菌病疫情，並開始出現人感染豬鏈球菌病例，患者都有接觸病、死豬的經歷，以突然出現高燒、周身痠痛、休克等為主要症狀。

概述	鏈球菌屬條件性致病菌，種類很多，在自然界和豬群中分布廣泛，國際學術界一般認為豬群帶菌率高達30%～75%，甚至豬帶鏈球菌2型比較普遍，但不一定發病。高溫高濕、氣候變化、圈舍衛生條件差等壓力因子均可誘發豬鏈球菌病。根據實驗室檢測和流行病學調查結果，此次四川省疫情為豬鏈球菌2型疫情，在四川省局部地區集中多點散發，疫情均發生在地處偏遠、經濟條件較差的農村。染疫生豬全部發生在散養戶，衛生條件相對較好的養殖大户和規模化養殖場沒有發生生豬疫情。人感染豬鏈球菌病疫情，患者均因私自宰殺、加工病死豬而感染發病，沒有發生人傳人現象；沒有人因購買食用經檢疫合格的豬肉而染病。
評析	保障畜禽健康、加強畜禽產品檢疫檢驗、注重工作和生產中的生物安全意識、注重對周圍群眾的科普宣傳，全面保護人民生命安全，是我們獸醫工作者的責任和使命。

複習與練習題

一、是非題

（　）1. 鏈球菌病的病原是革蘭氏陽性菌。
（　）2. 鏈球菌病是一種人獸共患傳染病。
（　）3. 鏈球菌病只發生於幼齡犬、貓，成年犬、貓呈隱性感染。
（　）4. 被汙染的飼料、飲食用具不會造成鏈球菌病的傳染。
（　）5. 鏈球菌只感染溫血哺乳動物，不感染冷血動物。
（　）6. 鏈球菌病只造成皮膚損傷，不造成消化系統損傷。
（　）7. 採取鏈球菌病病料時，要嚴格無菌操作，並嚴防散布病原。
（　）8. 鏈球菌病病料可用革蘭氏染色法塗片鏡檢。
（　）9. 鏈球菌病治療首選抗生素。
（　）10. 鏈球菌病可用分離菌種製成甲醛不活化疫苗預防。

二、單選題

1. 鏈球菌病是一種（　）。
   A. 人獸共患寄生蟲病　　B. 犬、貓共患寄生蟲病
   C. 人獸共患傳染病　　D. 只感染犬的傳染病
2. 鏈球菌病的病原體是（　）。
   A. 鏈球菌　　B. 化膿桿菌
   C. 銅綠假單胞菌　　D. 葡萄球菌
3. 以下屬於鏈球菌病可能引起的犬、貓臨床症狀的是（　）。
   A. 觀星狀姿勢　　B. 腦膜腦炎
   C. 木馬樣姿勢　　D. 祈禱姿勢

4. 鏈球菌（　）可引起新生幼仔的敗血症。
A. G 群　B. A 群　C. D 群　D. C 群

5. 鏈球菌塗片鏡檢呈（　）。
A. 革蘭陰性桿菌　B. 革蘭陰性球菌
C. 革蘭陽性球菌　D. 革蘭陽性桿菌

6. 鏈球菌病採樣進行細菌分離培養，可直接接種於（　）分離培養。
A. 三糖鐵培養基　B. 血液瓊脂平板
C. 麥康凱培養基　D. SS 瓊脂培養基

7. 動物接種試驗時，可將病料懸液注射於（　）。
A. 家兔腦部　B. 小鼠腦部
C. 小鼠腹腔　D. 蟾蜍腹腔

8. 採集疑似鏈球菌病病料時，取（　）。
A. 臟器病變中心
B. 臟器病變部位與健康部位的交界處
C. 臟器病變部位以外的健康部位
D. 皮膚病變部位毛髮

9. 在進行鏈球菌病的治療時，最好先做（　）試驗。
A. 藥敏　B. 生化　C. 接種　D. 塗片

10. 目前，預防犬、貓鏈球菌病的關鍵是（　）。
A. 加強飼養管理，增強抗病力，保持環境衛生清潔
B. 注射犬、貓鏈球菌疫苗
C. 注射犬、貓鏈球菌血清
D. 避免犬、貓外出

習題答案

一、是非題

1.√　2.√　3.×　4.×　5.×　6.×　7.√　8.√　9.√　10.√

二、單選題

1.C　2.A　3.B　4.A　5.C　6.B　7.C　8.B　9.A　10.A

任務四　炭　　疽

炭疽（Anthrax）是由炭疽桿菌引起的急性、熱性、敗血性人獸共患病。

<table>
<tr><th>內容</th><th colspan="2">要　　點</th></tr>
<tr><td>訓練目標</td><td colspan="2">會進行炭疽的診斷、防控。</td></tr>
<tr><td rowspan="2">案例導入</td><td>概述</td><td>貓，雌性，5月齡。有採食死牛脾的經歷，病貓精神沉鬱，食慾廢絕，口流清涎、白沫，張口伸舌，痛苦呻吟，2d後四肢僵直死亡。屍體鼓脹，打孔取肝時有刺破氣球感，孔中流出醬油色血液，暴露空氣中不凝固。初診疑似炭疽。</td></tr>
<tr><td>思考</td><td>1. 如何確診炭疽?
2. 如何進行炭疽的防控?
3. 發生炭疽疫情時，為何要及時啟動應急響應?</td></tr>
</table>

<table>
<tr><th colspan="4">內容與方法</th></tr>
<tr><th colspan="4">一、臨床綜合診斷</th></tr>
<tr><th>序號</th><th>內容</th><th colspan="2">要　　點</th></tr>
<tr><td rowspan="4">1</td><td rowspan="4">流行病學特點</td><td>(1) 易感動物</td><td>①草食獸最易感。
②豬的易感性最低。
③犬、貓、狐狸等肉食動物很少見。
④家禽幾乎不感染。
⑤實驗動物以豚鼠、小鼠、家兔較易感。
⑥人對炭疽普遍易感。</td></tr>
<tr><td colspan="2">(2) 傳染源：患病動物及其排泄物和分泌物。</td></tr>
<tr><td colspan="2">(3) 傳染途徑主要是消化道傳染，也可經呼吸道傳染或吸血昆蟲叮咬傳染。</td></tr>
<tr><td>(4) 特點</td><td>①一年四季都可發生，每年6－9月為發病高峰。
②乾旱、洪澇等可誘發該病。</td></tr>
<tr><td rowspan="2">2</td><td rowspan="2">臨床症狀</td><td colspan="2">潛伏期1～5d，分最急性型、急性型、亞急性型、慢性型。</td></tr>
<tr><td>(1) 最急性型</td><td>綿羊、山羊常見此型。
①突然倒地；②全身顫慄、搖擺；③昏迷、磨牙；④呼吸極度困難、可視黏膜發紺；⑤天然孔流黑紅色帶泡沫的血液；⑥一般數分鐘內死亡。</td></tr>
</table>

				牛、馬常見此型。
		(2) 急性型		①體溫升高至 42℃；②興奮不安，之後變虛弱；③水腫（頸、胸、腹部及兩側）、呼吸困難；④食慾減少（或廢絕）；⑤哺乳期動物表現泌乳減少或停止；⑥先便祕、後腹瀉帶血；⑦腹痛；⑧妊娠動物：常迅速流產；⑨瀕死期鼻孔和肛門出血，一般 1～2d 死亡。
				多見於牛、馬。
2	臨床症狀	(3) 亞急性型		與急性型炭疽的臨床症狀相似。
			出現炭疽癰	頸部、咽部、胸部、腹下、肩胛或乳房等部位皮膚、直腸或口腔黏膜處常出現；初期硬有熱痛，之後熱痛消失；可發生壞死或潰瘍。
		(4) 慢性型		多見於豬。一般不表現臨床症狀，或僅表現食慾減退和長時間伏臥。
				敗血症病變。
3	病理變化	急性炭疽		(1) 屍僵不全，屍體極易腐爛。 (2) 黏膜發紺。 (3) 天然孔流黑紅色帶泡沫的血液。 (4) 凝血不良，血液黏稠如煤焦油樣。 (5) 全身多發性出血，皮下、漿膜下、肌間結締組織水腫。 (6) 脾變性、瘀血、出血、水腫（腫大 2～5 倍）。 (7) 脾髓質呈暗紅色，煤焦油樣，粥樣軟化。

二、實驗室診斷

序號	方法	要點		
1	塗片鏡檢	(1) 病料採集		①採集患病動物的末梢靜脈血，或切下一塊耳朵。 ②病料必須放入密封容器中。 ③多層密封，以防外泄。
		(2)塗片		病料塗片，製片幾張。
		(3)染色		可選用瑞氏、吉姆薩或鹼性美藍染色。
		(4)鏡檢		用顯微鏡鏡檢。
		(5)結果判定	陽性	①多為單個、成對或 2～5 個菌體相連。 ②呈短鏈排列、竹節狀。 ③有莢膜。 ④兩端平直的粗大桿菌。

2	分離培養	新鮮病料	直接用普通瓊脂或肉湯培養。
		陳舊或汙染病料	製成懸液，於70℃加熱30min，殺死非芽孢菌，再接種培養。
		分離的可疑菌株，可進行串珠試驗、噬菌體裂解實驗、莢膜形成試驗。	
3	動物接種	(1) 用培養物或病料製備混懸液。 (2) 向小鼠腹腔注射0.5mL混懸液。 (3) 飼養，觀察。 (4) 取1～3d後因敗血症死亡小鼠的血液和脾。 (5) 檢查，可檢出有莢膜的炭疽桿菌。	
4	環狀沉澱試驗（Ascoli試驗）	特點	簡便、快速，敏感度低。
		主要操作步驟	(1) 取沉澱反應管3支，各加0.1mL炭疽沉澱素血清。 (2) 將待檢抗原沿管壁輕輕加入其中一支，使其重疊在炭疽沉澱素血清上，使上下兩液間有一整齊界面。 (3) 另兩支沉澱反應管，其中一支加炭疽標準抗原，另一支加生理鹽水，作為對照，方法同上。 (4) 將反應管直立靜置，3～5min內判定結果。
		敏感性	對腐敗病料、血液中的炭疽桿菌敏感性較好；對炭疽芽孢敏感性較差。
5	聚合酶鏈式反應（PCR）	主要操作步驟	(1) 樣本處理（樣本處理區）：按照核酸提取試劑盒說明書要求提取待檢樣本的核酸。 (2) 擴增試劑準備：取 *N* 個（*N* = 陰性品管物 + 待檢樣本 + 陽性品管物）PCR反應管，每管分別加入PCR反應液19.6μL、PCR酶0.4μL。擴增試劑加好後將所有PCR反應管於5 000r/min離心10s，轉移至樣本處理區。 (3) 加樣（樣本處理區），在上述的PCR反應管中分別加入待檢樣本核酸提取物、陰性品管物和陽性品管物各5μL，蓋緊管蓋，於5 000r/min離心10s，轉移至擴增區。 (4) PCR擴增。 (5) 電泳檢測。 (6) 凝膠成像系統分析，判斷結果。

6	鑑別診斷	類症疾病	巴氏桿菌病、惡性水腫。
		區別	巴氏桿菌病：病料中可檢出兩端著色的巴氏桿菌，Ascoli 反應呈陰性。 惡性水腫：腫脹部觸診敏感，氣性腫脹迅速擴散至四周、觸診有捻發音，鏡檢可見兩端鈍圓的大桿菌。

三、防控措施		
序號	內容	要　點
1	綜合防控	(1) 在疫區或常發地區，每年進行疫苗預防。 (2) 加強檢疫。 (3) 大力宣傳本病危害性和防治措施。 (4) 及時上報疫情。 (5) 隔離患病動物，禁止其流動。 (6) 不宰殺、不食用、不出售、不轉運病死動物及其產品。 (7) 禁止解剖病死動物屍體。 (8) 屍體必須進行焚燒、深埋等無害化處理。 (9) 被汙染的物品、用品，與糞便、墊料一起焚燒。 (10) 場地、用具應徹底消毒。 (11) 禁止疫區內動物交易、輸出動物產品及草料。 (12) 禁止使用、食用患病動物及其產品（如乳）。
2	治療	確診動物，一般不予治療，嚴格銷毀。
案例分析		針對導入的案例，在教師指導下完成附錄的學習任務單

複習與練習題

一、是非題

（　）1. 炭疽是一種急性、熱性、敗血性人獸共患病。
（　）2. 犬、貓易感染炭疽。
（　）3. 炭疽有明顯的季節性。
（　）4. 乾旱和洪澇是炭疽的主要誘因。
（　）5. 炭疽的潛伏期為 1～5d。
（　）6. 炭疽臨床分為最急性型、急性型、亞急性型、慢性型。
（　）7. 在炭疽疫區或常發地區，每年進行疫苗預防。
（　）8. 有炭疽病例應及時上報當地獸醫部門。
（　）9. 因炭疽死亡的動物，可進行解剖。
（　）10. 動物患炭疽時應積極給予治療。

二、單選題

1. 炭疽的病原是（　）。

A. 沙門氏菌　B. 炭疽桿菌　C. 葡萄球菌　D. 鏈球菌

2. 炭疽最主要的傳染方式是（　）。

A. 消化道傳染　B. 呼吸道傳染　C. 接觸傳染　D. 吸血昆蟲叮咬傳染

3. 炭疽病例內臟變化最明顯的是（　）。

A. 心臟　B. 肝　C. 脾　D. 腎

4. 急性炭疽的病理變化包括天然孔流黑紅色帶泡沫的血液，凝血不良，血液黏稠如（　）。

A. 煤焦油樣　B. 粥樣　C. 石膏樣　D. 水樣

5. 急性型炭疽的臨床症狀有（　）。

A. 體溫升高至 42℃，食慾減少或食慾廢絕，興奮不安，之後變虛弱

B. 頸、胸、腹部及兩側水腫，呼吸困難，先便祕後腹瀉帶血，腹痛

C. 瀕死期鼻孔和肛門出血，一般 1～2d 死亡

D. 以上都是

6. 最急性型炭疽的臨床症狀有（　）。

A. 動物突然倒地，昏迷，磨牙，全身顫慄，搖擺

B. 呼吸極度困難，可視黏膜發紺

C. 天然孔流黑紅色帶泡沫的血液，一般數分鐘內死亡

D. 以上都是

7. 革蘭氏染色陽性，呈單個、成對或 2～5 個菌體相連的短鏈排列，呈竹節狀，有莢膜，兩端平直的大桿菌，即為（　）。

A. 炭疽桿菌　B. 鏈球菌　C. 沙門氏菌　D. 大腸桿菌

8. 疑似炭疽的患病動物，應採集患病動物的（　），或切下一塊耳朵，病料必須放入密封容器中，多層密封以防外泄。

A. 皮屑　B. 末梢靜脈血　C. 唾液　D. 糞便

9. 對於確診炭疽的動物，治療方法有（　）。

A. 抗生素治療　B. 抗病毒治療

C. 一般不予治療　D. 抗寄生蟲治療

習題答案

一、是非題

1.√　2.×　3.×　4.√　5.×　6.√　7.√　8.√　9.×　10.×

二、單選題

1.B　2.A　3.C　4.A　5.D　6.D　7.A　8.B　9.C

任務五　葡萄球菌病

葡萄球菌病（Staphylococcosis）是由葡萄球菌引起的一種細菌性人獸共患病，犬、貓葡萄球菌病主要表現為局部化膿性炎症，有時可發生菌血症、敗血症等。

內容	要點	
訓練目標	會進行葡萄球菌病的診斷、防控。	
案例導入	概述	一黃金獵犬，3 週歲，已按規定接受過免疫接種，該犬鼻部大面積破潰，流膿汁，鼻周圍有多處膿痂，皮膚破潰，有膿疱、濾泡樣丘疹，主訴就診前幾週常伴有厭食、嗜睡、情緒煩躁、不停抓撓等症狀。初診疑似葡萄球菌感染所致的膿皮病。
	思考	1. 如何確診該病是由葡萄球菌引起的? 2. 如何防治葡萄球菌病? 3. 如何規範進行該病病料採集及鏡檢?

內容與方法			
一、臨床綜合診斷			
序號	**內容**	**要點**	
1	流行病學特點	（1）易感動物：人和其他溫血動物。	
		（2）傳染源：患病和帶菌動物。	
		（3）傳染途徑	主要是內源性感染，也可透過直接和間接接觸傳染。 犬感染主要來源於黏膜寄生菌。 貓感染主要來源於所接觸的人和動物。
2	臨床症狀	（1）犬、貓感染部位：皮膚、眼睛、耳朵、呼吸道、生殖道、血液淋巴系統、骨骼、關節多見。 （2）主要症狀為局部化膿性炎症、發燒、厭食、精神沉鬱。 ①淺表性膿皮症：皮膚出現膿疱、濾泡性丘疹。 ②深層性膿皮症：發病部位常侷限於面部、四肢和趾間，也可見全身性感染。主要症狀是發病部位流膿。 ③12 週齡以內幼犬：常見蜂窩性組織炎，主要表現為淋巴結腫大，口腔、耳和眼周圍腫脹，出現膿腫和脫毛等。	

二、實驗室診斷		
序號	方法	要　點
1	病理組織學檢查	(1) 採樣：膿汁，也可根據發病部位採集血液或尿液樣本。 (2) 製片：用病料樣品做塗片。 (3) 染色：美藍、瑞氏或革蘭氏染色。 (4) 鏡檢：病料塗片染色鏡檢。 (5) 結果判讀：如鏡檢見革蘭氏陽性球菌，直徑約 1.0μm，單個、成對或呈葡萄串狀排列則判為陽性。

三、防治措施		
序號	內容	要　點
1	綜合防控	(1) 避免接觸具有毒力和耐抗生素的菌株。 (2) 外科操作（如手術、創傷處理等）時應注意消毒。 (3) 被葡萄球菌汙染的物品要消毒徹底。 (4) 防止皮膚外傷，如有外傷，應及時給予處置，防止感染。 (5) 加強飼養管理，增強機體抵抗力。
2	治療	(1) 對於有膿腫和積膿的，需要排膿。 (2) 藥物治療：分離菌株進行藥敏試驗，採用敏感藥物進行治療。 (3) 藥物：葡萄球菌對頭孢氨苄、複方阿莫西林、慶大黴素等藥物的抗性相對較少。 (4) 局部使用抗菌藥：適用於多數淺表性膿皮症。 (5) 全身性治療：適用於瀰散性或深部組織臟器感染。
案例分析	針對導入的案例，在教師指導下完成附錄的學習任務單	

複習與練習題

一、是非題

（　）1. 葡萄球菌病不是人獸共患病。

（　）2. 葡萄球菌病的傳染源為患病和帶菌動物。

（　）3. 葡萄球菌病主要是內源性感染，也可透過直接和間接接觸傳染。

（　）4. 犬、貓葡萄球菌病的感染部位以皮膚、眼睛、耳朵、呼吸道、生殖道、血液淋巴系統、骨骼、關節多見。

（　）5. 外科操作時不注意消毒，也可感染葡萄球菌病。

（　）6. 葡萄球菌病診斷可採集患病動物的糞便做塗片，革蘭氏染色鏡檢。

（　）7. 葡萄球菌病可出現淺表性膿皮症：皮膚出現膿疱、濾泡性丘疹。

（　）8. 12 週齡以內的幼犬感染葡萄球菌後常發生蜂窩性組織炎。

（　）9. 對於有膿腫和積膿的葡萄球菌病患病動物，需要排膿。

（ ）10. 治療葡萄球菌病時，應分離菌株進行藥敏試驗，採用敏感藥物進行治療。

二、單選題

1. 葡萄球菌病的病原是（ ）。

A. 沙門氏菌　B. 炭疽桿菌　C. 葡萄球菌　D. 鏈球菌

2. 葡萄球菌病最主要的傳染途徑是（ ）。

A. 內源性感染　B. 蜱叮咬　C. 呼吸道傳染　D. 消化道傳染

3. 葡萄球菌為革蘭氏陽性（ ），直徑約 1.0μm，單個、成對或呈葡萄串狀排列。

A. 球菌　B. 桿菌　C. 環狀菌　D. 分枝狀菌

4. 犬、貓感染葡萄球菌病時，對於有膿腫和積膿的，需要做（ ）處理。

A. 不做處理　B. 手術切除　C. 排膿　D. 外科縫合

5. 葡萄球菌病的臨床症狀有（ ）。

A. 發燒、厭食、精神沉鬱　B. 淺表性膿皮症

C. 深層性膿皮症　D. 以上均可能

6. 下列關於淺表性膿皮症的說法，正確的是（ ）。

A. 皮膚出現壞死　B. 皮膚出現膿疱、濾泡性丘疹

C. 面部皮膚流膿　D. 趾間流膿

7. 下列關於深層性膿皮症的說法，不正確的是（ ）。

A. 發病部位常侷限於面部、四肢和趾間，也可見全身性感染

B. 主要症狀是發病部位流膿

C. 主要症狀是皮膚出現膿疱、濾泡性丘疹

D. 由葡萄球菌引起

8. 確診葡萄球菌病，需採集（ ）樣本，也可根據發病部位不同採集血液或尿液樣本。

A. 膿汁　B. 唾液　C. 糞便　D. 以上均可

9. 關於葡萄球菌病的治療，下列說法錯誤的是（ ）。

A. 分離菌株進行藥敏試驗，採用敏感藥物進行治療

B. 多數淺表性膿皮症可進行局部用藥

C. 多數淺表性膿皮症需進行全身治療

D. 瀰散性或深部組織臟器感染需進行全身性治療

10. 關於葡萄球菌病的預防，下列說法錯誤的是（ ）。

A. 外科操作時（如手術、創傷處理等）應注意消毒

B. 防止皮膚外傷，如有外傷，應及時給予處置，防止感染

C. 平時給予抗生素預防

D. 加強飼養管理，增強機體抵抗力

習題答案

一、是非題

1. ×　2.√　3.√　4.√　5.√　6. ×　7.√　8.√　9.√　10.√

二、單選題

1.C　2.A　3.A　4.C　5.D　6.B　7.C　8.A　9.C　10.C

任務六　大腸桿菌病

大腸桿菌病（Colibacillosis）是由大腸埃希氏菌引起的人獸共患傳染病，以嚴重腹瀉和敗血症為主要特徵，主要侵害幼犬、幼貓。

內容		要　點
訓練目標		能正確診斷和治療犬、貓大腸桿菌病。
案例導入	概述	一犬場犬發病，該場存養 103 隻犬，發病 4 隻，死亡 1 隻。病犬表現精神不振，厭食，弓背，步態不穩，持續性排淡黃色稀便，並混有黏液、泡沫，後期嚴重下痢，糞便呈灰白色，有輕微嘔吐等症狀。開始懷疑為犬瘟熱，採用犬瘟熱高免血清治療 3d 後無效。遂前來就診。將病死犬剖檢發現肺部蒼白、有出血點，胃底部彌漫性出血，腸有出血性炎症，腸繫膜淋巴結腫大、充血、出血，脾腫大，腎質地柔軟，心肌有出血點等病變。初診疑似大腸桿菌病。
	思考	1. 如何確診大腸桿菌病? 2. 如何防治大腸桿菌病? 3. 規範檢測大腸桿菌病，需要具備什麼素養?

內容與方法		
一、臨床綜合診斷		
序號	內容	要　點
1	流行病學特點	（1）易感動物：人、多種動物，1 週齡內的犬、貓最易感。 （2）傳染源：患病和帶菌動物及汙染物。 （3）傳染途徑：主要經消化道傳染，偶爾經呼吸道感染。
2	臨床症狀	（1）潛伏期 1～2d，新生仔犬突然發病死亡。 （2）體溫升高至 40℃ 以上，精神沉鬱，吮乳停止。 （3）腹瀉，排綠色、黃綠色或黃白色、黏稠度不均、帶腥臭味糞便，常混有未消化凝乳塊和氣泡。 （4）肛門周圍及尾部常被糞便汙染。 （5）後期常出現脫水症狀，全身無力，步態不穩，可視黏膜發紺。 （6）有的臨死前發生抽搐、痙攣等，致死率較高。
3	病理變化	（1）屍體消瘦，汙穢不潔。 （2）胃腸道卡他性炎症和出血性腸炎。 （3）腸內容物混有血液呈血水樣，腸黏膜脫落，外觀似紅腸，腸繫膜淋巴結出血、腫脹。 （4）實質器官出現出血性敗血症變化，脾腫大、出血。肝腫脹、有出血點。

二、實驗室診斷		
序號	方法	要　點
1	塗片鏡檢	(1) 採樣：急性病例的肝、脾、心血、腸繫膜淋巴結以及腸內容物。 (2) 製片：用病料樣品做塗片。 (3) 染色：革蘭氏染色或瑞氏染色。 (4) 鏡檢：塗片鏡檢。 (5) 結果判讀：如鏡檢見單個散落粉色短小桿菌的革蘭氏陰性菌，則進行細菌分離培養。
2	分離鑑定	(1) 採樣：急性病例的肝、脾、心血、腸繫膜淋巴結以及腸內容物。 (2) 培養：接種於麥康凱瓊脂平板、伊紅美藍培養基、遠藤式培養基上，於 37℃ 恆溫培養箱培養 18～24h。 (3) 觀察：在麥康凱瓊脂平板上形成粉紅色的菌落；在伊紅美藍培養基上形成黑色具有金屬光澤的菌落；在遠藤式培養基上，形成深紅色，並有金屬光澤的菌落，則為陽性。 (4) 生化試驗：用腸桿菌科生化試劑盒進行檢測。
3	動物接種	(1) 取病料或純培養物，製備混懸液。 (2) 皮下或腹腔接種小鼠或家兔，飼養觀察。 (3) 病死後剖檢實驗動物。 (4) 塗片鏡檢。 (5) 分離鑑定。

三、防治措施		
序號	內容	要　點
1	綜合防控	(1) 做好日常衛生防疫、消毒工作。 (2) 減少壓力因素，提高抗病力。 (3) 發現患病犬、貓，及時隔離，積極治療。 (4) 保持飼料和飲水清潔，經常清洗、消毒圈舍、用具。 (5) 及時清除糞便，做好環境衛生。 (6) 臨產前徹底清洗及消毒產房，及時清洗乳房。
2	治療	常用藥物：卡那黴素、阿米卡星、磺胺二甲嘧啶、氟苯尼考。
案例分析	針對導入的案例，在教師指導下完成附錄的學習任務單	

複習與練習題

一、單選題

1. 大腸桿菌病是一種（　）。

A. 人獸共患寄生蟲病　B. 犬、貓共患寄生蟲病
C. 人獸共患傳染病　D. 只感染犬的傳染病

2. 大腸桿菌病的病原體是（　）。
A. 大腸埃希氏菌　B. 化膿桿菌　C. 銅綠假單胞菌　D. 葡萄球菌

3.（　）以內的犬、貓對大腸桿菌病最易感，成年犬、貓很少發病。
A. 1 週齡　B. 1 月齡　C. 3 月齡　D. 6 月齡

4. 大腸桿菌病最明顯的臨床症狀是（　）受損嚴重。
A. 消化系統　B. 呼吸系統　C. 神經系統　D. 泌尿系統

5. 大腸桿菌塗片鏡檢，呈（　）。
A. 革蘭氏陰性桿菌　B. 革蘭氏陰性球菌
C. 革蘭氏陽性球菌　D. 革蘭氏陽性桿菌

6. 大腸桿菌病採樣進行細菌分離培養，可直接接種於（　）分離培養。
A. 三糖鐵培養基　B. 血液瓊脂平板
C. 麥康凱培養基　D. SS 瓊脂培養基

7. 大腸桿菌在伊紅美藍培養基上生長出現（　）菌落。
A. 深紅色　B. 粉紅色　C. 黑色帶金屬光澤　D. 無色透明

8. 採集疑似大腸桿菌病病料時，取（　）。
A. 眼分泌物　B. 無菌取肛門棉花棒拭子
C. 鼻分泌物　D. 唾液分泌物

9. 在進行大腸桿菌病的治療時，最好先（　）。
A. 分離菌株做藥敏試驗　B. 分離菌株做生化試驗
C. 分離菌株接種　D. 分離菌株塗片

10. 產毒素性大腸桿菌的血清型在各地的分布是（　）。
A. 基本上是一定的　B. 基本相同
C. 不同血清型分布不同　D. 總體差異很大

二、是非題

（　）1. 大腸桿菌病的病原是革蘭氏陽性菌。

（　）2. 大腸桿菌病是一種人獸共患傳染病。

（　）3. 大腸桿菌病多發生於幼齡犬、貓，成年犬、貓大多呈隱性感染，不表現明顯的臨床症狀。

（　）4. 被汙染的飼料、飲食用具不會造成大腸桿菌病的傳染。

（　）5. 大腸桿菌病只感染消化系統，不會發生神經症狀。

（　）6. 大腸桿菌病的主要特徵為嚴重腹瀉和敗血症。

（　）7. 採取大腸桿菌病病料時，要嚴格無菌操作，並嚴防散布病原。

（　）8. 大腸桿菌病病料可用革蘭氏染色法塗片鏡檢。

（　）9. 大腸桿菌病治療首選抗生素。

（　）10. 大腸桿菌病可用瓊脂擴散試驗測定。

習題答案

一、單選題

1.C　2.A　3.A　4.A　5.A　6.C　7.C　8.B　9.A　10.C

二、是非題

1. ×　2.√　3. ×　4. ×　5. ×　√.B　7.√　8.√　9.√　10.√

任務七　沙門氏菌病

沙門氏菌病（Salmonellosis）是由沙門氏菌屬的細菌引起的人獸共患傳染病的總稱，臨床上主要以敗血症和腸炎為特徵。犬、貓的沙門氏菌病不多見，但健康犬和貓可以攜帶多種血清型的沙門氏菌，對公共衛生安全構成一定的威脅。

內容		要　點
訓練目標		能正確診斷和治療犬、貓沙門氏菌病。
案例導入	概述	某養犬基地共養犬 61 隻，突然發現有 2 隻 1.5 歲的成年犬和 3 隻 2 月齡的幼犬精神不振，嘔吐，腹瀉，病犬體溫高達39.7～41℃，遂立即隔離。隨後陸續發現同樣症狀的病犬，而且幼犬易感性高，發病數量多，經立即採取輸液和對症治療，成年病犬逐漸好轉並痊癒，幼犬的致死率高達 70%。臨床檢查可見：病死犬屍僵不全，屍體消瘦，脫水，眼窩塌陷，可視黏膜蒼白。胃腸黏膜水腫、瘀血或出血，十二指腸上段發生潰瘍和穿孔，肝腫大呈土黃色，有散在壞死灶，脾、腎腫大，表面有出血點（斑），肺水腫，質硬，小腸後段和盲腸、結腸呈明顯的黏液性、出血性腸炎變化，腸內容物含有黏液、脫落的腸黏膜呈稀薄狀，重者混有血液，腸黏膜出血、壞死，大面積脫落，腸繫膜及周圍淋巴結腫脹、出血，切面多汁，心臟伴有漿液性或纖維蛋白性滲出物的心外膜炎和心肌炎。初診疑似沙門氏菌病。
	思考	1. 如何確診沙門氏菌病? 2. 如何防治沙門氏菌病? 3. 鼠傷寒沙門氏菌感染會造成人類食物中毒，我們該如何防控?

內容與方法

一、臨床綜合診斷

序號	內容		要　點
1	流行病學特點		(1) 易感動物：人、多種動物，犬、貓幼仔易感性較高，多呈急性爆發；成年犬、貓多呈陰性帶菌狀態。 (2) 傳染源：患病和帶菌動物及汙染物。 (3) 傳染途徑：主要經消化道傳染，偶爾經呼吸道感染。
2	臨床症狀	(1) 胃腸炎型	潛伏期 3～5d。 體溫升高至 40℃ 以上。 起初表現精神委頓，食慾下降，繼而出現嘔吐，隨後開始腹瀉。 糞便最初為稀薄水樣，後為黏液性，嚴重者胃腸道出血，糞便帶血跡。

2	臨床症狀	(2) 菌血症和內毒素血症	①此型多見於幼齡、高齡及免疫抑制的犬。 ②體溫升高達 40～41℃。 ③精神極度沉鬱，食慾減退乃至廢絕。 ④微血管充盈不良，嚴重時出現休克和抽搐等神經症狀，甚至死亡。 ⑤有的會出現胃腸炎症狀，表現腹痛和劇烈腹瀉，排出帶有黏液的血樣稀糞，有惡臭。 ⑥嚴重脫水。
		(3) 局部臟器感染	①細菌侵害肺時可出現肺炎症狀，如咳嗽、呼吸困難和鼻腔出血。 ②出現子宮內感染的犬、貓還可引起流產、死產或產弱仔。 ③出現菌血症後細菌可能轉移侵害其他臟器而引起與該臟器相應的症狀。
		(4) 無症狀感染。多見於感染少量沙門氏菌或抵抗力較強的犬、貓，可能僅出現一過性症狀或不顯任何臨床症狀，但可成為帶菌者。	
3	病理變化	(1) 最急性死亡的病例極少見到病變。 (2) 病程稍長的可見到屍體消瘦，黏膜蒼白，脫水。 (3) 有明顯的黏液性、出血性或壞死性腸炎變化，主要在小腸後段。 (4) 盲腸和結腸黏膜出血壞死、大面積脫落，腸內容物含有黏液、脫落的腸黏膜，嚴重的混有血液。 (5) 肝腫大，呈土黃色，有散在的壞死灶。 (6) 肺常水腫，質硬，腦實質水腫，心肌炎和心外膜炎等。	

二、實驗室診斷

序號	方法	要　　點
1	塗片鏡檢	(1) 採樣：取直腸棉花棒拭子。 (2) 製片：用病料樣品做塗片。 (3) 染色：革蘭氏染色或瑞氏染色。 (4) 鏡檢：塗片鏡檢。 (5) 結果判讀：如鏡檢見單個散落粉色短小桿菌的革蘭氏陰性菌，則進一步進行細菌分離培養。
2	分離鑑定	(1) 採樣：在肝、脾、腸繫膜淋巴結和腸道取病料。 (2) 培養：接種於 SS 瓊脂培養基或麥康凱培養基上。 (3) 觀察：在 SS 瓊脂上生長呈圓形、光滑、濕潤、灰白色菌落，在麥康凱瓊脂上呈無色小菌落。 (4) 純培養：傳代分離培養獲純培養物後，進行生化鑑定。

3	血清學診斷	(1) 採集血液分離血清做凝集試驗及間接血凝試驗診斷沙門氏菌感染。但用於亞臨床感染及處於帶菌狀態的寵物，其特異性則較低。 (2) 螢光抗體和酶聯免疫吸附試驗等方法也可診斷本病。

三、防治措施		
序號	內容	要　點
1	綜合防控	(1) 加強飼養管理，增強寵物機體抵抗力。 (2) 做好環境衛生，保持飼料和飲水的清潔。 (3) 發現患病犬、貓，及時隔離，積極治療。 (4) 及時清除糞便，對圈舍、用具經常清洗、消毒。 (5) 為防止本病由犬、貓及其他動物傳給人，應加強食品衛生檢驗。
2	治療	(1) 常用藥物：恩諾沙星、磺胺嘧啶、呋喃唑酮。 (2) 對症治療：止血、止痛、止吐。 (3) 營養支持療法，保護胃黏膜。
案例分析		針對導入的案例，在教師指導下完成附錄的學習任務單

複習與練習題

一、是非題

(　) 1. 沙門氏菌病的病原是革蘭氏陽性菌。

(　) 2. 沙門氏菌病是一種人獸共患傳染病。

(　) 3. 沙門氏菌病多發生於幼齡犬、貓，成年犬、貓大多呈隱性感染，不表現明顯的臨床症狀。

(　) 4. 被汙染的飼料、飲食用具不會造成沙門氏菌病的傳染。

(　) 5. 沙門氏菌病只引起消化系統症狀，不會發生神經症狀。

(　) 6. 沙門氏菌病的主要特徵為腸炎和敗血症。

(　) 7. 採取沙門氏菌病病料時，要嚴格無菌操作，並嚴防散布病原。

(　) 8. 沙門氏菌病病料可用革蘭染色法塗片鏡檢。

(　) 9. 沙門氏菌病治療首選抗生素。

(　) 10. 沙門氏菌病可用血清學診斷。

二、單選題

1. 沙門氏菌病是一種（　）。
   A. 人獸共患寄生蟲病　B. 犬、貓共患寄生蟲病
   C. 人獸共患傳染病　D. 只感染犬的傳染病
2. 沙門氏菌病的病原體是（　）。
   A. 沙門氏菌　B. 化膿桿菌　C. 銅綠假單胞菌　D. 葡萄球菌

3. 以下可對人造成食物中毒的沙門氏菌中，致病性最強的是（　）。
A. 鼠傷寒沙門氏菌　B. 雞白痢沙門氏菌
C. 禽傷寒沙門氏菌　D. 禽副傷寒沙門氏菌
4. 沙門氏菌病臨床症狀主要以（　）為特徵。
A. 敗血症和腸炎　B. 心肌炎型
C. 神經型　D. 輕度感染型
5. 沙門氏菌塗片鏡檢，呈（　）。
A. 革蘭氏陰性桿菌　B. 革蘭氏陰性球菌
C. 革蘭氏陽性球菌　D. 革蘭氏陽性桿菌
6. 沙門氏菌病採樣進行細菌分離培養，可直接接種於（　）分離培養。
A. 三糖鐵培養基　B. 血液瓊脂平板
C. 伊紅美藍培養基　D. SS 瓊脂培養基
7. 沙門氏菌在麥康凱培養基上生長出現（　）菌落。
A. 深紅色　B. 粉紅色　C. 黑色帶金屬光澤　D. 無色透明
8. 採集疑似沙門氏菌病病料時，取（　）。
A. 眼分泌物　B. 無菌取肛門棉花棒拭子
C. 鼻分泌物　D. 唾液分泌物
9. 在進行沙門氏菌病的治療時，最好先（　）。
A. 分離菌株做藥敏試驗　B. 分離菌株做生化試驗
C. 分離菌株接種　D. 分離菌株塗片
10. 沙門氏菌的致病性不包括（　）。
A. 內毒素　B. 鞭毛　C. 外毒素　D. 外膜蛋白

習題答案

一、是非題

1.×　2.√　3.×　4.×　5.×　6.√　7.√　8.√　9.√　10.√

二、單選題

1.C　2.A　3.A　4.A　5.A　6.D　7.D　8.B　9.A　10.C

第四節　多種動物共患真菌性傳染病

學習目標

一、知識目標

1. 掌握皮膚癬菌病、念珠菌病、芽生菌病、球孢子菌病的基本知識。

2. 掌握犬、貓常見真菌病實驗室診斷的基本知識。

二、技能目標

1. 能正確進行皮膚癬菌病、念珠菌病、芽生菌病、球孢子菌病的診斷、防治（或防控）。

2. 掌握犬、貓常見真菌病實驗室診斷方法。

3. 能進行相關知識的自主、合作、探究學習。

任務一　皮膚癬菌病

皮膚癬菌病（Dermatophytosis）是由皮膚癬菌侵入皮膚、被毛、爪部，寄生或腐生於表皮角質、被毛、爪部的角質蛋白組織中所引起的一類淺部真菌性傳染病，以界線明顯的脫毛圓斑、滲出及結痂等病變為主要特徵。

內容	要　點
訓練目標	會進行皮膚癬菌病的診斷、防治。
案例導入	某農戶飼養的一對波斯貓患皮膚病。雌貓先發病，面部出現一片皮損，患處斷毛、脫毛、失去光澤，有白色鱗屑，較乾燥，隨後雄貓發病，面部及軀幹出現同樣皮損。初診疑似皮膚癬菌病。

案例導入	思考	1. 如何確診皮膚癬菌病? 2. 如何診治皮膚癬菌病? 3. 為了研發出更加高效、無抗藥性、綠色新型抗真菌藥，傳承和發揚中醫藥，我們需要做什麼?

內容與方法

一、臨床綜合診斷

序號	內容	要　點
1	流行病學特點	(1) 易感動物：犬、貓、嚙齒動物。 (2) 傳染源：患病和帶菌的犬、貓、嚙齒動物。 (3) 傳染途徑：主要經直接接觸傳染。 (4) 流行特點：①犬皮膚癬菌病病原，約 70% 是犬小孢子菌、約 20% 是石膏樣小孢子菌、約 10% 是鬚毛癬菌。②90% 的感染貓不表現臨床症狀，但為重要傳染源。③幼年犬、貓的易感性大於成年犬、貓。④炎熱潮濕氣候發生率高。⑤營養不良、體弱者更易感。
2	臨床症狀	(1) 犬皮膚癬菌病：在耳部、顏面、脛部、尾部出現：①界線明顯的圓形丘疹；②皮膚滲出；③結痂。 (2) 石膏樣小孢子菌感染：在四肢、顏面部出現：①被毛脫落；②皮屑；③結痂；④繼發葡萄球菌感染時，出現滲出性化膿。 (3) 貓皮膚癬菌病：①對稱性脫毛；②搔癢；③毛囊炎；④潰瘍性、結節性皮炎（多見於波斯貓）。 (4) 鬚毛癬菌感染：指（趾）甲乾燥、開裂、質脆、變形。
3	病理變化	(1) 脫毛圓斑。 (2) 石膏樣小孢子菌感染：圓形、隆起的結節性病變。

二、實驗室診斷

序號	方法	要　點
1	濾過性紫外線檢查（伍德燈檢查）	(1) 停藥：檢查前停藥 1 週以上。 (2) 暗室照射：伍德燈暗室照射患病動物病變區、被毛或皮屑。

1	濾過性紫外線檢查（伍德燈檢查）	(3) 結果判定	①感染犬小孢子菌的毛髮發出黃綠色螢光。 ②感染石膏樣小孢子菌、鬚毛癬菌的毛髮無螢光或螢光顏色不同。
2	病原菌檢查	(1) 取樣：在皮膚的病健交界處採集被毛或皮屑。	
		(2) 刮片取樣：在病健交界處剪毛，擠皺皮膚，用刀片深刮到真皮，直至滲血，將刮取物置載玻片。	
		(3) 樣品處理：滴幾滴 10%～20% 氫氧化鉀溶液至載玻片，弱火焰微熱，軟化透明後蓋蓋玻片。	
		(4) 鏡檢觀察	①感染犬小孢子菌時，可見許多稜狀、壁厚、帶刺，含 6 個分隔的大分生孢子。 ②感染石膏樣小孢子菌時，可見橢圓形、帶刺、多分隔的大分生孢子。 ③感染鬚毛癬菌時，可見毛幹外鏈狀的分生孢子。
3	真菌培養	(1) 接種：將毛髮等病料，接種於皮膚癬菌試驗培養基（DTM）或沙氏葡萄糖瓊脂培養基，於 25℃ 培養。	
		(2) 菌落觀察：在沙氏葡萄糖瓊脂培養基上	①犬小孢子菌：呈白色棉花樣至羊絨樣，反面呈橘黃色。 ②石膏樣小孢子菌：開始為白色菌絲，後為黃色粉末狀菌落，中心隆起，外圍少數極短溝紋，邊緣不整齊，背面呈紅棕色。 ③鬚毛癬菌：顆粒狀菌落，呈奶酪色至淺黃色，背面呈淺褐色至棕黃色；長絨毛狀菌落，呈白色，背面為白色、黃色，甚至紅棕色。
		(3) 菌落鏡檢	①犬小孢子菌菌落：大量紡錘狀、壁厚、帶刺、含 6～15 個分隔的大分生孢子，大小為（40～150）μm ×（8～20）μm。一端為樹節狀。 ②石膏樣小孢子菌菌落：多量紡錘形、壁厚、帶刺、含 4～6 個分隔的大分生孢子，大小為（30～50）μm ×（8～12）μm。

3	真菌培養	(3) 菌落鏡檢	③鬚毛癬菌菌落：顆粒狀菌落，鏡檢見較多的雪茄樣、薄壁、含3～7個分隔的大分生孢子、大小為（4～8）μm ×（20～50）μm。
4	動物接種		(1) 備毛：將兔、犬、貓等易感動物接種處被毛剃除，洗淨。 (2) 接種：用細砂紙輕擦皮膚至輕微出血，用培養菌落或病料塗擦皮膚感染。 (3) 病變觀察：陽性者，7～8d出現炎症、脫毛、結痂等病變。
5	毛髮檢查		(1) 拔毛：拔下深色犬、貓病變部被毛。 (2) 毛髮處理：將拔下被毛用氯仿處理。
		(3) 結果判定	①如有真菌感染，毛髮變成粉白色。 ②如無真菌感染，毛髮則不變色。

三、防治措施

序號	內容		要點
1	綜合防控		(1) 尚無合適疫苗預防犬、貓皮膚癬菌病。 (2) 加強飼養管理。 (3) 及時淘汰陽性犬、貓。 (4) 加強飼養管理。 (5) 做好環境衛生。 (6) 增強機體的抵抗力。 (7) 發病時，要做好隔離、衛生、消毒。 (8) 飼料中補充足夠的蛋白質、維他命、礦物質、微量元素。 (9) 寵物應定期洗澡，用寵物專用香波。 (10) 工作人員穿防護服，做好消毒。
2	治療	(1) 侷限性病灶	①病灶周圍廣泛剪毛。 ②局部用藥，1次/12h。如1%洗必泰軟膏；10%克霉唑乳膏、洗劑或溶液；2%恩康唑或酮康唑乳劑；1%～2%咪康唑乳劑、噴劑或洗劑；4%噻苯達唑溶液；1%特比萘芬乳劑。
		(2) 多灶性或全身性病變	①全身剪毛。 ②表面局部用藥4～6週。如0.05%洗必泰溶液、0.2%恩康唑溶液、2%石硫合劑、0.4%聚維酮碘溶液。
		(3)患全身性皮膚真菌病或局部治療效果不佳者	①局部治療(同侷限性病灶)。 ②全身應用抗真菌藥4～6週。如微粒灰黃黴素、酮康唑、伊曲康唑、特比萘芬。

案例分析	針對導入的案例，在教師指導下完成附錄的學習任務單

複習與練習題

一、是非題

（　）1. 皮膚癬菌病是細菌性疾病。
（　）2. 皮膚癬菌病的傳染途徑主要是經間接接觸傳染。
（　）3. 皮膚癬菌病的易感動物是犬、貓，嚙齒動物不會感染。
（　）4. 90%感染皮膚癬菌病的貓表現臨床症狀，是重要的傳染源。
（　）5. 幼年犬、貓對皮膚癬菌病的易感性小於成年犬、貓。
（　）6. 皮膚癬菌病是由皮膚癬菌引起的淺表真菌性傳染病。
（　）7. 皮膚癬菌病的主要特徵為脫毛圓斑、滲出及結痂等。
（　）8. 營養不良、體弱者更易感染皮膚癬菌病。
（　）9. 微粒灰黃黴素可以用於皮膚癬菌病的治療。
（　）10. 目前尚無合適的疫苗預防犬、貓皮膚癬菌病。

二、單選題

1. 以下是皮膚癬菌病病原的是（　）。
A. 犬小孢子菌　B. 石膏樣小孢子菌　C. 鬚毛癬菌　D. 以上都是
2. 以下不屬於皮膚癬菌病特徵的是（　）。
A. 界線明顯的脫毛圓斑　B. 滲出　C. 結痂　D. 出血
3. 以下不屬於皮膚癬菌病易感動物的是（　）。
A. 犬　B. 貓　C. 兔　D. 魚
4. 以下屬於皮膚癬菌病主要傳染途徑的是（　）。
A. 垂直傳染　B. 間接傳染　C. 水平傳染　D. 直接傳染
5. （　）感染皮膚癬菌病的貓不表現臨床症狀，但為重要的傳染源。
A. 9%　B. 30%　C. 60%　D. 90%
6. 以下不是貓皮膚癬菌病症狀的是（　）。
A. 搔癢　B. 對稱性脫毛　C. 皮膚出血　D. 毛囊炎
7. 石膏樣小孢子菌感染時，在四肢、顏面部不會出現（　）。
A. 皮屑　B. 被毛脫落　C. 皮膚黃染　D. 結痂
8. 皮膚癬菌病診斷不可以採取（　）。
A. 伍德燈檢查　B. 動物接種　C. 電鏡檢查　D. 真菌培養
9. 犬小孢子菌菌落鏡檢可見大量（　）、壁厚、帶刺、含 6～15 個分隔的大分生孢子。
A. 線狀　B. 逗點狀　C. 紡錘狀　D. 以上都不是
10. 以下藥物不能用於治療皮膚癬菌病的是（　）。
A. 微粒灰黃黴素　B. 酮康唑　C. 青黴素　D. 咪康唑

習題答案

一、是非題

1.× 2.× 3.× 4.× 5.× 6.√ 7.√ 8.√ 9.√ 10.√

二、單選題

1.D 2.D 3.D 4.D 5.D 6.C 7.C 8.C 9.C 10.C

任務二 念珠菌病

念珠菌病（Candidiasis）是由於機體免疫抑制或菌群失調導致寄生於消化道、上呼吸道或泌尿生殖道的念珠菌過度繁殖而引起局部或全身性感染，主要以口腔、咽喉等局部黏膜潰瘍，或全身多處臟器出現小膿腫為特徵。

內容		要點
訓練目標		能正確診斷和治療犬、貓念珠菌病。
案例導入	概述	北京犬，70 日齡，雄犬。就診 7d 前，由於氣候變化突然，不慎感冒，患犬發燒，怕冷，流鼻涕，不愛吃東西，患犬主人為其注射了柴胡注射液 1mL，2 次/d，用藥 3d，患犬不再發燒，感冒症狀基本消失。但是，患犬精神狀態始終不佳，食慾不振，並且表現咀嚼和吞嚥困難，喜臥，腹瀉，主人又給其注射了青黴素 G 鉀 20 萬 IU，2 次/d，連用 3d，但患犬不見好轉，且皮膚表面出現大小不一的紅色疹塊。臨床檢查可見：患犬精神沉鬱，中度脫水，機體消瘦，體溫 40℃，心率 90 次/min，呼吸 18/min。皮膚表面有稍突起的紅色丘疹，指壓不褪色。口腔黏膜以及舌部可見大小不一的潰瘍，潰瘍表面可見一層假膜，假膜呈淡黃色或黃色乾酪樣，剝去假膜，可見紅色潰瘍面，有的潰瘍面出血。肛門周圍有糞便汙染，排稀便，糞便混有類似假膜的乾酪樣物和少量血絲。初診疑似念珠菌病。
	思考	1. 如何確診念珠菌病? 2. 如何防治犬、貓念珠菌病? 3. 如何對犬、貓念珠菌病防控知識進行科普宣傳?

內容與方法

一、臨床綜合診斷

序號	內容	要點	
1	流行病學特點	(1) 易感動物：人、犬和貓等多種動物均易感。	
		(2) 傳染源：寄居於人和動物呼吸道、消化道、泌尿生殖道的黏膜上，為條件性致病菌。	
		(3) 傳染途徑	①經損傷的皮膚、黏膜而侵入組織感染。 ②營養不良、維他命缺乏導致機體出現免疫抑制。 ③長時間使用廣譜抗生素等因素所致內源性感染。

2	臨床症狀	(1) 較正常體溫升高 1～2℃、食慾減退、精神沉鬱。 (2) 流黃白色口涎、口腔惡臭、齒齦覆蓋黃白色假膜。 (3) 兩頰部有大小不等、隆起的黃紅色或暗紅色軟斑。 (4) 外陰、陰道內有糜爛。

二、實驗室診斷

序號	方法	要　點
1	塗片鏡檢	(1) 採樣：在壞死病灶與健康組織交界處採取病料。 (2) 製片：用病料樣品做塗片。 (3) 染色：直接滴 10% 氫氧化鉀，或革蘭氏染色。 (4) 鏡檢：塗片鏡檢。 (5) 結果判讀：氫氧化鉀塗片可見真菌絲和假菌絲，以及成群的卵圓形芽孢；革蘭氏染色為藍色則進一步進行病原分離培養。
2	分離鑑定	(1) 採樣：未被汙染的肝、脾和肺等病料。 (2) 培養：沙氏瓊脂培養基。 (3) 觀察：陽性者菌落呈奶油色酵母樣，鏡檢有成群的芽孢及假菌絲。
3	血清學檢查	(1) ELISA 試驗檢測念珠菌可溶性抗原。 (2) 乳膠凝集試驗檢測念珠菌可溶性抗原。
4	分子生物學檢查	透過 PCR 檢查血液和尿液樣品中的念珠菌。

三、防治措施

序號	內容	要　點
1	預防	(1) 加強飼養管理，增強機體抵抗力。 (2) 糞便、汙水及時清除乾淨，定期消毒。
2	綜合防控	(1) 動物患病時消除發病誘因，及時隔離治療。 (2) 飼料中補充足夠蛋白質、維他命、礦物質、微量元素。 (3) 徹底消毒汙染場地、圈舍、用具，改善飼養管理和衛生條件。
3	治療	(1) 局部治療： ①制黴菌素：100 000U/g 的乳劑或軟膏，8～12h 1 次。 ②3% 兩性黴素 B 乳劑、洗劑或軟膏，6～8h 1 次。 ③2% 酮康唑乳劑，12h 1 次。 ④1%～2% 咪康唑乳劑、噴劑或洗劑，12～24h 1 次。 ⑤1% 克霉唑乳劑、洗劑或溶液，6～8h 1 次。 (2) 全身治療：口腔或全身病變時，則全身用抗真菌藥，康復後至少再鞏固 1 週。如伊曲康唑、酮康唑、氟康唑。

案例分析	針對導入的案例，在教師指導下完成附錄的學習任務單

複習與練習題

一、是非題

(　) 1. 念珠菌是革蘭氏陽性菌。
(　) 2. 念珠菌病是一種急性傳染病。
(　) 3. 念珠菌病只發生於幼齡犬、貓，成年犬、貓呈隱性感染。
(　) 4. 被汙染的飼料、飲食用具不會造成念珠菌病的傳染。
(　) 5. 念珠菌只感染溫血哺乳動物，不感染冷血動物。
(　) 6. 念珠菌病只造成皮膚損傷，不造成消化系統損傷。
(　) 7. 採取念珠菌病病例的樣品時，要嚴格無菌操作，並嚴防散布病原。
(　) 8. 念珠菌病病例的病料可用革蘭氏染色法塗片鏡檢。
(　) 9. 念珠菌病的治療原則是先局部清創，再全身抗生素治療。
(　) 10. 念珠菌病可用疫苗預防。

二、單選題

1. 念珠菌病是一種（　）。
A. 急性寄生蟲病　B. 慢性寄生蟲病　C. 急性傳染病　D. 慢性傳染病
2. 念珠菌病的病原體是（　）。
A. 念珠菌　B. 化膿桿菌　C. 銅綠假單胞菌　D. 葡萄球菌
3. 以下屬於念珠菌病可能引起的臨床症狀是（　）。
A. 外陰糜爛　B. 腦膜腦炎　C. 木馬韁樣　D. 祈禱姿勢
4. 念珠菌病可能侵害引起損傷的系統是（　）。
A. 神經系統　B. 免疫系統　C. 消化系統　D. 運動系統
5. 念珠菌塗片鏡檢，呈（　）。
A. 革蘭氏陰性菌，無菌絲或菌體　B. 革蘭氏陰性菌，有菌絲或菌體
C. 革蘭氏陽性菌，無菌絲或菌體　D. 革蘭氏陽性菌，有菌絲或菌體
6. 採樣進行念珠菌分離培養，可直接接種於（　）分離培養。
A. 三糖鐵培養基　B. 沙氏葡萄糖瓊脂培養基
C. 沙氏瓊脂培養基　D. SS 瓊脂培養基
7. 動物接種試驗時，可將病料懸液注射於（　）。
A. 家兔腦部　B. 小鼠腦部　C. 小鼠皮下　D. 家兔腹部
8. 採集疑似念珠菌病病料時，取（　）。
A. 皮膚病變部位中心
B. 皮膚病變部位與健康部位的交界處
C. 皮膚病變部位以外的健康部位
D. 皮膚病變處毛髮

9. 念珠菌病的治療首選（　）。

A. 抗真菌類藥物　　B. 大環內酯類藥物

C. 氨基糖苷類藥物　　D. 青黴素類藥物

10. 目前，預防犬、貓念珠菌病的關鍵是（　）。

A. 避免皮膚、黏膜損傷　　B. 注射犬、貓念珠菌病疫苗

C. 注射犬、貓念珠菌血清　　D. 避免犬、貓外出

習題答案

一、是非題

1.× 2.× 3.× 4.× 5.× 6.× 7.√ 8.√ 9.√ 10.×

二、單選題

1.D 2.A 3.A 4.C 5.D 6.B 7.C 8.B 9.A 10.A

任務三　芽生菌病

芽生菌病（Blastomycosis）是由皮炎芽生菌孢子引起的以慢性肉芽腫性和化膿性病變為主要特徵的人畜共患病。芽生菌為二相性真菌，是環境腐生菌。感染動物（酵母菌型）不傳染其他動物和人，但真菌培養物（菌絲體型）具有高度傳染性。病原可從肺部擴散至全身，引起全身系統性真菌感染。

內容	要點	
訓練目標	會進行芽生菌病的診斷、防控。	
案例導入	概述	2.5 歲美國短毛貓，公貓，流浪貓。臨床檢查可見：精神沉鬱，體溫 39.9℃，消瘦，咳嗽，左肩胛部皮膚潰瘍，有流出血性至膿性滲出物的瘻管。初診疑似芽生菌病。
	思考	1. 如何確診芽生菌病? 2. 如何進行芽生菌病的防控? 3. 犬、貓芽生菌病是否會傳染人?

內容與方法		
一、臨床綜合診斷		
序號	內容	要點
1	流行病學特點	（1）易感動物：犬、貓、多種哺乳動物均可感染。犬最易感，2～4 歲犬發生率最高，公犬比母犬多見。 （2）傳染源：環境中菌絲體生長階段的感染性孢子。 （3）傳染途徑：呼吸道傳染。動物之間、動物與人之間不透過直接接觸傳染芽生菌病。
2	臨床症狀	（1）潛伏期 5～12 週。 （2）本病與機體抵抗力有密切關係，當機體抵抗力強時，多為侷限性感染，抵抗力弱時，可發生擴散性感染。 （3）由於病原侵害的組織器官不一樣，故臨床症狀也有所不同。 ①發燒、厭食、精神沉鬱、消瘦。 ②肺部感染：輕者不願運動，重者呼吸困難。 ③眼部感染：如脈絡視網膜炎、視網膜脫落、結膜炎、角膜炎、青光眼等。 ④皮膚：單個或多個瘮塊、結節，甚至潰瘍斑，伴有血清樣或膿性滲出物。 ⑤還可出現骨髓炎、甲溝炎、睪丸炎、前列腺炎、乳腺炎等。 （4）貓易出現大的膿腫，中樞神經系統感染率比犬高。

3	病理變化	(1) 肺：有大小不等的結節和膿腫，呈灰白色或淡紅色斑紋狀外觀，肉芽腫結節的中心發生壞死但不鈣化。 (2) 慢性病例：一個或多個淋巴結腫大。

二、實驗室診斷		
序號	方法	要　點
1	病理組織學檢查	(1) 採樣：採集皮膚、眼及淋巴結組織，因上述病變組織中含有大量特徵性酵母型細胞。 (2) 製片：用病變組織或滲出物做觸片。 (3) 染色：革蘭氏染色。 (4) 鏡檢：病料觸片染色鏡檢。 (5) 結果判讀：如鏡檢見厚壁單芽酵母型細胞，芽頸寬，則判為陽性。
2	其他檢查方法	(1) X 光檢查：肺部見瀰散性、結節樣間質性肺病變。 (2) 瓊脂免疫擴散試驗：檢測抗真菌抗體。

三、防治措施		
序號	內容	要　點
1	綜合防控	(1) 定期消毒欄舍。 (2) 做好欄舍清潔工作，及時清理動物糞便，糞便進行無害化處理。 (3) 患病動物死亡時，屍體應焚燒，不得土埋，防止該菌在土壤中繁殖。 (4) 加強飼養管理，增強機體抵抗力。
2	治療	(1) 首選藥物為伊曲康唑：每公斤體重口服 5mg，每天 1～2 次，持續2～3 個月。 (2) 中度或嚴重低氧血症：兩性黴素 B。 (3) 對症治療。 (4) 營養支持：提高機體抵抗力。
案例分析	針對導入的案例，在教師指導下完成附錄的學習任務單	

複習與練習題

一、是非題

( ) 1. 芽生菌病是一種以慢性肉芽腫性和化膿性病變為主要特徵的人獸共患病。

( ) 2. 犬、貓易感芽生菌病，其中貓最易感。

( ) 3. 動物間可透過直接接觸傳染芽生菌病。

( ) 4. 本病與機體抵抗力密切相關，當機體抵抗力強時，多為侷限性感染，抵抗力弱時，可發生擴散性感染。

( ) 5. 擴散性芽生菌病一般從肺部開始擴散。

（　）6. 用病變組織或滲出物做觸片見厚壁單芽酵母型細胞，芽頸寬，可確診感染芽生菌病。

（　）7. 芽生菌病可出現的肺病理變化是有大小不等的結節和膿腫。

（　）8. 由於病原侵害的組織器官不一樣，故芽生菌病的臨床症狀也有所不同。

（　）9. 患芽生菌病時可能會出現皮膚單個或多個疹塊、結節，甚至潰瘍斑，伴有血清樣或膿性滲出物。

（　）10. 患病動物死亡時，屍體應焚燒，不得土埋，防止芽生菌在土壤中繁殖。

二、單選題

1. 芽生菌病的病原是（　）。
   A. 沙門氏菌　B. 炭疽桿菌　C. 葡萄球菌　D. 皮炎芽生菌孢子
2. 芽生菌病的潛伏期為（　）。
   A. 1 個月　B. 7d　C. 5～12 週　D. 2 個月
3. 芽生菌病的傳染途徑是（　）。
   A. 消化道傳染　B. 呼吸道傳染　C. 接觸傳染　D. 吸血昆蟲叮咬傳染
4. 芽生菌病發生擴散時，一般從（　）開始擴散。
   A. 心臟　B. 肝　C. 脾　D. 肺
5. 治療芽生菌病的首選藥物是（　）。
   A. 伊維菌素　B. 伊曲康唑　C. 多西環素　D. 阿苯達唑
6. 芽生菌病的臨床症狀有（　）。
   A. 發燒、厭食、精神沉鬱、消瘦
   B. 呼吸系統症狀，嚴重者出現呼吸困難
   C. 有單個或多個疹塊、結節，甚至潰瘍斑，伴有血清樣或膿性滲出物
   D. 以上都是
7. 患芽生菌病時，下列病變組織中含有大量特徵性酵母型細胞的是（　）。
   A. 皮膚　B. 眼　C. 淋巴結組織　D. 以上均是
8. 可用於檢測抗真菌抗體的檢查方法是（　）。
   A. 血液常規檢查　B. 病變組織觸片鏡檢
   C. 瓊脂免疫擴散試驗　D. 以上均可
9. 下列關於芽生菌病防控的說法，不正確的是（　）。
   A. 做好欄舍清潔工作，及時清理動物糞便，糞便進行無害化處理
   B. 患病動物死亡時，可土埋
   C. 定期消毒欄舍
   D. 加強飼養管理，增強機體抵抗力

習題答案

一、是非題

1.√ 2.× 3.× 4.√ 5.√ 6.√ 7.√ 8.√ 9.√ 10.√

二、單選題

1.D 2.C 3.B 4.D 5.B 6.D 7.D 8.C 9.A

任務四　球孢子菌病

球孢子菌病（Coccidioidomycosis）又稱球孢子菌性肉芽腫，是由粗球孢子菌引起的一種疾病。

粗球孢子菌屬二元型，在 37℃組織內為酵母型，在 28℃培養基上則為菌絲型，可斷裂成關節孢子，傳染性很強。在美國西南部的沙漠地區、墨西哥南美地區呈地方性流行。該菌被吸入後在肺部形成感染灶，可由此擴散到淋巴結、眼睛、皮膚、骨和其他器官。

內容	要　點	
訓練目標	會進行球孢子菌病的診斷、防治。	
案例導入	概述	柯基犬，2.5 歲，體重 10kg，主訴，就診前一段時間出現食慾下降，精神不振，鼻鏡發燒，有輕度咳嗽和呼吸困難，臀部皮膚出現皮下結節，隨時間發展腫脹，破潰。就診前 2 週曾帶犬一起外出露營。臨床檢查可見：體溫升高到 40℃，白血球、中性粒細胞及嗜酸性粒細胞均升高。初診疑似球孢子菌病。
	思考	1. 如何確診球孢子菌病? 2. 如何防治球孢子菌病? 3. 如何進行球孢子菌病防控知識的科普宣傳?

內容與方法

一、臨床綜合診斷

序號	內容	要　點	
1	流行病學特點	(1) 易感動物：人、牛、羊、犬、貓等。	
		(2) 傳染源：土壤中的關節孢子及真菌培養物。	
		(3) 傳染途徑：水平傳染，透過呼吸道、傷口等直接接觸或間接接觸傳染，尚未見有人與人（或人與動物）間的直接傳染。	
		(4) 流行特點	①季節性：該病無明顯季節性。 ②發生率：本病在貓罕見，在犬不常見，戶外活動多的中、大型青年犬發生率高。 ③傳染性：患病動物（酵母型）不傳染其他動物或人，但真菌培養物（菌絲體型）具有高度傳染性。

2	臨床症狀	（1）發病犬、貓表現為厭食，體重下降，發燒和精神沉鬱。 （2）根據感染部位的器官不同，可見：咳嗽，呼吸困難，呼吸急促；由於骨骼腫脹，疼痛而跛行；也可發生眼病。 （3）犬的皮膚病變包括結節、膿腫和長骨感染部位破潰排膿。 （4）常有局部淋巴結腫大。 （5）在貓，表現為皮下腫塊、膿腫和破潰，但不累及下面的骨骼。局部淋巴結腫大。

二、實驗室診斷

序號	方法	要　點
1	顯微鏡檢查	（1）採樣：採滲出物或組織抽取物適量塗抹於載玻片上。 （2）染色：用 Diff quick 染色液染色。 （3）鏡檢：顯微鏡下見膿性至肉芽腫性炎症特徵，發現球孢子菌即可確診，但很少查到。
2	真菌培養	採滲出物或組織抽取物適量，接種於真菌培養基中，觀察 3～7d，發現培養物生長，即可初步確診。
3	組織病理學檢查	（1）採樣：皮膚病變處，如結節、膿腫、破潰等。 （2）製片：用病料樣品做觸片。 （3）染色：吉姆薩染色或 HE 染色。 （4）鏡檢：鏡下可見極少或少量大而圓的雙壁構造（小球），其中含有內生孢子，可確診。

三、防治措施

序號	內容	要　點
1	預防	目前沒有任何可以預防球孢子菌病的方法，建議盡量避免去粉塵較多的環境。
2	綜合防控	（1）加強飼養管理，做好定期消毒工作。 （2）發現發病犬、貓及時治療。
3	治療	（1）有效的治療藥物有酮康唑、氟康唑或伊曲康唑，嚴重病例最好用兩性黴素 B 靜脈注射，根據感染程度連續用藥。 （2）給予長期全身抗真菌治療，臨床完全恢復，X 光檢查病變消除後再繼續治療至少 2 個月。比較理想的是治療一直延續到球孢子菌的抗體滴度呈陰性。 （3）初步研究認為氯芬奴隆每 24h 一次，連用 16 週，可有效控制犬的臨床症狀，但血清學反應仍然呈陽性。 （4）預後不確定性高，而且常有復發。如果復發，再給予治療，直到病變消退，為了緩解病情，需要繼續用低劑量治療。

案例分析	針對導入的案例，在教師指導下完成附錄的學習任務單

複習與練習題

一、是非題

（　）1. 球孢子菌病是一種人獸共患病。

（　）2. 球孢子菌因為屬於二元菌，所以幾乎不發生動物間接觸傳染。

（　）3. 球孢子菌病的傳染源主要是發病和帶菌動物。

（　）4. 粗球孢子菌是一類特殊的致病真菌，在不同的溫度條件下可產生不同的形態學特徵，如在動物體內部寄生或在 37℃ 條件下產生酵母，而在室溫條件下則產生黴菌（菌絲相），這類菌被稱為二元真菌。

（　）5. 酵母型粗球孢子菌病不傳染。

（　）6. 球孢子菌屬於深部真菌，不感染皮膚。

（　）7. 治療球孢菌病以臨床症狀消失為治癒象徵。

（　）8. 球孢子菌感染可造成多器官、系統的病變。

（　）9. 球孢子菌病是美國西南部的地方性流行病。

（　）10. 球孢子菌病可引起神經症狀。

二、單選題

1. 引起球孢子菌病的病原體是（　）。
   A. 小孢子菌　B. 隱球菌　C. 粗球孢子菌　D. 念珠菌
2. （　）不是粗球孢子菌的感染狀態。
   A. 關節孢子　B. 菌絲　C. 37℃ 培養物　D. 28℃ 培養物
3. 粗球孢子菌病的治療藥物不包括（　）。
   A. 氟康唑　B. 伊曲康唑　C. 兩性黴素 B　D. 芬苯達唑
4. 球孢子菌感染可引起神經系統損傷，最佳的治療藥物是（　）。
   A. 氟康唑　B. 伊曲康唑　C. 酮康唑　D. 甲硝唑
5. 球孢子菌感染引起的症狀最明顯的系統大多是（　）。
   A. 呼吸系統　B. 消化系統　C. 神經系統　D. 免疫系統
6. 球孢子菌感染和多種病原菌感染症狀相似，需做鑑別診斷，但不包括（　）。
   A. 犬瘟熱　B. 犬小孢子菌感染
   C. 貓瘟熱　D. 支氣管敗血博德氏桿菌病
7. 關於球孢子菌病的預防，說法錯誤的是（　）。
   A. 球孢子菌病暫時沒有有效的預防方法
   B. 預防球孢子菌病應盡量避免去粉塵較多的環境
   C. 預防球孢子菌病，不要去疫病流行地區
   D. 不接觸感染球孢子菌病的動物可有效預防球孢子菌病
8. 球孢子菌病的傳染途徑不包括（　）。
   A. 水平傳染　B. 垂直傳染

C. 直接接觸真菌孢子　　　　　　D. 間接接觸真菌菌絲

9. 患球孢子菌病後，黏膜及全身各臟器均可受累，但一般不累及（　）。

A. 肌肉　　　B. 淋巴結　　　C. 骨骼　　　D. 眼睛

10. 球孢子菌病引起的皮膚感染症狀不包括（　）。

A. 皮下結節　　　B. 皮下膿腫　　　C. 體表大面積脫毛　D. 皮膚破潰

習題答案

一、是非題

1.√　2.√　3.×　4.√　5.√　6.×　7.×　8.√　9.√　10.√

二、單選題

1.C　2.C　3.D　4.A　5.A　6.B　7.D　8.B　9.A　10.C

實訓六　犬、貓常見真菌病的實驗室診斷

臨床上，能感染犬、貓的常見真菌多入侵寵物的被皮系統，在其表皮角質層增殖，引起犬、貓真菌性皮膚病，此類為淺表真菌感染。但部分真菌偶爾也會入侵寵物的呼吸系統、消化系統、泌尿系統、循環系統，甚至神經系統進行增殖，引起對應的深部真菌感染。真菌感染均有其相應的實驗室診斷方法。

內容	要　點
訓練目標	掌握犬、貓常見真菌病的實驗室診斷技術。
考核內容	1. 染色鏡檢的方法。 2. 螢光性檢查（伍德燈法）的方法。 3. 真菌培養與鑑定的方法。

內容與方法		
一、染色鏡檢		
序號	內容	要　點
1	器材	透明膠帶（專用）、一次性棉花棒、止血鉗、針筒、載玻片、顯微鏡。
2	試劑	Diff quick 染色液。
3	操作方法	(1) 採樣　①淺表真菌。 a. 選定 2～3 處症狀典型部位，用透明膠帶分點黏取，並將一端固定在載玻片上。採樣部位宜選擇皮屑多或者病變部位與健康部位交界處。 b. 選定 2～3 處症狀典型部位，拔取若干毛髮黏在透明膠帶上，並將一端固定在載玻片上。 ②深部真菌。根據情況取尿液、糞便、膿液、口腔、鼻腔或陰道分泌物、血液、腦脊液和各種穿刺液，將所採樣本直接塗抹於載玻片上。 (2) 染色：用 Diff quick 染色液染色。 (3) 鏡檢：根據常見真菌病原體的大小推算，使用顯微鏡時，物鏡放大到 40 倍或 100 倍時需重點觀察。

		顯微鏡下發現菌絲或真菌孢子即可確診。
4	結果判定	(1) 需注意環境常在真菌，要達到一定數量才能判為發病。如馬拉色菌的確診，犬需要在高倍鏡一個視野裡看到不少於 6 個孢子才能確診；而貓需要在高倍鏡一個視野裡看到不少於 12 個孢子方能確診。 (2) 當顯微鏡下找不到真菌，也未發現細菌，但發現大量中性粒細胞和巨噬細胞時，不能排除真菌感染。
5	結果處理	(1) 對確診為真菌病的寵物採取療程治療。 (2) 對未能確診，卻高度疑似的寵物可多次、重複採樣檢查或進行治療性診斷。

二、螢光性檢查

序號	內容	要　點
1	器材	伍德燈。
2	操作方法	此法利用部分皮膚真菌在伍德燈照射下，可發出不同的螢光的特點，對皮膚真菌做初步篩查診斷。 (1) 疑似真菌性皮膚病的動物或採集動物發病部位毛髮或皮屑。 (2) 在暗室裡，打開伍德燈 5min，以穩定其波長。 (3) 用伍德燈對患病部位或病料進行照射檢查。
3	結果判讀	經伍德燈照射發出黃綠色螢光的可判定為犬小孢子菌感染。無螢光，不能排除有其他真菌感染。
4	結果處理	(1) 對確診為真菌病的寵物進行治療。 (2) 對未能做出診斷的病例，需配合其他檢查法進一步檢查。

三、真菌培養與鑑定

序號	內容	要　點
1	器材	恆溫培養箱、試管斜面培養基（沙氏葡萄糖瓊脂）、沙氏葡萄糖瓊脂培養基、手術刀片。
2	操作方法	(1) 採樣：①淺表真菌。選定 2～3 處症狀典型、皮屑多或者病變部位與健康部位交界處，用刀片反覆刮取皮屑或拔取若干毛髮。 ②深部真菌。根據情況取尿液、糞便、膿液、口腔、鼻腔或陰道分泌物、血液、腦脊液和各種穿刺液。 (2) 接種：將改採病料接種於沙氏葡萄糖瓊脂培養基，置於 28℃ 恆溫培養 3 週。培養期間需每天觀察。 (3) 純培養：將長出的菌落勾取後接種於試管斜面培養基上進行純培養。

3	結果判定	(1) 在培養基上長出菌落，即可判定為真菌感染。若淺部真菌超過 2 週，深部真菌超過 4 週仍無生長，可報告陰性。 (2) 純培養後，菌落表現為中心無氣生菌絲，覆有白色或黃色氣粉末，周圍為白色羊毛狀氣生菌絲，可判定為犬小孢子菌感染。 (3) 純培養後，菌落表現為中心隆起一小環，周圍平坦，上覆有白色絨毛樣氣生菌絲，菌落初呈白色，逐漸變為棕黃色粉末狀，並凝成片，可判定為石膏樣小孢子菌感染。
4	結果處理	對確診為真菌病的寵物進行治療。
實訓報告	**在教師指導下完成附錄的實訓報告**	

複習與練習題

一、是非題

（　）1. 深部真菌感染引起的疾病，在獸醫臨床上比較多見。

（　）2. 伍德燈篩查在皮膚真菌病的診斷中必不可少。

（　）3. 採樣後，在真菌培養基培養 1 週，未發現菌落生長，可排除真菌感染。

（　）4. 對真菌菌落進行純培養是為了鑑別的真菌種類。

（　）5. 淺表真菌病的治療主要以外部用藥為主。

（　）6. 疑似真菌引起的感染應無菌採樣。

（　）7. 真菌純培養時，可根據培養基的生長狀況，菌落的性狀、色澤，菌絲孢子與特殊器官等形態特徵確定菌種。

（　）8. 如真菌純培養後仍無法鑑別菌種，可考慮用鑑別培養基進行鑑別培養。

（　）9. 常用於真菌菌種鑑別的鑑別培養基有米飯培養基、馬鈴薯葡萄糖瓊脂培養基、1%葡萄糖玉米粉瓊脂培養基、尿素瓊脂培養基。

（　）10. 寵物臨床使用最多的診斷真菌病的方法是伍德燈照射檢查法。

二、單選題

1. 暗室內用伍德燈照射病變區可使毛髮發出綠色螢光的真菌是（　）。
   A. 石膏樣小孢子菌　　B. 毛癬菌　　C. 犬小孢子菌
   D. 馬拉色菌　　E. 白色念珠菌
2. 犬馬拉色菌病示病症狀是（　）。
   A. 皮膚出現界線明顯的輪狀癬斑
   B. 被毛著色，患部潮濕髮紅，伴有難聞體味
   C. 皮膚乾燥，對稱性脫毛
   D. 皮膚變薄，表面有鈣化結痂
   E. 皮膚增厚，被覆大量黃褐色糠麩樣痂皮

3. 有一大丹犬，四肢、軀幹、腹部多處有銅錢大脫毛區，局部皮屑較多，並有向外擴展趨勢，根據臨床表現，接下來最不必要的檢查是（　）。

A. 螢光性檢查　B. 真菌培養　C. 皮膚採樣鏡檢　D. 血常規檢查

4. 下列淺表真菌引起的皮膚病中，搔癢最嚴重的是（　）。

A. 馬拉色菌　B. 犬小孢子菌
C. 癬菌　D. 石膏樣小孢子菌

5. 純培養後，菌落表現為中心無氣生菌絲，覆有白色或黃色粉末，周圍為白色羊毛狀氣生菌絲的是（　）。

A. 馬拉色菌　B. 犬小孢子菌
C. 癬菌　D. 石膏樣小孢子菌

6. 純培養後，菌落表現為中心隆起一小環，周圍平坦，覆有白色絨毛樣氣生菌絲，菌落初呈白色，逐漸變為棕黃色粉末狀，並凝成片的是（　）。

A. 馬拉色菌　B. 犬小孢子菌
C. 癬菌　D. 石膏樣小孢子菌

7. 5 歲貓，最近出現體溫升高 1～2℃，食慾減退，精神沉鬱，流黃白色口涎，口腔有惡臭，齒齦覆蓋黃白色假膜，且兩頰部有大小不等、隆起的黃紅色或暗紅色軟斑，醫生建議做真菌的實驗室檢查，請問醫生高度懷疑的是（　）感染。

A. 隱球菌　B. 犬小孢子菌　C. 念珠菌　D. 癬菌

8. 寵物犬頻繁舔外陰部，檢查發現外陰及陰道內有糜爛樣病變區域，醫生建議做進一步檢查，請問最適合的檢查是（　）。

A. 採樣染色鏡檢　B. 真菌培養　C. 血常規檢查　D. 生化檢查

9. 隱球菌多感染貓的呼吸系統，特別是鼻腔，可引起鼻梁腫脹、鼻腔變形等症狀。請問，對其進行實驗室診斷時，最適合的樣本是（　）。

A. 唾液　B. 眼分泌物　C. 鼻液　D. 咽拭子

10. 以下不屬於淺表真菌的是（　）。

A. 馬拉色菌　B. 犬小孢子菌　C. 念珠菌　D. 癬菌

習題答案

一、是非題

1.×　2.×　3.×　4.√　5.×　6.√　7.√　8.√　9.√　10.×

二、單選題

1.C　2.B　3.D　4.A　5.B　6.D　7.C　8.A　9.C　10.C

第五節　多種動物共患其他微生物傳染病

學習目標

一、知識目標

掌握鉤端螺旋體病、附紅血球體症、艾利希體病、衣原體病、Q 熱、萊姆病的基本知識。

二、技能目標

1. 能正確進行鉤端螺旋體病、附紅血球體症、艾利希體病、衣原體病、Q 熱、萊姆病的診斷、防治（或防控）。

2. 能進行相關知識的自主、合作、探究學習。

任務一　鉤端螺旋體病

鉤端螺旋體病（Leptospirosis）是由致病性問號鉤端螺旋體引起的一種人獸共患的自然疫源性傳染病，臨床上呈急性或隱性感染，隱性感染動物無任何臨床症狀。當動物機體免疫能力下降或感染的鉤端螺旋體致病能力強時，患病動物表現出臨床症狀，常見發燒、貧血、血紅素尿症、黃疸、出血性素質等症狀。

家養動物中，豬、牛、犬的帶菌率和發生率較高，在貓身上較少見。帶菌或患病動物透過排出帶有鉤端螺旋體的尿液傳染本病。鉤端螺旋體經患病動物尿液排出後，可透過直接接觸易感動物的黏膜、帶傷口的皮膚或消化道進入機體循環系統，經血液循環、淋巴液回流進入內臟器官，主要損傷的器官有肝、腎、肺、腦。犬感染鉤端螺旋體後多見肝、腎的損傷。

除經黏膜、傷口與消化道傳染外，透過交配也可傳染，有時也可經胎盤垂直傳染，某些吸血昆蟲和其他非脊椎動物可作為傳染媒介。

鉤端螺旋體在低溫、潮濕的環境中（稻田、水溝、室外汙水積水中）存活時間較長。大雨、洪水會使被汙染的水發生擴散而擴大本病的感染範圍。

內容	要　　點
訓練目標	正確診斷、防治鉤端螺旋體病。
案例導入	概述　1隻雄性泰迪犬，年齡1.5歲，體重3.5 kg。臨床檢查可見：該犬體溫39.4℃，呼吸及脈搏正常，精神沉鬱，小便帶血，呈深茶色，大便正常。初診疑似鉤端螺旋體病。 思考　1. 如何確診鉤端螺旋體病? 2. 如何防治鉤端螺旋體病? 3. 在診治鉤端螺旋體病時，我們需要具備哪些素養?

內容與方法		
一、臨床綜合診斷		
序號	內容	要　　點
1	流行病學特點	(1) 易感動物：溫血動物均可感染。 (2) 傳染源：帶菌和患病動物。鼠類為本病最重要的自然宿主，豬、犬也是常見的帶菌動物。鼠類和食蟲類是南方稻田型鉤端螺旋體病的主要傳染源；豬是南方洪水型鉤端螺旋體病主要傳染源以及北方鉤端螺旋體病的主要傳染源。 (3) 傳染途徑：主要透過皮膚、黏膜接觸性傳染。 (4) 地區性：本病多發於氣候溫暖、雨量充沛的熱帶、亞熱帶地區。 (5) 季節性：夏秋季節為流行高峰，特別是發情交配季節更多發。
2	臨床症狀	(1) 急性出血型：①發燒；②出血性素質，嘔血、鼻出血、便血；③休克。 (2) 黃疸型：①可視黏膜、皮膚呈黃色；②高度貧血；③四肢無力，不能站立，喜臥。 (3) 血尿型：血紅素尿症（尿呈橙黃色或豆油色）。
3	病理變化	(1) 肝病變：腫大、色暗、質脆。 (2) 腎病變：①腫大；②表面有出血點或白色壞死灶；③萎縮或纖維變性（慢性病例）。

二、實驗室診斷			
序號	方法	要　　點	
1	直接鏡檢法	(1)採樣	①在急性病的高熱期，取血液作為病料。 ②在疾病中、後期，取用腦脊髓液和尿作為病料。 ③如是病死動物，取病變組織器官作為病料。

1	直接鏡檢法	(2)鏡檢	①將血液、腦脊液或尿液等病料離心後，取沉澱用顯微鏡在暗視野下觀察。 ②或將病變組織器官製成壓片，用顯微鏡在暗視野下觀察。
		(3)結果判讀	顯微鏡下觀察到呈帶鉤狀、C形或問號形等能翻轉、屈曲和快速旋轉運動的菌體則為鉤端螺旋體。
2	染色鏡檢法	(1)採樣	同「直接鏡檢法」。
		(2)染色	採集病料後製成塗片，用鍍銀染色法或吉姆薩染色法。
		(3)鏡檢	將染色好的塗片用顯微鏡油鏡檢查。
		(4)結果判讀	①用鍍銀染色的塗片觀察到體形細長，兩端彎曲成鉤狀且呈黑褐色的螺旋體，則為鉤端螺旋體。 ②用吉姆薩染色的塗片觀察到呈淡紅色、帶鉤狀的C形或問號形螺旋體，則為鉤端螺旋體。
3	PCR檢測		取血、尿、病理組織進行PCR檢測，該法檢出率更高。

三、防治措施			
序號	**內容**	**要　點**	
1	疫苗免疫	按免疫程序注射鉤端螺旋體疫苗。	
2	治療	(1)抗菌治療	首選青黴素（每公斤體重肌內注射4～8IU，每天2次，連用2週）。對青黴素過敏者可選四環素類和氨基糖苷類藥，肝腎功能不全者則慎用氨基糖苷類藥。
		(2)對症治療。	
		(3)營養支持療法。	
案例分析	**針對導入的案例，在教師指導下完成附錄的學習任務單**		

複習與練習題

一、是非題

(　) 1. 病料的採集和送檢用於在實驗室做細菌分離、塗片檢查、抗體檢測、病毒分離、病理切片、免疫組化、PCR鑑定、試紙快速診斷等。

(　) 2. 採樣前應先進行患病動物的檢查。

(　) 3. 採樣人員採樣時不需要戴手套和口罩。

(　) 4. 採樣器械與用具無需進行滅菌消毒。

（　）5. 鉤端螺旋體革蘭氏染色陽性，易著色。

（　）6. 檢測鉤端螺旋體時常用鍍銀染色法進行染色，染色後的鉤端螺旋體呈黑褐色。

（　）7. 鉤端螺旋體在濕土或汙水水中可存活較長時間，因此人和動物在接觸田間水溝時易感染鉤端螺旋體。

（　）8. 如果下大雨洪水泛濫，帶有鉤端螺旋體的汙水也會隨洪水擴散而感染更多的人和動物。

（　）9. 鉤端螺旋體透過血液循環、淋巴液回流可進入內臟器官，主要損傷的器官有肝、腎、肺、腦。

（　）10. 治療鉤端螺旋體病首選青黴素，青黴素過敏者還可以選用其他的抗生素，如四環素、慶大黴素、多西環素等均有很好的療效。

二、單選題

1. 下列觀察螺旋體最好的方法是（　）。
A. 革蘭氏染色法　B. 抗酸染色法　C. 吉姆薩染色法　D. 暗視野顯微鏡法

2. 鉤端螺旋體病的主要傳染源是（　）。
A. 豬、鼠、犬　B. 貓、鼠、兔　C. 雞、鴨、鵝　D. 犬、貓、羊

3. 下列環境中容易導致鉤端螺旋體病的是（　）。
A. 室外乾淨乾燥街道　B. 室外積水、水溝
C. 室內泳池　D. 室內積水

4. 下列不屬於鉤端螺旋體病的主要傳染途徑的是（　）。
A. 母嬰傳染　B. 透過完整的皮膚黏膜傳染
C. 透過傷口傳染　D. 透過空氣傳染

5. 患病動物主要透過（　）的方式將鉤端螺旋體排出體外。
A. 排糞　B. 排尿　C. 排汗　D. 分泌唾液

6. 如果給犬檢測有無鉤端螺旋體感染，宜採集的檢測樣本為（　）。
A. 唾液　B. 血液　C. 尿液　D. 糞便

7. 在檢測動物有無感染鉤端螺旋體時，在急性病例的高熱期、感染早期，可取（　）進行檢測。
A. 唾液　B. 血液　C. 尿液　D. 糞便

8. 在檢測動物有無感染鉤端螺旋體時，在感染的中後期，可取（　）進行檢測。
A. 唾液　B. 血液　C. 尿液　D. 糞便

9. 用直接鏡檢法檢查鉤端螺旋體時，可取肺、肝、淋巴結做塗片，用（　）進行染色，然後放置顯微鏡下觀察。
A. 瑞氏染色法　B. 美藍染液　C. 鍍銀染色法　D. 伊紅染色法

10. 下列藥物中對鉤端螺旋體病有較好治療效果的是（　）。
A. 吡喹酮　B. 伊維菌素　C. 慶大黴素　D. 磺胺嘧啶

習題答案

一、是非題

1.√　2.√　3.×　4.×　5.×　6.√　7.√　8.√　9.√　10.√

二、單選題

1.D　2.A　3.B　4.D　5.B　6.C　7.B　8.C　9.C　10.C

任務二　附紅血球體症

附紅血球體症（Eperythrozoonosis）是由寄生於宿主紅血球表面的嗜血支原體引起的以溶血性貧血、黃疸、發燒為特徵的人獸共患病，以家豬感染較多見。嗜血支原體具有相對宿主特異性，同種宿主動物對同種嗜血支原體十分敏感，不同宿主動物對異源動物的菌株感染性差異巨大。

內容		要　點
訓練目標		會進行附紅血球體症的診斷、防治。
案例導入	概述	泰迪犬，2 歲，體重 1.5kg。主訴：就診 10d 前發現該犬咳嗽、呼吸困難，隨後嘔吐、腹瀉、便血。就診後排除犬細小病毒病，按照普通胃腸炎和感冒治療，經過 5d 的治療，情況有好轉，於是出院。5d 又復發，症狀更加嚴重。臨床檢查可見：犬嚴重消瘦、脫水；牙齦蒼白黃染，皮膚、耳朵內側、腹部皮膚黃染嚴重；糞便稀薄、黑褐色、惡臭。血壓很低，血管壓迫之後，充血緩慢。初診疑似附紅血球體症。
	思考	1. 如何確診附紅血球體症? 2. 如何進行附紅血球體症的防控? 3. 防控附紅血球體症有何公共衛生意義?

內容與方法		
一、臨床綜合診斷		
序號	內容	要　點
1	流行病學特點	(1) 易感動物：犬、貓、豬、人等多種動物，其中以家豬感染較多見。 (2) 傳染源：主要為患病動物、患病動物病癒後也可長期帶病原。 (3) 傳染途徑：接觸傳染、血源性傳染、交配、垂直傳染及媒介昆蟲叮咬等多種途徑傳染，汙染的針筒、手術器械等也可傳染。 (4) 一年四季均可發病，以夏季、秋季、多雨及吸血昆蟲活動頻繁的季節多發。
2	臨床症狀	犬多呈隱性感染，少數情況下因受壓力等刺激因素可能出現症狀。 (1) 初期發燒，體溫可達 42℃，心跳加快，呼吸急促，鼻鏡乾燥。 (2) 眼結膜初期潮紅後黃染。 (3) 精神沉鬱。 (4) 厭食或食慾廢絕。

2	臨床症狀	(5) 四肢軟弱無力。 (6) 嘔吐、腹瀉、便血。 (7) 貧血。 (8) 全身衰竭，多死亡。
3	病理變化	(1) 皮下脂肪、漿膜、黏膜黃染。 (2) 血液稀薄。 (3) 淋巴結腫大。 (4) 胸腔、心包腔、腹腔積液。 (5) 肝腫大，有實質性壞死；膽汁濃稠。 (6) 脾腫大，邊緣有結節。 (7) 腎、肺腫大。 (8) 胃腸黏膜不同程度的炎性病變。

二、實驗室診斷

序號	方法	要　點	
1	病理組織學檢查	(1) 病料採集：採集瀕死或病死動物的血液。因為動物多呈隱性感染，且健康動物的陽性率也很高，故採集瀕死或病死動物樣本。	
		(2) 壓片鏡檢	①方法：採末梢靜脈血滴加於玻片上，用等量生理鹽水稀釋，混勻，加蓋載玻片，鏡檢。 ②結果判定：被感染紅血球形態不規則、邊緣不整齊，呈鋸齒狀、星芒狀、棘球狀等。
		(3) 直接塗片鏡檢	①方法：採末梢靜脈血製作血塗片，瑞氏染色，油鏡鏡檢。 ②結果判定：紅血球表面有環形、卵圓形、球形或分支桿狀嗜血支原體即為陽性。計數 100 個紅血球，感染嗜血支原體的紅血球數少於 30 個為輕度感染，30～60 個為重度感染，大於 60 個為重度感染。
2	其他檢查方法	(1) 聚合酶鏈式反應（PCR）。 (2) 酶聯免疫吸附試驗（ELISA）。	

三、防治措施

序號	內容	要　點
1	綜合防控	(1) 無疫苗預防。 (2) 加強飼養管理，增強動物機體抵抗力。 (3) 定期藥物預防：首選大環內酯類抗生素，如紅黴素、羅紅黴素和阿奇黴素等。 (4) 撲滅吸血昆蟲。

2	治療	(1) 藥物治療：四環素、強力黴素、土黴素、貝尼爾等，按照說明書使用。 (2) 對症治療：補血、維持體液平衡等。 (3) 營養支持：增強機體抵抗力。

案例分析	針對導入的案例，在教師指導下完成附錄的學習任務單

複習與練習題

一、是非題

(　) 1. 附紅血球體症不是人獸共患病。

(　) 2. 哺乳動物中犬最易感附紅血球體症。

(　) 3. 嗜血支原體具有相對宿主特異性，同種宿主動物對同種嗜血支原體十分敏感，不同宿主動物對異源動物的菌株感染性差異巨大。

(　) 4. 附紅血球體症只能透過直接接觸傳染。

(　) 5. 附紅血球體症為季節性發病。

(　) 6. 犬附紅血球體症多呈隱性感染，少數情況下因壓力等刺激因素可能出現症狀。

(　) 7. 犬附紅血球體症診斷可做壓片鏡檢，病料為瀕死或病死動物的血液。

(　) 8. 可透過疫苗接種預防附紅血球體症。

(　) 9. 可透過疫苗接種預防犬、貓附紅血球體症。

(　) 10. 可定期使用大環內酯類抗生素進行預防。

二、單選題

1. 附紅血球體症的病原是（　）。
   A. 嗜血支原體　B. 炭疽桿菌　C. 葡萄球菌　D. 鏈球菌
2. 附紅血球體症的病原寄生部位是（　）。
   A. 大腸　B. 小腸　C. 紅血球表面　D. 紅血球內
3. （　）對附紅血球體症最易感。
   A. 家豬　B. 牛　C. 犬　D. 貓
4. 下列途徑可傳染附紅血球體症的是（　）。
   A. 接觸傳染　B. 血源性傳染　C. 垂直傳染　D. 以上方式均可
5. 附紅血球體症的防控措施有（　）。
   A. 加強飼養管理，增強動物機體抵抗力　B. 定期藥物預防
   C. 撲滅吸血昆蟲　D. 以上都是
6. 治療附紅血球體症的藥物有（　）。
   A. 土黴素　B. 四環素　C. 強力黴素　D. 以上均可

7. 計數 100 個紅血球，感染嗜血支原體的紅血球數少於（　）個為輕度感染，30～60 個為重度感染，大於 60 個為重度感染。

A. 30　B. 50　C. 60　D. 80

8. 以下不屬於治療附紅血球體症的藥物的是（　）。

A. 卡那黴素　B. 貝尼爾　C. 四環素　D. 青黴素

9. 可使用下列哪些藥物定期預防附紅血球體症？（　）。

A. 大環內酯類藥物　B. 磺胺類藥物　C. 驅蠕蟲類藥物　D. 以上藥物均可

10. 附紅血球體症的防控措施有（　）。

A. 加強飼養管理，增強動物機體抵抗力

B. 定期藥物預防

C. 撲滅吸血昆蟲

D. 以上都是

習題答案

一、是非題

1.×　2.×　3.√　4.×　5.×　6.√　7.√　8.×　9.×　10.√

二、單選題

1.A　2.C　3.A　4.D　5.B　6.D　7.A　8.D　9.D　10.D

任務三　犬艾利希體症

犬艾利希體症（Canine ehrlichiosis）是由犬艾利希體引起的，主要由蜱傳染的一種犬敗血性傳染病。本病也是一種人獸共患自然疫源性疾病。

內容	要　點	
訓練目標	會進行犬艾利希體症的診斷、防治。	
案例導入	概述	某藏獒基地飼養的 12 隻藏獒發病，病犬臨床表現：體溫均升高，食慾減退，眼角有漿液性或膿性排出物，嘔吐，進行性消瘦，體重減輕，呼吸困難，活動時四肢無力，身體搖晃甚至倒地，可視黏膜蒼白或黃染，出現貧血和出血，尿色由黃色逐漸變至呈濃茶色。後期病犬有腹瀉帶血，有（黑）血便等胃腸炎症狀，有的病犬腹部觸診可摸到脾腫大。陰囊水腫，體表檢查在犬耳後頸部和前肢大腿內側等多處找到蜱。初診疑似艾利希體病。
	思考	1. 如何確診艾利希體病? 2. 如何防治艾利希體病? 3. 針對本病，如何做好公共衛生安全措施?

內容與方法			
一、臨床綜合診斷			
序號	內容	要　點	
1	流行病學特點	（1）易感動物：家犬、野犬、豹、人等。	
		（2）傳染源：發病或攜帶病原體的動物。	
		（3）傳染途徑：主要透過蜱叮咬傳染，攜帶病原體的蜱能傳染此病至少 155d。輸血也是本病的重要傳染途徑。	
		（4）流行特點	①季節性：本病發生於夏、秋季節，這與蜱及其他吸血昆蟲的活動相一致。 ②潛伏期：8～12d。 ③易混感病原：本病易與巴爾通體病、錐蟲病、巴貝斯蟲病等混合感染。

2	臨床症狀	(1) 共有症狀	①病原體主要侵害網狀組織和血管內皮系統。 ②重症犬口腔黏膜糜爛，淋巴結腫大。 ③重症犬四肢和陰囊水腫，嘔吐，有腹水、胸水及胃腸炎症狀。 ④病程一般經過急性期、亞臨床期和慢性期三個階段。
		(2) 急性期	①持續 2～4 週，主要表現為發燒、食慾下降、嗜睡、口鼻流出黏液膿性分泌物。 ②身體僵硬、不願活動、四肢或腹部水腫。 ③咳嗽或呼吸困難。 ④患犬抗病力降低，全身淋巴結腫大，脾腫大，血小板減少。 ⑤在急性期病犬體表往往能找到寄生的蜱。 ⑥急性期病犬較少死亡。
		(3) 亞臨床期	①體溫和體重基本恢復正常。 ②血象指標異常，如血小板減少和高球蛋白血症。 ③此階段可持續 40～120d，仍不能康復的犬則轉入慢性期。
		(4) 慢性期	①病犬主要表現為惡性貧血和嚴重消瘦。 ②前眼色素層炎。 ③共濟失調、感覺過敏或麻痺。 ④腎小球腎炎、腎衰竭。 ⑤長頭型品種的犬常見鼻出血。 ⑥所有犬種可見血尿、黑糞症及皮膚和黏膜淤斑。 ⑦血象嚴重異常，各類血球嚴重減少，血小板減少。
3	病理變化		①黏膜蒼白，臟器組織有貧血變化，如蒼白、色淡等。 ②黏膜、漿膜有出血變化，有潰瘍灶。 ③肺水腫、間質性肺炎。 ④脾顯著腫大，骨髓增生。 ⑤胸腔積水。 ⑥肝、腎呈斑駁樣。

二、實驗室診斷

序號	方法	要　點
1	血液塗片檢查	(1) 採樣：取病犬初期或高熱期血液塗片。 (2) 染色：血塗片進行吉姆薩染色。 (3) 觀察：顯微鏡下檢查。 (4) 結果判讀：在單核白血球和中性粒細胞中見到犬艾利希體和膜樣包裹的包含體，即可確診。

2	螢光抗體法	(1) 採樣：取病犬初期或高熱期血液塗片。 (2) 染色：螢光抗體染色。 (3) 觀察：在螢光顯微鏡下觀察。 (4) 結果判讀：如鏡檢見細胞質內出現黃綠色螢光顆粒則判為陽性。

三、防治措施		
序號	**內容**	**要　點**
1	預防	目前，犬艾利希體症沒有可用疫苗。
2	綜合防控	(1) 加強飼養管理，做好環境消毒和體外驅蟲工作。 (2) 發現病犬，嚴格隔離，及時治療。 (3) 對生活在流行區的犬口服四環素預防。
3	治療	(1) 確定病因後，首先要消除病原體感染源頭，驅殺蜱、跳蚤。 (2) 對因治療：治療本病的藥物首選四環素類，特別是多西環素。 (3) 支持療法：對發燒、不食，體況嚴重下降的病犬，選擇輸液補充基本營養與體液需要，可選用5%葡萄糖、0.9%氯化鈉以及能量合劑輸液。食慾轉好後，給予營養豐富的食物，加速恢復。 (4) 對症治療。 ①貧血，可輸血漿或全血，注射促紅血球生成素等。 ②出血，可選用止血敏、安絡血、維他命K等藥物。 ③白蛋白降低，可用犬用白蛋白輸液。 ④對於長期發燒的病犬，要注意補充鈣質。

案例分析	針對導入的案例，在教師指導下完成附錄的學習任務單

複習與練習題

一、是非題

(　) 1. 犬艾利希體症是人獸共患病。
(　) 2. 犬艾利希體歸屬於立克次體屬，是介於病毒和細菌之間的一類病原體。
(　) 3. 立克次體屬病原體，主要侵害動物的肝、腎等實質器官。
(　) 4. 感染犬艾利希體的犬，都會出現不同程度的發燒。
(　) 5. 犬艾利希體症透過蜱叮咬傳染，所以常規接觸不會感染。
(　) 6. 犬艾利希體症還可經輸血感染。
(　) 7. 預防犬艾利希體症，可以給犬注射疫苗。
(　) 8. 犬艾利希體症主要感染抵抗力弱的幼犬。
(　) 9. 犬艾利希體能引起動物貧血。
(　) 10. 攜帶病原體的蜱能傳染艾利希體病至少一年。

二、單選題

1. 犬艾利希體主要侵害的部位是（　）。
A. 網狀組織和血管內皮系統　B. 肝、腎等實質器官
C. 呼吸系統　D. 消化系統
2. 犬艾利希體症的臨床症狀不包括（　）。
A. 發燒　B. 貧血、消瘦
C. 脾腫大、血小板減少　D. 嘔吐
3. 犬艾利希體症的潛伏期一般為（　）。
A. 1～3d　B. 5～8d　C. 8～12d　D. 12～20d
4. 治療犬艾利希體症的首選藥物為（　）。
A. 慶大黴素　B. 頭孢噻呋鈉　C. 多西環素　D. 紅黴素
5. 犬艾利希體症可引起貧血，改善貧血症狀可選的藥物不包括（　）。
A. 促紅血球生成素　B. 輸血漿　C. 輸全血　D. 促白血球生成素
6. 犬艾利希體症表現皮下出血、尿中帶血等症狀，適合的對症治療藥物不包括（　）。
A. 安絡血　B. 維他命 B_{12}　C. 維他命 K　D. 止血敏
7. 對於長期發燒的犬，除對症應用退燒藥外，還需要補充（　）。
A. 鈣　B. 維他命 B 群　C. 鉀　D. 鈉
8. 寵物臨床上，易與犬艾利希體症發生混合感染的疾病，不包括（　）。
A. 錐蟲病　B. 巴爾通體病　C. 弓形體病　D. 巴貝斯蟲病
9. 對於長期不吃東西的犬、貓，可以輸液補充營養物質，以下液體不適合用於此種情況的是（　）。
A. 5％葡萄糖　B. 0.9％氯化鈉　C. 乳酸林格液　D. 甘露醇
10. 目前，犬艾利希體症臨床上除了快速診斷試紙外，最適合的診斷方法是（　）。
A. 血液塗片檢查　B. PCR 檢查　C. 病理組織切片　D. 螢光抗體實驗

習題答案

一、是非題

1.√　2.√　3.×　4.√　5.√　6.√　7.×　8.×　9.√　10.×

二、單選題

1.A　2.D　3.C　4.C　5.D　6.B　7.A　8.C　9.D　10.A

第六節　犬、貓病毒性傳染病

學習目標

一、知識目標

1. 掌握犬細小病毒病、犬冠狀病毒病、犬瘟熱、犬副流感、犬傳染性喉氣管炎、犬傳染性肝炎、犬疱疹病毒病、貓泛白血球減少症、貓傳染性腹膜炎、貓後天性免疫缺陷症候群、貓白血病的基本知識。

2. 掌握犬細小病毒病實驗室快速診斷的基本知識。

3. 掌握犬瘟熱實驗室快速診斷的基本知識。

二、技能目標

1. 能正確進行犬細小病毒病、犬冠狀病毒病、犬瘟熱、犬副流感、犬傳染性喉氣管炎、犬傳染性肝炎、犬疱疹病毒病、貓泛白血球減少症、貓傳染性腹膜炎、貓後天性免疫缺陷症候群、貓白血病的診斷、防治（或防控）。

2. 能正確進行犬細小病毒病的實驗室快速診斷。

3. 能正確進行犬瘟熱的實驗室快速診斷。

4. 能進行相關知識的自主、合作、探究學習。

任務一　犬細小病毒病

犬細小病毒病（Canine parvovirus disease）又稱細小病毒性腸炎，是由犬細小病毒（CPV）引起犬的一種急性、高度接觸性傳染病。以急性出血性腸炎和非化膿性心肌炎為特徵。該病多發生於幼犬，發病急，致死率高，對養犬業危害嚴重。

內容	要　點
訓練目標	會進行犬細小病毒病的診斷、防治。

<table>
<tr><td rowspan="2">案例導入</td><td>概述</td><td>一隻法國鬥牛犬，雄性，10 週齡，體重 5.5 kg，未接種疫苗，未進行體外驅蟲。主訴：該犬於 2021 年 3 月底從一犬舍購買，買回後洗過澡，被毛未吹乾，所餵食物略堅硬，不易消化。該犬偶有癲癇症狀，2021 年 4 月 4 日出現腹瀉，伴有嘔吐症狀。排糞初期呈水樣，帶有黏液和血絲，4 月 6 日後未見排糞。此後，患犬精神萎靡，食慾不佳，鼻鏡乾燥。4 月 7 日下午突然出現強烈腹痛症狀，患犬臥地打滾。臨床檢查：該犬皮膚鬆弛，被毛無光澤，眼球深凹，眼角黏有分泌物。聽診腸音亢進，呈流水聲。腹部觸診，有「香腸」樣堅實物，大概有正常腸管的 1.5 倍粗，觸診時患犬表現敏感。體溫 41℃，心率 131 次/min，脈搏 80 次/min，呼吸 30 次/min。患犬嘔吐物為黃色黏液，肛周黏有乾便，患犬在做排便姿勢時叫聲慘痛。初診疑似犬細小病毒病。</td></tr>
<tr><td>思考</td><td>1. 如何確診犬細小病毒病?
2. 如何治療犬細小病毒病?
3. 如何防控犬細小病毒病?</td></tr>
</table>

<table>
<tr><th colspan="4">內容與方法</th></tr>
<tr><th colspan="4">一、臨床綜合診斷</th></tr>
<tr><th>序號</th><th>內容</th><th colspan="2">要點</th></tr>
<tr><td rowspan="4">1</td><td rowspan="4">流行病學特點</td><td colspan="2">(1) 易感動物：犬是本病的主要宿主，各種年齡、不同性別的犬均有易感性，但以剛斷乳至 90 日齡的幼犬最易感，其他犬科動物如狼、狐等也可感染。</td></tr>
<tr><td colspan="2">(2) 傳染源：病犬、帶毒犬。</td></tr>
<tr><td colspan="2">(3) 傳染途徑：水平傳染，透過病犬與健康犬的直接或間接接觸感染，蒼蠅等也可成為本病的機械傳染者。</td></tr>
<tr><td>(4) 流行特點</td><td>①季節性：一年四季均可發生，但冬春季多發。
②散發或呈地方性流行。
③潛伏期：7～14d。
④3～4 週齡的犬感染後常發生急性致死性心肌炎，其他年齡犬感染後多以腸炎為主。</td></tr>
<tr><td>2</td><td>臨床症狀</td><td>(1) 腸炎型</td><td>①自然感染潛伏期 7～14d。
②精神沉鬱、不食，先嘔吐後腹瀉。
③嘔吐物初期為食物，之後為白色或黃綠色帶有黏稠泡沫的水狀物，嚴重時混有血液。
④發病 1d 左右開始腹瀉。病犬初期排稀便或糊狀便，常混有黏液或假膜，隨著病程發展，糞便呈番茄醬色、咖啡色，甚至血色，排便次數增加、裡急後重，且糞便帶有特殊的腥臭氣味。</td></tr>
</table>

2	臨床症狀	(1)腸炎型	⑤血便數小時後病犬表現嚴重脫水症狀：眼球下陷、鼻鏡乾燥、皮膚彈性下降、體重明顯減輕。腸道出血嚴重的病例，由於腸內容物腐敗可造成內毒素中毒和瀰散性血管內凝血，發生休克、昏迷，甚至死亡。 ⑥大多數病犬發病時伴有發燒和白血球明顯減少。 ⑦病程普遍為 1 週左右，容易繼發心肌炎或腸套疊。
		(2)心肌炎型	①多見於 60 日齡以下的幼犬。 ②發病突然，病犬常在數小時內死亡。 ③病犬先兆性症狀不明顯。有的突然呼吸困難，心臟衰竭，脈搏快而弱，心律不齊，短時間內死亡；心電圖可見 R 波降低，S-T 波升高。 ④有的病犬僅見輕度腹瀉後死亡。
3	病理變化	(1)腸炎型	①病死犬極度脫水、消瘦，蜷縮，眼窩下陷，可視黏膜蒼白，肛周附有或自行流出血樣稀便。 ②剖檢見胃腸道廣泛出血樣變化，小腸出血明顯，腸腔內含有大量血液，特別是空腸和迴腸黏膜潮紅、腫脹，散布有斑點狀或瀰漫性出血，嚴重時腸管外觀為紫紅色。 ③淋巴結充血、出血和水腫，切面呈大理石樣。 ④小腸黏膜上皮細胞中可見核內包含體。
		(2)心肌炎型	①心臟擴大，心房、心室有瘀血塊，心內膜或心肌有非化膿性壞死灶和出血斑，心肌纖維有不同程度損傷。 ②肺水腫，局灶性出血或充血，肺表面色彩斑駁。 ③病變心肌細胞中偶爾可見包含體。

二、實驗室診斷		
序號	方法	要　點
1	病理組織學檢查	(1) 採樣：取疑似感染本病犬的小腸後段和病變心肌。 (2) 製片：用病料樣品做組織切片。 (3) 染色：吉姆薩染色或 HE 染色。 (4) 鏡檢：在顯微鏡下觀察病理切片。 (5) 結果判讀：若見腸上皮細胞或心肌細胞內有包含體即可確診。

2	電鏡檢查	（1）採樣：取發病 2～5d 病犬的糞便。 （2）製片：病料加等量 PBS 後混勻，以 3 000r/min 離心 15min，取上清液加等量氯仿振盪 10min，離心取上清液。 （3）染色：用磷鎢酸負染。 （4）鏡檢：於電鏡下檢查。 （5）結果判讀：陽性病例樣品中可見有直徑約 20nm 的圓形或六邊形病毒粒子。 注意：發病 6～8d 病例的糞便中，由於抗體的產生，病毒粒子常被凝整合塊而不易觀察到。
3	病毒分離鑑定	（1）將病犬糞便做無菌處理。 （2）用胰蛋白酶將無菌糞便消化。 （3）接種貓腎細胞或犬腎細胞等易感細胞。 （4）用螢光或血凝試驗鑑定病毒。
4	HA、HI 試驗	（1）檢查病原。取分離到的疑似病料進行血凝試驗檢測其血凝性，如凝集再用犬細小病毒標準陽性血清進行血凝抑制試驗。 （2）檢查抗體。採取疑似犬細小病毒病患犬急性期和康復後期的雙份血清，即間隔 10d 的雙份血清，做血凝抑制試驗，證實抗體滴度增高可確診。
5	CPV 膠體金快速診斷試紙	（1）用棉花棒採集病犬新鮮糞便，在專用的診斷稀釋液中充分擠壓洗滌。 （2）用吸管吸取稀釋後的病料上清液並滴加到診斷試劑盒的加樣孔中，任其自然擴散。 （3）10min 內觀察結果。 （4）結果判定： ①若 C、T 對應位置均出現紅線則判為陽性。 ②若 C 對應位置出現紅線，而 T 對應位置無色則判為陰性。 ③若 C 對應位置無色，無論 T 線是否出現均判為無效，需重新檢測。

三、防治措施

序號	內容	要點
1	預防	（1）及早進行免疫接種是預防本病的最有效方法。 （2）市面上普遍使用的疫苗有犬二聯疫苗（犬瘟熱、犬細小病毒病）、犬四聯疫苗（犬瘟熱、犬細小病毒病、犬副流感、腺病毒 2 型感染）等。免疫程序可參考： ①4 週齡首免（二聯苗），6 週齡二免（二聯苗），8 週齡三免（四聯苗），11 週齡四免（四聯苗）。 ②6 週齡首免（四聯苗），9 週齡二免（四聯苗），12 週齡三免（四聯苗）。 之後每年加強免疫一次，可達到 80% 以上的保護率。但要注意新購入犬需在隔離 2 週後一切正常時，方可注射疫苗。

2	綜合防控	(1) 堅持自繁自養，不隨意購進犬。 (2) 對外購犬需隔離觀察 2 週。 (3) 發現病犬應立即進行隔離消毒。對犬舍及場地用 2%～4% 氫氧化鈉溶液或 10%～20% 漂白粉溶液等進行反覆消毒。 (4) 病犬由專人照料，做好消毒、治療、護理工作。 (5) 對密切接觸犬可用高免血清進行緊急注射。
3	治療	(1) 治療期間為減輕腸胃負擔需對病犬停食、停水至少 3d；因細小病毒感染會導致犬循環障礙，要做好保暖工作。 (2) 對因治療：可選用細小病毒單株抗體或高免血清或康復犬血清，配合犬用干擾素或聚肌胞等。 (3) 營養支持療法：停食、停水後為維持犬的營養與水分需要可選用 5% 葡萄糖、0.9% 氯化鈉以及能量合劑輸液。 (4) 對症治療：①犬嘔吐可選用的藥物有鹽酸消旋山莨菪鹼（654-2）、胃復安、阿托品等。②犬止血可選用的藥物有安絡血、止血敏、維他命 K 等。 (5) 防繼發感染：主要針對腸道革蘭氏陰性菌，可選用的藥物有氨苄西林鈉、頭孢拉定等。 (6) 提高病犬免疫力：可選用免疫球蛋白、黃耆多醣等藥物，可在一定程度上增加康復機率。 (7) 防併發症：①預防酸中毒：病犬大量嘔吐、腹瀉易導致體液離子失衡及代謝性酸中毒，可選用乳酸林格液、碳酸氫鈉等預防或治療。②預防腸套疊：犬感染細小病毒後會引起腸蠕動紊亂，易導致腸套疊，需要每日進行觸診檢查。減緩腸蠕動可選用阿托品或鹽酸消旋山莨菪鹼（654-2）。③預防心肌炎：腸炎型細小病毒隨著病程發展易引起心肌炎症狀，要注意每日聽診。

案例分析	針對導入的案例，在教師指導下完成附錄的學習任務單

複習與練習題

一、是非題

（　）1. 犬細小病毒病是一種急性、高度接觸性傳染病，多發生於幼犬。

（　）2. 犬細小病毒可以感染所有犬，但小於 4 週齡的犬和大於 5 歲的犬發生率最低。

（ ）3. 犬細小病毒病根據臨床症狀可分為心肌炎型和腸炎型。

（ ）4. 犬細小病毒病的傳染源是病犬和康復犬。

（ ）5. 犬主人不經意接觸到病毒汙染的物品和環境，可成為本病的機械傳染者。

（ ）6. 患細小病毒病的犬在不治療的情況下，可出現快速脫水、消瘦、眼球下陷、可視黏膜蒼白、稀便從肛門流出等現象。

（ ）7. 在治療細小病毒病過程中要求停食、停水。

（ ）8. 心肌炎型犬細小病毒病發病突然，可引起心律不齊、心臟衰竭，患病犬幾小時內死亡，致死率高於腸炎型。

（ ）9. 細小病毒病的兩種類型，常出現合併感染或繼發感染。

（ ）10. 感染細小病毒的犬一定會出現血便。

二、單選題

1. 犬細小病毒病的流行病學特徵是（ ）。

A. 有明顯的季節性

B. 主要經呼吸道傳染

C. 斷乳前後的幼犬易感性最高

D. 3～4 週齡的犬以腸炎為多

E. 8～10 週齡的犬以致死性心肌炎較多

2. 犬細小病毒病的感染途徑有直接接觸和間接接觸感染兩種，以下不屬於間接接觸感染的是（ ）。

A. 嗅聞到帶毒的糞便後感染

B. 啃咬主人的鞋子後感染

C. 和帶毒犬一起玩耍後感染

D. 因家裡犬病死後又養一隻，又發病

3. 犬細小病毒病的潛伏期是（ ）。

A. 7～14d　B. 15～21d　C. 1～7d　D. 15～30d

4. 臨床上治療犬細小病毒病，會選擇停食、停水，輸液治療，治療中犬在不嘔吐的情況下，醫生還會開具鹽酸消旋山莨菪鹼，最主要原因是該藥（ ）。

A. 可鬆弛胃腸道平滑肌，抑制其蠕動

B. 可抑制消化道腺體分泌

C. 可解除血管痙攣，改善微循環

D. 可解除胃腸道痙攣，緩解疼痛

5. 心肌炎型犬細小病毒病，多發的年齡段是（ ）。

A. 8～10 週齡　B. 3～4 週齡　C. 3～6 月齡　D. 5 歲以上

6. 患細小病毒病的犬，（ ）中含毒量最高。

A. 嘔吐物　B. 糞便　C. 血液　D. 尿液

7. 犬出現便血症狀，可選用（　）進行止血治療。

A. 維他命 C　　B. 維他命 K　　C. 葡萄糖酸鈣　　D. 鹽酸消旋山莨菪鹼

8. 3 月齡幼犬出現嘔吐、腹瀉，帶到寵物醫院檢查，排除中毒及進行常規檢查外，最有必要的輔助檢查是（　）。

A. 血常規　　B. 糞便鏡檢

C. CDV、CPV 抗原檢測　　D. 血液生化檢查

9. 犬高免血清可用康復犬的血液經離心製備，用於預防和治療烈性傳染病，其中起治療作用的主要成分是（　）。

A. 病毒抗體　　B. 病毒抗原

C. 抗原抗體複合物　　D. 血漿蛋白

10. 患細小病毒病的幼犬，為了防止腸道繼發感染，優先選用的抗生素是（　）。

A. 慶大黴素　　B. 紅黴素　　C. 卡那黴素　　D. 小諾米星

習題答案

一、是非題

1.√　2.√　3.√　4.×　5.√　6.√　7.√　8.√　9.√　10.×

二、單選題

1.C　2.C　3.A　4.B　5.B　6.B　7.B　8.C　9.A　10.D

實訓七　犬細小病毒病的實驗室快速診斷

犬細小病毒病診斷包括臨床綜合診斷和實驗室診斷。臨床綜合診斷即從病原、流行病學、臨床症狀、病理變化幾個方面進行綜合診斷，做出初步診斷。確診需要進行實驗室診斷，具體方法包括電鏡觀察病毒粒子、病毒分離、免疫色譜分析法等。其中，臨床診療工作中應用最為廣泛的是免疫色譜分析法，即應用犬細小病毒病膠體金快速檢測診斷試劑盒進行快速診斷。

內容	要　點
訓練目標	掌握犬細小病毒病的實驗室快速診斷法。
考核內容	1. 犬細小病毒病快速檢測試紙的操作方法。 2. 犬細小病毒病快速檢測試紙的結果判定。

內容與方法		
序號	內容	要　點
1	器材	犬細小病毒病快速檢測試紙、可疑患犬、體溫計、保定用具。
2	試劑	生理鹽水、酒精棉球、乾棉球。
3	操作方法	(1) 犬細小病毒病快速檢測試紙使用前的準備：從冰箱取出，平放於操作臺，並恢復至室溫。 (2) 動物保定：紮口保定或伊麗莎白頸圈保定、懷抱保定或者站立保定。 (3) 取樣：用棉花棒取適量直腸新鮮糞便，將棉花棒浸入樣品稀釋管，充分攪拌混勻後，靜置 1min。 (4) 加樣：用一次性滴管取上清液作為檢測液，緩慢將 3 滴不含氣泡的檢測液加入加樣孔中。5min 後判讀結果。
4	結果判定	(1) 無效結果：C 線不顯示紅色色帶，無論 T 線是否顯示紅色色帶，均判為無效，建議使用新試紙卡按說明書要求重新檢測。 (2) 陰性：C 線顯示紅色色帶，T 線不顯示紅色色帶，判為陰性。 (3) 陽性：C 線及 T 線均顯示紅色色帶，無論顏色深淺，均判為陽性。

實訓報告	在教師指導下完成附錄的實訓報告

複習與練習題

一、是非題

（　）1. 犬細小病毒病是人獸共患病。

（　）2. 犬細小病毒病是一種急性、高度接觸性、致死性傳染病。

（　）3. 犬細小病毒病的病原是犬細小病毒。

（　）4. 犬細小病毒的血清型有 4 個。

（　）5. 按臨床症狀分，犬細小病毒病分為腸炎型和心肌炎型。

（　）6. 犬細小病毒病耐過犬可獲得堅強的免疫力，終身不免疫也不會感染該病。

（　）7. 獸醫臨床上，犬細小病毒病是用 CPV 診斷試劑盒診斷的。

（　）8. 犬細小病毒病的診斷分臨床診斷和實驗室診斷。

（　）9. 沒有完成基礎免疫的幼犬，對犬細小病毒抵抗力最弱。

（　）10. 用 CPV 診斷試劑盒檢測犬細小病毒時，當位置 C 顯示紅色或紫紅色線條，而位置 T 同時顯示出紅色或紫紅色線條時，判為陽性。

二、單選題

1. 以下是犬細小病毒病主要症狀的是（　）。
   A. 精神沉鬱　B. 排血便　C. 二元熱　D. 食慾廢絕
2. 關於心肌炎型犬細小病毒病的主要症狀，以下描述錯誤的是（　）。
   A. 頻繁嘔吐　B. 排番茄汁樣有特殊腥臭味的血便
   C. 嚴重脫水　D. 足掌（足墊）、鼻端皮膚角質化
3. 患細小病毒病的犬，（　）中含毒量最低。
   A. 嘔吐物　B. 糞便　C. 血液　D. 尿液
4. 犬出現便血症狀，不可選用（　）進行止血治療。
   A. 維他命 C　B. 維他命 K　C. 止血敏　D. 止血芳酸
5. 犬出現嘔吐帶血的症狀，不可選用（　）進行止吐治療。
   A. 胃復安　B. 愛茂爾　C. 維他命 B_6　D. 阿托品
6. 患犬細小病毒病的幼犬，為防止腸道繼發感染，不會選用（　）。
   A. 慶大黴素　B. 青黴素　C. 卡那黴素　D. 小諾米星
7. 關於犬細小病毒病的主要病理變化，以下描述正確的是（　）。
   A. 心包積液　B. 肺充血、出血
   C. 胃、腸黏膜腫脹、充血出血，大腸常有過量黏液　D. 以上都是
8. 以下屬於犬細小病毒病的實驗室診斷方法的是（　）。
   A. 包含體檢查　B. 病毒分離　C. 試紙快速診斷法　D. 以上都是
9. 採用試紙快速診斷法診斷犬細小病毒病時，（　）min 後可判斷結果。
   A. 1～3　B. 3～5　C. 5～10　D. 10～15
10. 採用試紙快速診斷法診斷犬細小病毒病時，一般會出現的結果是（　）。
    A. 陽性　B. 陰性　C. 無效　D. 以上都有可能

習題答案

一、是非題

1. × 2.√ 3.√ 4. × 5.√ 6. × 7.√ 8.√ 9.√ 10.√

二、單選題

1.B 2.D 3.D 4.A 5.A 6.B 7.D 8.D 9.C 10.D

任務二　犬冠狀病毒病

犬冠狀病毒病（Canine coronavirus disease）是由犬冠狀病毒引起犬的一種急性接觸性傳染病，臨床特徵表現為急性胃腸炎症候群，包括劇烈嘔吐、腹瀉、精神沉鬱及厭食等。

內容		要　點
訓練目標		會進行犬冠狀病毒病的診斷、防治。
案例導入	概述	拉布拉多犬，4 月齡，雄性，體重 5kg，未接種疫苗，未進行體內驅蟲。主訴該犬於就診前 4d 從寵物市場購入，當時精神、飲食、飲水等狀態均正常，回家後用犬糧飼餵，2d 後，開始出現精神不振、食慾減退，繼而出現嘔吐、腹瀉，隨著病情的發展，開始排番茄醬樣稀便。臨床檢查可見：精神沉鬱，食慾廢絕，可視黏膜蒼白，體溫 39.7℃，脫水症狀明顯；彎腰弓背，步態不穩，觸診有明顯的腹痛感，頻有嘔吐動作，初診疑似犬冠狀病毒病。
	思考	1. 如何確診犬冠狀病毒病? 2. 在診治犬冠狀病毒病時，我們需要具備哪些素養?

內容與方法		
一、臨床綜合診斷		
序號	內容	要　點
1	流行病學特點	(1) 易感動物：犬、狐等犬科動物，以 2～4 月齡發生率最高，有些毒株可感染豬和貓。 (2) 傳染源：病犬、帶毒犬的糞便及其造成的環境汙染物。 (3) 傳染途徑：消化道傳染。 (4) 一定季節性：一年四季可發病，但以冬季多發。
2	臨床症狀	(1) 潛伏期 1～3d。 (2) 急性胃腸炎：①多數病犬不發燒；②食慾減退，厭食；③精神沉鬱，嗜睡；④腹瀉，有時在腹瀉前出現嘔吐，糞便為橘黃色，有時可出現血便。 (3) 通常 7～10d 內康復。
3	病理變化	(1) 早期小腸出現局部炎症、鼓氣。 (2) 後期整個小腸出現炎性壞死，腸繫膜淋巴結水腫，漿膜呈紫紅色，腸繫膜血管呈樹枝狀瘀血。 (3) 腸黏膜脫落，出現果醬樣腸內容物。 (4) 胃黏膜可見出血。 (5) 如腹瀉嚴重或持續時間較長，可出現腸套疊。

二、實驗室診斷		
序號	方法	要　點
1	血清學檢查	(1) 中和試驗。 (2) 乳膠凝集試驗。 (3) 酶聯免疫吸附試驗（ELISA）。

三、防治措施		
序號	內容	要　點
1	綜合防控	(1) 疫苗預防：可使用犬冠狀病毒病弱毒苗，但是疫苗對犬冠狀病毒的感染不能起到完全保護作用，主要是由於犬冠狀病毒感染侷限於腸道表面的局部。 (2) 避免犬接觸傳染源。 (3) 保持欄舍乾燥、衛生，及時清理糞便。 (4) 定期消毒，加強飼養管理。
2	治療	(1) 隔離治療。 (2) 特異性治療：使用抗病毒高免血清。 (3) 對症治療：止吐、止瀉、止血等。 (4) 支持療法：維持電解質和體液平衡，提高機體抵抗力。
案例分析		針對導入的案例，在教師指導下完成附錄的學習任務單

複習與練習題

一、是非題

(　) 1. 犬冠狀病毒病潛伏期無任何症狀，難以被發現，但對健康寵物有較大威脅。

(　) 2. 犬冠狀病毒病在急性期的特徵性症狀是反覆嘔吐、腹瀉，脫水。

(　) 3. 犬冠狀病毒病易與犬細小病毒病、輪狀病毒病併發，死亡率高。

(　) 4. 犬冠狀病毒病治療早期不需要禁食、禁水。

(　) 5. 犬冠狀病毒病目前無疫苗可用於免疫。

(　) 6. 冠狀病毒是無囊膜的病毒，臨床上比較容易殺滅。

(　) 7. 犬冠狀病毒可以感染人。

(　) 8. 犬冠狀病毒病主要侵害呼吸系統，以發燒、咳嗽、呼吸困難為主要特徵。

(　) 9. 犬冠狀病毒病主要侵害高齡犬。

(　) 10. 犬冠狀病毒與新型冠狀病毒同屬冠狀病毒科、冠狀病毒屬。

二、單選題

1. 犬冠狀病毒病的主要傳染途徑不包括（　）。
   A. 空氣傳染　B. 汙染物接觸傳染　C. 消化道傳染　D. 糞便傳染
2. 犬冠狀病毒病的主要症狀不包括（　）。
   A. 嘔吐　B. 咳嗽　C. 腹瀉　D. 厭食
3. 犬冠狀病毒主要以侵害（　）為主。
   A. 消化系統　B. 呼吸系統　C. 神經系統　D. 免疫系統
4. 犬冠狀病毒病的病原縮寫是（　）。
   A. CCV　B. CPV　C. CPIV　D. CAV
5. 犬冠狀病毒病易與（　）混合感染，死亡率增高。
   A. 犬瘟熱　B. 犬細小病毒病　C. 犬副流感　D. 犬流感
6. 犬冠狀病毒病各年齡段犬均可發病，其中以（　）受害嚴重。
   A. 成年公犬　B. 幼犬　C. 成年母犬　D. 高齡犬
7. 犬冠狀病毒病在（　）階段症狀最典型，具有臨床診斷意義。
   A. 潛伏期　B. 前驅期　C. 急性期　D. 恢復期
8. 犬冠狀病毒病在（　）階段檢測抗體具有診斷指導意義。
   A. 潛伏期　B. 前驅期　C. 急性期　D. 恢復期
9. （　）和犬冠狀病毒同屬冠狀病毒科、冠狀病毒屬。
   A. 犬瘟熱病毒　B. 犬細小病毒　C. 貓瘟熱病毒　D. 新型冠狀病毒
10. CCV 是以下哪個疾病的病原體？（　）。
   A. 犬瘟熱　B. 犬細小病毒病　C. 新型冠狀病毒病　D. 犬冠狀病毒病

習題答案

一、是非題

1.√　2.√　3.√　4.×　5.×　6.×　7.×　8.×　9.×　10.√

二、單選題

1.A　2.B　3.A　4.A　5.B　6.B　7.C　8.D　9.D　10.D

任務三　犬瘟熱

犬瘟熱（Canine distemper）是由副黏病毒科、麻疹病毒屬的犬瘟熱病毒引起的一種急性、高度接觸性傳染病。其特徵性症狀是二元發燒型態、急性卡他性鼻炎、卡他性肺炎、胃腸炎和神經症狀。

內容	要　點	
訓練目標	會進行犬瘟熱的診斷、防治。	
案例導入	概述	西高地白梗，3 月齡，雄性，體重 3.7kg。主訴：購入 1 週，已接種 2 針疫苗。就診當天早晨發現該犬食慾不振，咳嗽並有嘔吐。患犬體溫 39℃，呼吸為 30 次/min，精神沉鬱，觸診下顎淋巴結腫大。初診疑似犬瘟熱。
		1. 如何確診犬瘟熱? 2. 如何防控犬瘟熱? 3. 作為未來獸醫，我們要具備哪些素養?

內容與方法

一、臨床綜合診斷

序號	內容	要　點	
1	流行病學特點	(1) 易感動物：犬科，鼬科，浣熊科的浣熊，小熊貓科的小熊貓等。	
		(2) 傳染源：病犬、帶毒犬是主要傳染源，其次是患本病的其他動物、帶毒動物。	
		(3) 傳染途徑：主要透過呼吸道感染，其次是消化道感染，也可經眼結膜、口鼻黏膜、陰道黏膜、直腸黏膜感染。	
		(4) 流行特點	①不同品種、年齡、性別的犬均可發病。 ②1 歲以內的犬，尤其是 3～6 月齡的幼犬多發。 ③純種犬發生率高於雜種犬。 ④一年四季可發病，以寒冷季節多發。 ⑤每 2～3 年發生一次大流行，但近幾年週期性不明顯。

2	臨床症狀	(1) 神經型	①後肢一側（肢）或兩肢跛行、乏力；後肢或四肢麻痺。 ②咀嚼肌、四肢出現陣發性抽搐。 ③陣發性吼叫、呻吟。 ④突發性奔跑、轉圈、癲癇。 ⑤站立姿勢異常、步態不穩、共濟失調。
		(2) 胃腸型	①食慾廢絕、嘔吐。 ②糞便稀或呈水樣。 ③血糞（糞色暗紅或鮮紅）、糞中帶血。 ④間斷性、反覆發作。
		(3) 肺型	①體溫持續升高。 ②頑固性流膿性鼻液、咳嗽、鼻鏡乾裂、呼吸困難，有時可聽到囉音。
		(4) 皮膚型	①皮膚有出血點或出血斑。 ②下腹部、大腿內側、外耳道發生水疱性或膿疱性皮疹。
		(5) 足掌眼型	①足掌（足墊）、鼻端表皮角質化。 ②眼角膜、眼結膜呈雲霧狀，中央穿孔或有血泡（病重者出現角膜潰瘍、穿孔，失明）。
3	病理變化		(1) 上呼吸道、消化道有不同程度卡他性炎症。 (2) 上呼吸道有黏液或膿性分泌物。 (3) 肺充血、出血。 (4) 胃、腸黏膜腫脹、充血、出血，大腸常有過量黏液。 (5) 肝、脾瘀血、腫大。 (6) 胸腺萎縮，有膠凍樣浸潤。 (7) 腦膜充血、出血，腦脊髓液增多，有非化膿性腦膜炎表現。

二、實驗室診斷

序號	方法	要點
1	免疫色譜分析法	(1) 取樣：用浸有生理鹽水的棉花棒收集犬眼部分泌物、鼻液、唾液等；採集血清或血漿，可用滴管。 (2) 加樣：將棉花棒浸入裝有 300μL 反應緩衝液的樣品收集管，如是血清或血漿，用滴管向裝有 300μL 反應緩衝液的樣品收集管中滴加 2～3 滴血清或者血漿。 (3) 將棉花棒上的樣品和反應緩衝液充分混勻。 (4) 取出試紙，平放於寬敞、乾燥的表面。 (5) 用滴管向樣品孔中緩慢並且精確地加入 4 滴混合液，注意必須準確、緩慢地逐滴加入。

1	免疫色譜分析法	(6) 當反應進行時，會看到紫色條帶在試紙中間的結果窗中移動。 (7) 5～10min 後判斷結果。 (8) 結果判讀： ①當試紙卡位置 C 顯示紅色或紫紅色線條，而位置 T 同時顯示出紅色或紫紅色線條時，判為陽性。 ②當試紙卡位置 C 顯示紅色或紫紅色線條，而位置 T 不顯色時，判為陰性。 ③當試紙卡位置 C 不顯示紅色或紫紅色線條，則無論位置 T 是否顯色，均判為無效，建議使用新試紙卡按說明書要求重新檢測。
2	包含體檢查	(1) 取潔淨玻片，滴生理鹽水 1 滴。 (2) 刀片刮取患犬鼻黏膜、陰道黏膜。 (3) 將刮取物與玻片上生理鹽水混勻，自然乾燥。 (4) 用甲醛固定。 (5) 蘇木素-伊紅染色。 (6) 鏡檢：可見細胞核為藍色、細胞質為淡玫瑰色、包含體為紅色。 (7) 包含體形態觀察：呈橢圓形或圓形，直徑為 1～2μm，1 個細胞可能有1～10 個多形性包含體。
3	螢光抗體試驗	(1) 取發病後 2～5d 病例的血液白血球層、發病後5～21d病例的眼結膜或生殖道上皮細胞塗片。 (2) 螢光抗體染色。 (3) 鏡檢：觀察有無特異螢光。

三、防控措施

序號	內容	要點
1	疫苗免疫	(1) 選擇合適的疫苗。 (2) 制定適宜的免疫程序。 (3) 檢查動物健康情況。 (4) 按照免疫接種操作規程進行疫苗接種。
2	治療	(1) 胃腸型： ①CDV 單株抗體：每天每公斤體重 0.5～1.0mL，每天 1 次，連用 3～7d，皮下注射；視情況進行第二療程。 ②抗 CDV 高免血清：每天每公斤體重 0.5～1.0mL，每天 1 次，連用 3～7d，皮下注射；視情況進行第二療程。 ③含 CDV 抗體的全血：每天每公斤體重 5～7mL，靜脈注射或皮下注射。可間隔 2～3d 用同一供血犬的血治療 1～2 次。 ④輸液：首選林格液或乳酸林格液，或用 0.9%氯化鈉溶液 1 份和 5%葡萄糖溶液 2 份，或用 5%葡萄糖氯化鈉 1 份，靜脈滴注，每天1～2 次，直至病情明顯好轉。輸液量為每次每公斤體重20～50mL，應根據病情變化進行調整。

2	治療	(1)胃腸型	⑤最好做藥敏試驗來選擇相應藥物：一般可選小諾米星、林可黴素、頭孢拉定、雙黃連等。 ⑥抗病毒：可用干擾素、利巴韋林或雙黃連等。 ⑦止血：可用止血敏、止血芳酸、維他命 K、安絡血等。 ⑧止吐：可用阿托品、胃復安、氯丙嗪、維他命 B_6 等。 ⑨退燒（體溫升高者）：可用雙黃連、清開靈等中成藥，或安乃近、氨基比林等。 ⑩改善酸中毒：可用乳酸林格液或碳酸氫鈉。
		(2)肺型	①抗病毒、中和毒素：可用 CDV 單抗、抗 CDV 高免血清，輸含 CDV 抗體的全血；也可用免疫球蛋白、干擾素、利巴韋林、雙黃連等。 ②防繼發感染：可用頭孢拉定、阿米卡星、卡那黴素、先鋒黴素、磺胺類藥物等。 ③抗過敏：可用地塞米松、氫化可的松等。 ④退燒：可用雙黃連、清開靈、安乃近、氨基比林等。 ⑤輸液：首選林格液或乳酸林格液，或用 0.9% 氯化鈉溶液 1 份和 5% 葡萄糖溶液 2 份，或用 5% 葡萄糖氯化鈉 1 份，靜脈滴注，每天1～2 次，直至病情明顯好轉。輸液量為每次每公斤體重 20～50mL，應根據病情變化進行調整。 ⑥對症治療：如化痰、止咳、平喘等。
		(3)神經型	①鎮靜：可用苯巴比妥鈉、2% 氯丙嗪等。 ②抗病毒、中和毒素：可用 CDV 單抗、抗 CDV 血清、免疫球蛋白、干擾素等。 ③防繼發感染：可用甲硝唑、磺胺類藥物、頭孢拉定、雙黃連等。 ④輸液：首選林格液或乳酸林格液，或用 0.9% 氯化鈉溶液 1 份和 5% 葡萄糖溶液 2 份，或用 5% 葡萄糖氯化鈉 1 份，靜脈滴注，每天1～2 次，直至病情明顯好轉。輸液量為每次每公斤體重 20～50mL，應根據病情變化進行調整。 ⑤對症治療：如化痰、止咳、平喘等。

案例分析	針對導入的案例，在教師指導下完成附錄的學習任務單

育人故事

是什麼阻止了熊貓與「汪星人」的會面？

「遊客，您好，請不要攜帶犬進入園區，謝謝配合。」在中國四川成都大熊貓繁育研究基地經常出現這樣的勸導情景。

是什麼原因阻止了「國寶」熊貓與「汪星人」的會面？那就是犬瘟熱。犬是最容易攜帶犬瘟熱病毒的動物，熊貓基地之所以禁止寵物犬進入，就是為了避免大熊貓感染犬瘟熱。2014 年 12

月至2015年2月，陝西圈養的大熊貓爆發犬瘟熱疫情，多隻大熊貓感染、發病並迅速死亡。死亡大熊貓感染的犬瘟毒株與附近地區病死家犬體內分離出的犬瘟熱病毒毒株親緣關係高度接近。

那麼，大熊貓與犬難道就不能友好相處了嗎？

對家養犬而言，主人應嚴格管理自己的愛犬，定期登記、接種疫苗。同時，參觀野生動物園時，一定要嚴格遵守園區規定，切勿私自將犬帶入。從野生動物保護機構和動物園角度而言，應及時給動物接種疫苗並嚴格做好消毒防疫措施，並對社區周邊的居民進行科普宣傳教育。

評析	1. 疫情防控工作既需要專業工作人員，也需要公眾的共同力量。 2. 科普宣傳是有效的疫情防控手段。

複習與練習題

一、是非題

（ ）1. 犬瘟熱是一種急性、高度接觸性、致死性傳染病，也是人獸共患病。

（ ）2. 3歲犬按時接種疫苗，不會再患犬瘟熱。

（ ）3. 犬瘟熱是一種慢性、高度接觸性、致死性傳染病。

（ ）4. 按臨床症狀不同，犬瘟熱分為神經型、胃腸型、皮膚型、足掌眼型。

（ ）5. 獸醫臨床上，犬瘟熱是用CPV診斷試劑盒診斷的。

（ ）6. 犬瘟熱的診斷分臨床診斷和實驗室診斷。

（ ）7. 沒有完成基礎免疫的幼犬，抵抗力較弱。

（ ）8. 獸醫臨床上，犬瘟熱是用CDV診斷試劑盒診斷的。

（ ）9. 耐過犬瘟熱的犬可獲得堅強的免疫力。

二、單選題

1. 患病犬在發病後，最初體溫升高到39.5～41℃，持續1～3d。然後病犬體溫趨於正常，精神、食慾有所好轉。幾天後又出現第二次體溫升高，持續一週或更長時間。請問該病犬的這種發燒型態屬於（ ）。

A. 滯留熱　B. 二元熱　C. 弛張熱　D. 間歇熱

2. 使用犬瘟熱試紙診斷犬瘟熱時，取（ ）進行檢查。

A. 眼分泌物、鼻液、唾液和皮屑　B. 眼分泌物、鼻液、唾液和血液
C. 眼分泌物、皮屑和血液　D. 皮屑、鼻液、唾液和尿液

3. 弛張熱發燒型態的體溫日差為（ ）。

A. 1℃以內　B. 1℃以上　C. 2℃以上　D. 3℃以上

4. 犬的正常呼吸式是（ ）。

A. 胸腹式呼吸　B. 胸式呼吸　C. 腹式呼吸　D. 以上都是

5. 幼犬的正常體溫是（ ）。

A. 36.0～36.5℃　B. 38.5～39.2℃　C. 39.0～39.7℃　D. 36.5～37.5℃

6. 以下是犬瘟熱主要症狀的是（　）。

A. 精神沉鬱　B. 食慾下降　C. 二元熱　D. 食慾廢絕

7. 關於神經型犬瘟熱的主要症狀，以下描述錯誤的是（　）。

A. 轉圈、癲癇

B. 站立姿勢異常、步態不穩、共濟失調

C. 後肢一側（肢）或兩肢跛行、乏力，後肢或四肢麻痺

D. 足掌（足墊）、鼻端表皮角質化

8. 關於胃腸型犬瘟熱的主要症狀，以下描述正確的是（　）。

A. 糞便稀或呈水樣　B. 血糞（糞色暗紅或鮮紅）、糞中帶血。

C. 嘔吐、腹瀉，反覆發作　D. 以上都是

9. 關於肺型犬瘟熱的主要症狀，以下描述正確的是（　）。

A. 體溫持續升高　B. 頑固性流膿性鼻液

C. 咳嗽、呼吸困難　D. 以上都是

10. 關於皮膚型犬瘟熱的主要症狀，以下描述正確的是（　）。

A. 皮膚有出血點或出血斑

B. 下腹部、大腿內側、外耳道發生水疱性皮疹

C. 下腹部、大腿內側、外耳道發生膿疱性皮疹

D. 以上都是

習題答案

一、是非題

1.×　2.×　3.×　4.×　5.×　6.√　7.√　8.√　9.√

二、單選題

1.B　2.B　3.B　4.B　5.B　6.C　7.D　8.D　9.D　10.D

實訓八　犬瘟熱的實驗室快速診斷

犬瘟熱的診斷包括臨床綜合診斷和實驗室診斷。臨床綜合診斷從病原、流行病學、臨床症狀、病理變化幾個方面進行綜合診斷，做出初步診斷。確診需要進行實驗室診斷，實驗室診斷方法包括包含體檢查、螢光抗體試驗、中和試驗、補體結合試驗、酶標抗體技術、免疫色譜分析法等。其中，臨床中應用最為廣泛的是免疫色譜分析法，即用犬瘟熱膠體金快速檢測診斷試劑盒進行快速診斷。

內容	要　點
訓練目標	掌握犬瘟熱的實驗室快速診斷法。
考核內容	1. 犬瘟熱的實驗室快速診斷操作方法。 2. 犬瘟熱的實驗室快速診斷的結果判定。

內容與方法		
序號	內容	要　點
1	器材	犬瘟熱快速檢測試紙、可疑患犬、體溫計、保定用具。
2	試劑	生理鹽水、酒精棉球、乾棉球。
3	操作方法	（1）犬瘟熱快速檢測試紙使用前的準備：從冰箱取出，平放於操作臺，並恢復至室溫。 （2）動物保定：紮口或用伊麗莎白頸圈保定、懷抱保定或者站立保定。 （3）取樣：用棉花棒取鼻液、唾液、眼分泌物，將棉花棒浸入樣品稀釋管，充分攪拌混勻後，靜置 1min；或用一次性採血器採血 2mL，靜置，透過離心的方法分離血清；向稀釋管中滴加 2～3 滴血清，攪拌均勻，靜置 1min。 （4）加樣：用一次性滴管取上清液作為檢測液，緩慢將 3 滴不含氣泡的檢測液加入加樣孔中。5～10min 後判讀結果。
4	結果判定	（1）無效結果：C 線不顯示紅色色帶，則無論 T 線是否顯示紅色色帶，均判為無效。建議重新檢測。 （2）陰性：C 線顯示紅色色帶，T 線不顯示紅色色帶，則判為陰性。 （3）陽性：C 線及 T 線均顯示紅色色帶，無論顏色深淺，均判為陽性。

實訓報告	在教師指導下完成附錄的實訓報告

複習與練習題

一、是非題

（　）1. 犬瘟熱是人獸共患病。

（　）2. 犬瘟熱的病原是犬瘟熱病毒。

（　）3. 犬瘟熱病毒的血清型有 4 個。

（　）4. 耐過犬瘟熱的犬可獲得堅強的免疫力，終身不免疫也不會感染犬瘟熱。

（　）5. 獸醫臨床上，犬瘟熱是用 CDV 診斷試劑盒診斷的。

（　）6. 用 CDV 診斷試劑盒檢測犬瘟熱感染情況時，當位置 C 顯示紅色或紫紅色線條，而位置 T 同時顯示紅色或紫紅色線條時，判為陽性。

二、單選題

1. 以下是犬瘟熱主要症狀的是（　）。
   A. 精神沉鬱　B. 食慾下降　C. 二元熱　D. 食慾廢絕
2. 關於足掌眼型犬瘟熱的主要症狀，以下描述正確的是（　）。
   A. 足掌（足墊）表皮角質化
   B. 眼角膜、眼結膜呈雲霧狀，中央穿孔或有血疱
   C. 鼻端表皮角質化
   D. 以上都是
3. 關於犬瘟熱的主要病理變化，以下描述正確的是（　）。
   A. 上呼吸道有黏液或膿性滲出物
   B. 肺充血、出血
   C. 胃、腸黏膜腫脹、充血、出血，大腸常有過量黏液
   D. 以上都是
4. 以下屬於犬瘟熱的實驗室診斷方法的是（　）。
   A. 包含體檢查　B. 病毒分離
   C. 試紙快速診斷法　D. 以上都是
5. 在進行試紙快速診斷法診斷犬瘟熱時，（　）min 後可判斷結果。
   A. 1～3　B. 3～5　C. 5～10　D. 10～15
6. 採用試紙快速診斷法診斷犬瘟熱時，一般會出現的結果是（　）。
   A. 陽性　B. 陰性　C. 無效　D. 以上都有可能

習題答案

一、是非題

1.× 2.√ 3.× 4.× 5.√ 6.√

二、單選題

1.C 2.D 3.B 4.B 5.C 6.D

任務四　犬副流感

犬副流感（Canine parainfluenza）是由犬副流感病毒引起的一種呼吸道傳染病，主要表現為突然發燒、流鼻液和咳嗽，是幼犬常見的呼吸系統疾病之一。

內容		要　點
訓練目標		會進行犬副流感的診斷、防治。
案例導入	概述	某犬舍自己繁育的32隻幼犬陸續出現咳嗽、流涕、發燒等症狀。主訴：起初只有一窩2月齡幼犬出現咳嗽、發燒，並未引起重視，但短短幾天迅速蔓延至大部分幼犬，而成年犬除個別表現輕微症狀外，大部分均無明顯症狀。初診疑似犬副流感。
	思考	1. 如何確診犬副流感? 2. 如何對該病例進行治療? 3. 從公共衛生安全角度闡述如何防控該病。

內容與方法

一、臨床綜合診斷

序號	內容	要　點
1	流行病學特點	(1) 易感動物：自然感染宿主有人、猴、犬、牛、羊、馬、家兔、豚鼠、倉鼠、小鼠、禽類以及某些野生動物，雪貂對犬副流感病毒（CPIV）氣溶膠也易感。幼犬較成年犬易感。 (2) 傳染源：急性期發病動物為主要傳染源。 (3) 傳染途徑：水平傳染，直接或間接經呼吸道感染。 (4) 流行特點：①潛伏期：一般為4～6d。②易混合感染：易繼發支氣管敗血博德氏桿菌和支原體感染。③病程：單獨感染時病程1週至數週，可自癒。
2	臨床症狀	突然發病，迅速傳染，以呼吸系統症狀為主，也可侵害神經系統，具體如下： (1) 體溫升高，精神倦怠，厭食。 (2) 結膜潮紅，流淚。 (3) 打噴嚏，流漿液性或膿性鼻液，咳嗽。

2	臨床症狀	(4) 聽診：支氣管呼吸音粗，心跳加快，嚴重時出現心律不齊。 (5) 若感染神經系統，可表現為後軀麻痺和運動失調（即病犬後肢可支撐身體，但不能行走；膝關節、腓腸肌反射和自體感覺不敏感）。 (6) 混合感染時，病情加重。
3	病理變化	(1) 剖檢可見鼻孔周圍有漿液性或黏液性鼻漏，氣管、支氣管內有大量炎性滲出物。 (2) 扁桃體紅腫，肺部邊緣不整齊，表面有點狀出血。 (3) 神經型病犬可見腦皮質壞死、急性腦脊髓炎和腦內積水。

二、實驗室診斷

序號	方法	要　點
1	病毒分離鑑定	(1) 採樣：取病例發病早期的呼吸道分泌物。 (2) 接種液製備：對樣品進行除菌後，取上清液。 (3) 接種：接種犬和猴腎原代或傳代細胞及 Vero 細胞。 (4) 結果判讀：若出現多核的融合細胞，且細胞具有吸附豚鼠紅血球的特性；或培養物可凝集綿羊或人的紅血球，並可被特異性抗體抑制，即可確診。
2	CPIV 免疫膠體金檢測試紙	(1) 用棉花棒分別採集病犬眼、鼻分泌物及唾液。 (2) 在專用的診斷稀釋液中充分擠壓洗滌。 (3) 用吸管吸取稀釋後的病料上清液並滴加到診斷試劑盒的加樣孔中，任其自然擴散。 (4) 10min 內觀察結果。 (5) 結果判定：①若 C、T 對應位置均出現紅線則判為陽性。②若 C 對應位置出現紅線，而 T 對應位置無色則判為陰性。③若 C 對應位置無色，無論 T 線是否出現均判為無效，需重新檢測。
3	螢光抗體試驗	用螢光標記的特異性抗體，與氣管、支氣管上皮細胞進行反應，若細胞出現特異螢光，即可確診。

三、防治措施

序號	內容	要　點
1	預防	(1) 及早進行免疫接種是預防本病的最有效方法。可選用犬四聯苗（犬瘟熱、副流感、腺病毒Ⅱ型感染、細小病毒病）進行預防接種。 (2) 建議免疫程序：6 週齡首免，9 週齡二免，12 週齡三免，之後每年加強免疫一次。注意：新購犬隻，需隔離 2 週後一切正常時，方可接種疫苗。

2	綜合防控	(1) 加強飼養管理，做好環境消毒工作。 (2) 對外購犬需隔離觀察 2 週。 (3) 發現病犬應立即進行隔離消毒。對犬舍及場地用 2%～4% 氫氧化鈉溶液或 10%～20% 漂白粉溶液等進行反覆消毒。 (4) 病犬由專人照料，做好消毒、治療、護理工作。 (5) 對密切接觸犬可用高免血清進行緊急注射。
3	治療	(1) 對因治療：針對犬副流感病毒，可選用高免血清或康復犬血清，配合犬用干擾素、利巴韋林等控制。 (2) 營養支持療法：對長期高燒、厭食的犬隻可選用 5% 葡萄糖、0.9% 氯化鈉以及能量合劑輸液。 (3) 對症治療：①發燒：可選用雙黃連、清開靈、安痛定等藥物。②止咳：如複方甘草合劑。③痰液或鼻液過多，可選用霧化治療（霧化器內加入蒸餾水、糜蛋白酶、地塞米松、林可黴素等），以緩解症狀。 (4) 防繼發感染：防繼發感染主要針對支氣管敗血博德氏桿菌、衣原體等，可選用廣譜高效的抗生素，如多西環素等。 (5) 提高患病動物抵抗力：可選用免疫球蛋白、黃耆多醣等藥物，可在一定程度上增加康復機率。

案例分析	針對導入的案例，在教師指導下完成附錄的學習任務單

複習與練習題

一、是非題

(　) 1. 犬副流感病毒的縮寫為 CPIV。

(　) 2. 犬副流感的傳染源是患病犬、帶毒犬及其汙染物。

(　) 3. 犬副流感的傳染途徑有水平傳染和垂直傳染。

(　) 4. 同時飼養兩隻犬時，一隻犬患犬副流感，另一隻犬需要緊急注射高免血清。

(　) 5. 單純副流感病毒感染時通常經 1 週左右可自然康復。

(　) 6. 感染犬副流感病毒的犬常死於繼發感染。

(　) 7. 犬副流感不僅能引起呼吸系統症狀，還能引起神經症狀。

(　) 8. 感染犬副流感病毒的犬，食道及肝、腎含大量病毒。

(　) 9. 犬副流感病毒對熱不穩定，甲醛、氯仿可快速將其滅活。

(　) 10. 預防犬副流感最有效的方法是注射疫苗。

二、單選題

1. 犬副流感病毒的縮寫是（　）。

A. CCV　B. CAV　C. CPV　D. CPIV

2. 犬副流感的臨床症狀不包括（　）。

A. 咳嗽　B. 腹瀉　C. 卡他性鼻炎　D. 發燒

3. 犬副流感病毒主要存在於犬的（　）系統。

A. 呼吸　B. 消化　C. 泌尿　D. 生殖

4. 犬副流感病毒感染在臨診上常與支氣管博德氏桿菌、（　）混合感染。

A. 大腸桿菌　B. 支原體　C. 螺旋體　D. 立克次體

5. 常引起犬發病的壓力因素不包括（　）。

A. 洗澡　B. 換環境、換主人　C. 一直餵一種食物　D. 長途運輸

6. 犬副流感的臨床症狀不包括（　）。

A. 咳嗽　B. 腦內積水　C. 急性腦脊髓炎　D. 嘔吐

7. 犬副流感的潛伏期是（　）。

A. 3～6d　B. 5～7d　C. 9～12d　D. 12～14d

8. 犬副流感病毒屬於副黏病毒科、（　）屬。

A. 副黏病毒　B. 麻疹病毒　C. 水痘病毒　D. 細小病毒

9. 呼吸系統感染的症狀不包括（　）。

A. 咳嗽、流鼻液　B. 氣管、支氣管炎　C. 結膜炎　D. 肺炎

10. 能引起仔犬咳嗽的疾病不包括（　）。

A. 犬瘟熱　B. 犬傳染性喉氣管炎

C. 犬副流感　D. 犬細小病毒病

習題答案

一、是非題

1.√　2.√　3.×　4.√　5.√　6.√　7.√　8.×　9.√　10.√

二、單選題

1.D　2.B　3.A　4.B　5.C　6.D　7.A　8.A　9.C　10.D

任務五　犬傳染性喉氣管炎

犬傳染性喉氣管炎（Canine infectious laryngotracheitis）是由犬腺病毒Ⅱ型引起的以喉氣管炎和肺炎為主要表現的傳染病。其病原是誘發「犬窩咳」的主要病原體之一。

內容	要　點	
訓練目標	會進行犬傳染性喉氣管炎的診斷、防治。	
案例導入	概述	某犬場一犬舍內飼養的 10 隻幼犬相繼出現發燒、精神沉鬱、食慾減退或廢絕，流漿液性或膿性鼻液，不同程度的乾咳或濕咳，發病快，傳染迅速。初診疑似犬傳染性喉氣管炎。
	思考	1. 如何確診犬傳染性喉氣管炎? 2. 如何防控該病?

內容與方法		
一、臨床綜合診斷		
序號	內容	要　點
1	流行病學特點	(1) 易感動物：犬、狐狸、狼，4 月齡以下的幼犬最易感。 (2) 傳染源：患病或帶毒的易感動物。 (3) 傳染途徑：水平傳染，直接或間接經呼吸道感染。 (4) 流行特點　①潛伏期：一般為 5～6d。 ②易與犬瘟熱病毒、犬副流感病毒、犬疱疹病毒以及支氣管敗血博德氏桿菌等混合感染。
2	臨床症狀	(1) 體溫升高到 39.5℃左右，精神倦怠，厭食。 (2) 鼻部流漿液性鼻液，隨呼吸向外噴水樣鼻液。 (3) 咳嗽：前期表現為陣發性乾咳，後表現濕咳，並有痰液，呼吸急促，人工壓迫氣管即可出現咳嗽。 (4) 聽診：有氣管囉音，口腔和咽部檢查可見扁桃體腫大，咽部紅腫。 (5) 病程繼續發展可引起壞死性肺炎，表現為精神沉鬱、不食，並有嘔吐和腹瀉症狀出現。

3	病理變化	(1) 鼻腔和氣管有多量黏液性或膿性分泌物。 (2) 咽喉部黏膜腫脹並有出血點，扁桃體腫大、肺門淋巴結腫大。 (3) 肺膨脹不全，有的支氣管內積有膿性分泌物或血樣分泌物。

二、實驗室診斷		
序號	方法	要　點
1	CAV-Ⅱ免疫膠體金檢測試紙	(1) 用棉花棒採集病犬鼻腔內壁分泌物。 (2) 在專用的診斷稀釋液中充分擠壓洗滌。 (3) 然後用吸管吸取稀釋後的病料上清液並滴加到診斷試劑盒的加樣孔中任其自然擴散。 (4) 10min 內觀看結果。 (5) 結果判定 ①若 C、T 對應位置均出現紅線則判為陽性。 ②若 C 對應位置出現紅線，而 T 對應位置無色則判為陰性。 ③若 C 對應位置無色，無論 T 線是否出現均判為無效，需重新檢測。
2	病毒分離鑑定	將處理過的病犬肝組織懸液，感染原代犬胎腎細胞，用血凝試驗、中和試驗、回歸試驗以及電鏡觀察等方法進行分離、鑑定。

三、防治措施		
序號	內容	要　點
1	預防	(1) 及早進行免疫接種是預防本病的最有效方法。可選用犬四聯苗（犬瘟熱、犬副流感、腺病毒Ⅱ型感染、犬細小病毒病）進行預防接種。 (2) 建議免疫程序：6 週齡首免，9 週齡二免，12 週齡三免，之後每年加強免疫一次。注意：新購犬需隔離 2 週一切正常後，方可接種疫苗。
2	綜合防控	(1) 加強飼養管理，做好環境消毒工作。 (2) 對外購犬需隔離觀察 2 週。 (3) 發病後應馬上隔離。犬舍及環境用 2% 氫氧化鈉溶液、3% 來蘇兒消毒。 (4) 病犬由專人照料，做好消毒、治療、護理工作。

3	治療	(1) 對因治療。對因治療可選用犬用干擾素、利巴韋林等藥物。 (2) 營養支持療法。對長期高燒、厭食的犬可選用 5% 葡萄糖、0.9% 氯化鈉以及能量合劑輸液。 (3) 對症治療。 ①犬發燒時，可選用雙黃連、清開靈、安痛定等藥物。 ②止咳，可用複方甘草合劑、麻杏石甘口服液等。 ③痰液或鼻液過多，可選用霧化治療（霧化器內加入蒸餾水、糜蛋白酶、地塞米松、林可黴素等），以緩解症狀。 (4) 防繼發感染。防繼發感染主要針對支氣管敗血博德氏桿菌、衣原體等，可選用廣譜高效的抗生素，如多西環素等。 (5) 提高患病動物抵抗力。可選用免疫球蛋白、黃耆多醣等藥物，能在一定程度上增加康復機率。

案例分析	針對導入的案例，在教師指導下完成附錄的學習任務單

複習與練習題

一、是非題

（　）1. 犬傳染性喉氣管炎多發於 4 月齡以下的幼犬。

（　）2. 犬傳染性喉氣管炎常引起幼犬整窩發病，故又稱「犬窩咳」。

（　）3. 疫苗免疫完全的犬，患犬窩咳的機率很低，因為牠獲得了保護力。

（　）4. 治療犬窩咳可採用高免血清和對症療法。

（　）5. CAV-Ⅰ、CAV-Ⅱ抵抗力相似，在犬舍可存活數月，一般消毒劑均可將其殺滅。

（　）6. CAV-Ⅱ常與犬瘟熱病毒混合感染，治療時以對症治療為主。

（　）7. 犬窩咳主要經呼吸道分泌物散毒，經空氣塵埃傳染，引起呼吸道局部感染。

（　）8. 感染犬傳染性喉氣管炎的犬隻出現乾咳，無濕咳症狀。

（　）9. 腺病毒不管哪個血清型均可引起傳染病，需要對感染的動物及時隔離。

（　）10. 犬傳染性喉氣管炎會引起肺實變，可經胸部 X 光檢查確診。

二、單選題

1. 犬窩咳主要透過呼吸道分泌物散毒，經空氣塵埃傳染，引起呼吸道局部感染，以下哪種情況幾乎不會被感染？（　）。

A. 嗅聞病犬糞便　　B. 和病犬一起玩

C. 和病犬擦肩而過時，病犬打了噴嚏　　D. 吃到了被病犬啃過的骨頭

2. 關於感冒和犬窩咳的主要區別不正確的是（　）。

A. 感冒多為受涼導致，沒有傳染性；犬窩咳則具有傳染性

B. 犬感冒主要表現為打噴嚏、流鼻液等症狀，病程短，而犬窩咳病程長

C. 犬窩咳表現咳嗽，體溫升高，不及時治療會出現肺炎

D. 治療感冒和犬窩咳的用藥方案基本一致

3. 下面關於犬腺病毒的說法錯誤的是（　）。

A. 犬腺病毒Ⅰ型和犬腺病毒Ⅱ型，兩者具有70%的基因親緣關係，所以在免疫上有交叉保護作用

B. 在實驗室，犬腺病毒Ⅰ型和犬腺病毒Ⅱ型的病原診斷方法一致，鑑別二者需要做「血凝和血凝抑制試驗」

C. 預防本病可注射五聯血清

D. 針對此病毒，空舍消毒最好選擇2%氫氧化鈉溶液

4. 以下關於「犬窩咳」的說法錯誤的是（　）。

A. 犬窩咳主要侵害犬的呼吸系統

B. 犬窩咳治療中如需輸液，一定要控制好輸液量及輸液速度

C. 犬窩咳沒有特異性治療方法，只能對症治療

D. 犬窩咳病原診斷只能透過實驗室診斷

5. 關於「人工誘咳」的說法不正確的是（　）。

A. 「人工誘咳」是檢查犬是否有咳嗽症狀的一種方法

B. 「人工誘咳」即以拇指和食指擠壓氣管上端，正常犬不咳，只要咳即為陽性

C. 「人工誘咳」陽性的犬不能接種疫苗

D. 「人工誘咳」陽性的象徵是看咳嗽是否連續且多聲

6. 臨床上，常和犬傳染性喉氣管炎混合感染的疾病不包括（　）。

A. 犬瘟熱　B. 犬副流感　C. 犬細小病毒病　D. 衣原體病

7. 犬傳染性喉氣管炎治療中可輔助霧化吸入療法，下面哪種藥物不合適？（　）。

A. 注射用水或生理鹽水　B. 地塞米松　C. 林可黴素

D. 糜蛋白酶　E. 腎上腺素

8. 犬傳染性喉氣管炎在臨床中的確診依據不包括（　）。

A. 血液生化檢查　B. 血常規檢查

C. 胸部X光片檢查　D. 臨床檢查

9. 犬傳染性喉氣管炎的潛伏期一般為（　）。

A. 1～2d　B. 3～4d　C. 5～6d　D. 7～10d

10. 預防犬傳染性喉氣管炎可盡快注射疫苗，請問首免日齡是（　）。

A. 28日齡　B. 42日齡　C. 56日齡　D. 3月齡以上

習題答案

一、是非題

1.√　2.√　3.√　4.×　5.√　6.√　7.√　8.×　9.√　10.√

二、單選題

1.A　2.D　3.C　4.D　5.D　6.C　7.E　8.A　9.C　10.B

任務六　犬傳染性肝炎

犬傳染性肝炎（Infectious canine hepatitis）是由犬腺病毒Ⅰ型（CAV－Ⅰ）引起犬科動物的一種急性敗血性傳染病。臨床上主要表現為肝炎和角膜混濁（即藍眼病）。

內容		要　　點
訓練目標		會進行犬傳染性肝炎的診斷、防治。
案例導入	概述	貴賓犬，6月齡，未免疫。主人反映就診前3d，寵物食慾下降、精神倦怠，有時發燒，有時又正常，曾用過退燒消炎藥，如氨苄西林鈉、安痛定等無效。還出現了嘔吐、腹瀉，糞便偶爾帶血，飲水多，流鼻液，一側眼睛混濁等症狀。臨床檢查可見：體溫41℃，黏膜蒼白，扁桃體腫大，肝區觸診疼痛。初診疑似犬傳染性肝炎。
	思考	1. 如何確診犬傳染性肝炎？ 2. 如何對該病例進行治療？ 3. 為更好防控該病，我們需要具備哪些素養？

內容與方法			
一、臨床綜合診斷			
	內容	要　　點	
1	流行病學特點	(1) 易感動物：犬和狐狸，尤其是1歲以內的幼犬。	
		(2) 傳染源：病犬和帶毒犬。	
		(3) 傳染途徑	①水平傳染：主要經消化道感染。呼吸型病例可經呼吸道感染。體外寄生蟲可成為傳染媒介。 ②垂直傳染：妊娠犬可經胎盤感染胎兒。
		(4) 流行特點	①潛伏期：自然感染犬潛伏期6～9d。 ②季節性：無明顯季節性，但以冬季多發。
2	臨床症狀	(1) 最急性型	出現嘔吐、腹痛、腹瀉症狀後數小時內死亡。
		(2) 急性型	①初期，病犬打寒戰、怕冷，精神輕度沉鬱，且有水樣鼻液和流眼淚等症狀。

2	臨床症狀	(2) 急性型	②發燒。呈「馬鞍熱」型，即體溫高達 41℃，持續2～6d。 ③中期，病犬飲欲增加，甚至出現前肢浸入水中狂飲的症狀，這是本病的特徵性症狀之一。 ④病犬嘔吐、腹瀉、糞便帶血、尿深黃、血凝不良。 ⑤隨病程進展會出現呼吸系統症狀，並伴有肝區壓痛及劍狀突壓痛等症狀。 ⑥後期：病犬出現貧血、黃疸、咽炎、扁桃體炎、淋巴結腫大。 ⑦血常規檢查可見白血球及血小板減少。 ⑧還會出現特徵性症狀——「藍眼病」，即角膜混濁、水腫、潰瘍，甚至穿孔，特點是由中心向外周擴散。輕者 2～3d 可不治而癒，重者在 2～3d 內死亡。可根據角膜病變發展判斷預後情況。
		(3) 慢性型	①多見於流行後期。病犬輕度發燒，食慾時好時壞，便祕與腹瀉交替出現。 ②病犬生長發育緩慢，但死亡率低，可長期向外界排毒。 ③個別病犬有狂躁不安、邊跑邊叫的症狀，持續2～3d。
3	病理變化	(1) 肝炎型	①肝腫大，有出血點或出血斑。 ②腹腔積有多量漿液性或血樣液體。 ③胃腸道可見出血。 ④全身淋巴結腫大、出血。
		(2) 呼吸型	肺膨大、充血，支氣管淋巴結出血，扁桃體腫大、出血等。

二、實驗室診斷

序號	方法	要點	
1	病毒分離鑑定	(1) 採樣：取發病初期病例的血液、扁桃體棉拭子或死亡動物的肝、脾。	
		(2) 接種液製備：對樣品進行除菌並製成乳劑，取上清液。	
		(3) 接種：接種犬腎原代細胞、傳代細胞或幼犬眼前房中。	
		(4) 結果判讀	①若幼犬產生角膜混濁並檢出核內包含體即可確診。 ②接種細胞，產生特徵性細胞病變，並檢出核內包含體也可確診。

2	ICH 免疫膠體金檢測試紙	(1) 採集病犬全血、血清或血漿 10μL。 (2) 加入專用的診斷稀釋液中混勻。 (3) 然後用吸管吸取樣本滴加到診斷試劑盒的加樣孔中，任其自然擴散。 (4) 10min 內觀看結果。 (5) 結果判定：①若 C、T 對應位置均出現紅線則判為陽性。②若 C 對應位置出現紅線，而 T 對應位置無色則判為陰性。③若 C 對應位置無色，無論 T 線是否出現均判為無效，需重新檢測。
3	HA、HI 試驗	利用傳染性肝炎病毒能凝集人 O 型紅血球、雞紅血球的特徵進行 HA 和 HI 試驗。

三、防治措施

序號	內容	要點
1	預防	(1) 及早進行免疫接種是預防本病的最有效方法。可選用犬四聯苗（犬瘟熱、犬副流感、腺病毒Ⅱ型感染、犬細小病毒病）進行預防接種。 (2) 建議免疫程序：6 週齡首免，9 週齡二免，12 週齡三免，之後每年加強免疫一次。要注意，新購犬需隔離 2 週一切正常後，方可接種疫苗。
2	綜合防控	(1) 加強飼養管理，做好環境消毒工作。 (2) 對外購犬需隔離觀察 2 週。 (3) 發現病犬應立即進行隔離消毒。對犬舍及場地用 3% 氫氧化鈉溶液等進行反覆消毒。 (4) 病犬由專人照料，做好消毒、治療、護理工作。 (5) 對密切接觸犬可用高免血清進行緊急注射。
3	治療	(1) 對因治療：針對犬傳染性肝炎病毒，可選用高免血清或康復犬血清，配合犬用干擾素、利巴韋林等控制。 (2) 營養支持療法：對長期高燒、厭食的犬可選用 5% 葡萄糖、0.9% 氯化鈉以及能量合劑輸液。 (3) 對症治療：①犬發燒時，可選用雙黃連、清開靈、安痛定等藥物。②止吐，可用 654 2、胃復安等。③止咳，可用複方甘草合劑、麻杏石甘口服液等。④發生角膜炎時，可用 0.5% 利多卡因和氯黴素眼藥水交替點眼。 (4) 防繼發感染：防全身繼發感染可選用廣譜高效的抗生素（如多西環素等四環素類藥物）、磺胺類藥物等。 (5) 提高患病動物抵抗力：可選用免疫球蛋白、黃耆多醣等藥物，可在一定程度上增加康復機率。
案例分析		針對導入的案例，在教師指導下完成附錄的學習任務單

複習與練習題

一、是非題

（　）1. 犬傳染性肝炎因能引起角膜混濁，故又稱為「藍眼病」。

（　）2. 臨床上，犬瘟熱和犬傳染性肝炎的鑑別診斷依賴特異性診斷試劑盒。

（　）3. 實驗室中，肝炎病毒感染的組織中發現核內包含體，而犬瘟熱主要為胞質內包含體。

（　）4. 患犬傳染性肝炎的犬，病初體溫升高達41℃，精神委頓，食慾廢絕，煩渴（過度飲水後嘔吐，而後再飲）。

（　）5. 患傳染性肝炎的犬，常伴發眼炎，有漿液性膿性分泌物，畏光。20%～30%的病犬出現角膜水腫、混濁，即「藍眼病」。

（　）6. 患傳染性肝炎的犬，如角膜混濁逐漸消退，大多數可以痊癒。

（　）7. 犬傳染性肝炎自然感染犬的潛伏期6～9d，所以不存在急性感染病例。

（　）8. 慢性型「藍眼病」可依靠自身耐過，所以不用治療。

（　）9. 犬傳染性肝炎是由腺病毒Ⅱ型引起的。

（　）10. 犬傳染性肝炎是犬科動物的常見傳染病，主要表現為胃腸道症狀。

二、單選題

1. 犬傳染性肝炎的特點是：犬不分性別和品種均可感染發病，發生率和死亡率最高的年齡階段是（　）。

A. 4～6月齡　　B. 斷奶前後　　C. 6～9月齡　　D. 9～12月齡

2. 犬傳染性肝炎的傳染源是病犬和隱性感染犬，傳染途徑不包括（　）。

A. 嗅聞病犬的排泄物

B. 和隱性感染的犬一起玩

C. 體外寄生蟲叮咬感染犬後又叮咬健康犬

D. 空氣凝膠傳染

3. 犬傳染性肝炎的特徵性症狀不包括（　）。

A. 嚴重凝血不良　　B. 肝損傷

C. 滯留熱　　D. 角膜混濁

4. 馬鞍熱是指（　）。

A. 持續高燒，24h體溫相差不超過1℃

B. 24h體溫相差超過1℃，但最低點未達正常

C. 24h內體溫波動於高燒與正常體溫之間

D. 驟起高燒，持續數日驟退，間歇無熱數日，高燒重複出現

E. 發燒數日，退燒一日，再發燒數日

5. 關於犬傳染性肝炎症狀的說法錯誤的是（　）。

A. 最急性型多見於初生仔犬至1歲內的幼犬，表現嚴重吐血或血性腹瀉

B. 急性型可出現典型症狀，如馬鞍熱、嘔吐、腹瀉、流漿液性鼻液等，甚至出現單側或雙側「藍眼」

C. 慢性型病例無明顯症狀，不會死亡

D. 患此病時，角膜混濁的特點是由中心向四周擴散，重者可造成角膜穿孔

6. 犬傳染性肝炎會引起犬膽囊壁水腫、增厚，請問在動物存活情況下如何得出這一診斷結論？（　）。

A. 超音波檢查　B. 觸診　C. X 光檢查　D. 其他

7. 當患犬確診為犬傳染性肝炎時，應及時隔離，並用消毒劑對場地進行徹底消毒，以下消毒劑不合適的是（　）。

A. 酒精　B. 氫氧化鈉　C. 甲醛　D. 來蘇兒

8. 有肝炎症狀時，在未藉助儀器初診時可輔以觸診，請問觸診區域是（　）。

A. 左季肋部　B. 右季肋部　C. 臍部　D. 右髂部

9. 犬、貓血液生化檢查項目中，檢查肝疾病的常用檢查項目不包括（　）。

A. 白蛋白（ALB）　B. 丙胺酸胺基轉移酶（ALT）

C. 鹼性磷酸酶（ALKP）　D. 總膽固醇（TCHOL）

10. 犬傳染性肝炎的治療原則不包括（　）。

A. 保肝利膽　B. 抗病毒治療　C. 補充凝血酶

D. 應用抗生素防繼發感染　E. 營養神經

習題答案

一、是非題

1.√　2.√　3.√　4.√　5.√　6.√　7.×　8.×　9.×　10.√

二、單選題

1.B　2.D　3.C　4.E　5.C　6.A　7.A　8.B　9.D　10.E

任務七　犬疱疹病毒病

犬疱疹病毒病（Canine herpesvirus disease）是由犬疱疹病毒Ⅰ型引起仔犬的一種高度接觸性、急性、敗血性傳染病。

內容		要　點
訓練目標		正確診斷、防控犬疱疹病毒病。
案例導入	概述	一隻3歲的雌性黃金獵犬，定期免疫驅蟲，體重約27kg。其所產的10日齡新生犬主要症狀表現為流漿液性鼻涕、呼吸困難、哀號、不吃乳、腹瀉等，出現症狀後1d內全部死亡；母犬臨床表現為行動緩慢、精神沉鬱、流清水樣鼻液、陰道排出血性分泌物，體溫38.6℃。呼吸28次/min。常規檢查顯示，犬瘟熱病毒（CDV）、犬細小病毒（CPV）和冠狀病毒（CCV）均為陰性。剖檢死亡幼犬，可見支氣管和肺切面有紅色泡沫樣漿液，肝、脾、腎、腦等實質器官的表面均有散布的灰白色壞死灶和小出血點，腎皮質層和肺表面大量散布著直徑1～2mm的灰白色壞死灶和小出血點，肝質脆易碎，腸腔內有帶血的漿液，腸黏膜點狀出血，腸繫膜淋巴結腫大、出血。初診疑似犬疱疹病毒病。
	思考	1. 如何確診犬疱疹病毒病? 2. 如何防控犬疱疹病毒病? 3. 診治犬疱疹病毒病時，需要具備哪些素養?

內容與方法			
一、臨床綜合診斷			
序號	內容		要　點
1	流行病學特點		(1) 易感動物：仔犬，尤其是小於14日齡的犬。 (2) 傳染源：帶毒犬和患病犬。 (3) 傳染途徑：可經呼吸道、消化道、生殖道水平傳染；也可經胎盤垂直傳染。
2	臨床症狀	(1) 新生幼犬	①精神沉鬱、不吃乳、體軟弱無力、 ②呼吸困難，有的犬表現鼻炎症狀，有漿液性鼻漏，鼻黏膜表面廣泛性斑點狀出血。 ③觸壓腹部敏感、疼痛，排黃綠色稀糞。 ④股內側皮膚可出現紅色丘疹。 ⑤後期出現角弓反張、癲癇、知覺喪失。 ⑥多數犬出現症狀後24～48h死亡。 ⑦康復的犬可造成永久性神經症狀、運動失調、失明等。

2	臨床症狀	(2) 大於21日齡的犬	①表現為上呼吸道感染，如打噴嚏、流鼻液、咳嗽。 ②死亡率較低，一般經2週可自癒。
		(3) 成年犬	①多呈隱性感染，不表現臨床症狀。 ②出現症狀時，多表現為生殖系統症狀：母犬不孕、流產和死胎；公犬發生陰莖炎、包皮炎、精索炎。

二、實驗室診斷

序號	方法	要　點
1	病毒抗原檢測	取犬口腔、上呼吸道或者陰道黏膜，做成切片或組織塗片並進行螢光抗體染色，檢測本病毒特異性抗原。
2	病毒分離鑑定	採集病料並進行無菌處理，接種於犬腎單層細胞，觀察有無細胞病變，並進行中和試驗鑑定病毒分離物。
3	血清學診斷	血清中和試驗和蝕斑減數試驗，用於檢測本病血清抗體。
4	PCR檢測	採集病料進行PCR檢測，該法檢出率更高。

三、防控措施

序號	內容	要　點
1	預防	本病尚無疫苗用於預防。
2	治療	(1) 抗病毒：可用高免血清、嗎啉胍。 (2) 抗繼發感染：可用廣譜抗生素。 (3) 對症治療。 (4) 保暖、保濕：將病犬放入保溫箱中，維持恆溫35℃，相對濕度60%。
3	其他措施	(1) 隔離外來犬、帶毒犬，避免交叉感染。 (2) 對動物墊料及周圍環境進行消毒。墊料可進行煮沸消毒，周圍環境可用氯製劑按使用說明書進行消毒。

案例分析	針對導入的案例，在教師指導下完成附錄的學習任務單

複習與練習題

一、是非題

( ) 1. 犬疱疹病毒病是犬疱疹病毒引起仔犬的一種高度接觸性、急性、敗血性傳染病。

（　）2. 犬疱疹病毒不會引起成年犬發病。

（　）3. 犬疱疹病毒耐高溫，但對低溫抵抗力較弱，更容易在較高溫度下增殖。

（　）4. 犬疱疹病毒是一種 DNA 病毒，屬於疱疹病毒科的水痘病毒屬。

（　）5. 新生仔犬感染疱疹病毒時，主要呈隱性感染，死亡率低。

（　）6. 大於 21 日齡的犬感染疱疹病毒時，表現為上呼吸道感染，打噴嚏、流鼻液、咳嗽，死亡率較低，一般經 2 週可自癒。

（　）7. 患疱疹病毒病的犬，死亡率低，但會發生生殖障礙等。

（　）8. 犬疱疹病毒病可垂直傳染，經呼吸道、消化道傳染。

（　）9. 患疱疹病毒病的犬治療時可不進行隔離。

（　）10. 犬疱疹病毒病有疫苗可進行預防。

二、單選題

1. 犬疱疹病毒病的英文縮寫是（　）。
   A. CD　B. CCD　C. ICHD　D. CaHD
2. 犬疱疹病毒的英文縮寫是（　）。
   A. CAV Ⅰ　B. CAV Ⅱ　C. CaHV Ⅰ　D. CaHV Ⅱ
3. 犬疱疹病毒適宜的增殖溫度是（　）。
   A. 25～27℃　B. 35～37℃　C. 45～47℃　D. 55～57℃
4. 下列犬最易感染犬疱疹病毒且死亡率最高的是（　）。
   A. 小於 14 日齡的犬　B. 3～6 月齡的犬
   C. 7～12 月齡的犬　D. 大於 12 月齡的犬
5. 下列犬感染犬疱疹病毒會出現神經症狀的是（　）。
   A. 新生仔犬　B. 大於 21 日齡的犬
   C. 成年犬　D. 高齡犬
6. 成年母犬感染犬疱疹病毒後主要表現的症狀是（　）。
   A. 呼吸道症狀：鼻炎、鼻黏膜出血　B. 消化道症狀：腹痛、腹瀉
   C. 生殖道症狀：不孕、流產、死胎　D. 神經症狀：角弓反張、癲癇
7. 如果給幼犬檢測有無犬疱疹病毒感染，可採集的檢測樣本為（　）。
   A. 口鼻分泌物　B. 血液　C. 生殖道分泌物　D. 糞便
8. 下列藥物中可用於治療犬疱疹病毒病的是（　）。
   A. 吡喹酮　B. 嗎啉胍　C. 慶大黴素　D. 伊維菌素
9. 用氯製劑作為消毒劑消殺周圍環境的疱疹病毒時，可將氯製劑稀釋（　）倍進行消毒。
   A. 10　B. 20　C. 30　D. 40

習題答案

一、是非題

1.√ 2.× 3.× 4.√ 5.× 6.√ 7.√ 8.√ 9.× 10.×

二、單選題

1.D 2.C 3.B 4.A 5.A 6.C 7.A 8.B 9.C

任務八　貓泛白血球減少症

貓泛白血球減少症（Feline panleukopenia）又名貓瘟熱、貓瘟或貓傳染性腸炎，是由貓細小病毒（FPV）感染引起貓的一種急性、高度接觸性、致死性傳染病。多發於1歲以內的幼貓，以高燒、嘔吐、腹瀉、白血球嚴重減少為主要特徵，是危害養貓業最常見、多發的傳染病之一。

內容		要點
訓練目標		會進行貓泛白血球減少症的診斷、防治。
案例導入	概述	中華田園貓，雌性，4月齡，體重1.68kg，未注射過疫苗。主訴：該貓精神沉鬱，採食量下降，有嘔吐、腹瀉情況，就診前已有幾天未進食。臨床檢查可見：意識清醒，消瘦，觸診腹部略膨大。體溫40.8℃，呼吸42次/min，血壓91mmHg*，脈搏130次/min，微血管充盈時間（CRT）＞2s，心率132次/min，脫水程度8%。初診疑似貓泛白血球減少症。
	思考	1. 如何確診貓泛白血球減少症? 2. 如何對該病例進行治療? 3. 為更好防控該病，我們需要具備哪些素養?

內容與方法			
一、臨床綜合診斷			
序號	內容	要點	
1	流行病學特點	(1) 易感動物：本病除感染家貓外，還能感染其他貓科動物，如虎、豹等。各年齡段貓均可感染，主要感染1歲以內小貓，特別是2～5月齡的幼貓。	
		(2) 傳染源：病貓、帶毒貓。	
		(3) 傳染途徑	①水平傳染：直接或間接接觸傳染源及排泄物，經消化道、呼吸道感染。感染期的貓也可透過與之接觸的跳蚤、虱、蠅等吸血昆蟲傳染該病。 ②垂直傳染：妊娠貓感染後可經胎盤傳染給胎兒。
		(4) 流行特點	①季節性：多發於冬、春季節。 ②潛伏期：一般為2～9d。 ③致死率：一般為60%～70%，高時可達90%。 ④病程：多為3～6d。 ⑤排毒時間：康復貓長期排毒，可達1年以上。

* mmHg為非法定計量單位，1mmHg≈0.133kPa。

2	臨床症狀	(1) 本病臨診症狀的嚴重程度與年齡及病毒毒力有關。幼貓多呈急性發病。有些甚至無明顯症狀，突然死亡。6 月齡以上的貓大多呈亞急性臨床表現。 (2) 二元熱：病初發燒至 40℃ 左右，1～2d 後降到常溫，3～4d 後體溫再次升高。 (3) 嘔吐：嘔吐物為白色或黃綠色，常見口邊有泡沫狀物。 (4) 腹瀉：出現較晚，排泄物多為黏稠糊狀，嚴重時帶血。出現腹瀉提示已進入疾病後期。 (5) 脫水。 (6) 白血球減少：病貓高燒時白血球明顯減少，一般白血球 5.0×10^9 個/L 以下為重症；2.0×10^9 個/L 以下多預後不良（貓正常白血球數值為 12.5×10^9 個/L 左右）。
3	病理變化	(1) 屍體脫水、消瘦。 (2) 小腸黏膜腫脹、充血、出血，嚴重的可見假膜性炎症變化，特別是空腸和迴腸更為顯著。 (3) 腸內容物呈灰黃色、水樣，有惡臭。 (4) 腸繫膜淋巴結腫脹、充血、出血，甚至壞死。 (5) 肝腫大，呈紅褐色。 (6) 脾腫脹、出血。 (7) 肺水腫、充血、出血。 (8) 長骨紅髓呈液狀或膠凍狀，該變化具有一定的診斷價值。

二、實驗室診斷

序號	方法	要　點
1	病理組織學檢查	(1) 採樣：取病程 3d 內病貓的腸黏膜和腸腺上皮細胞與腸淋巴濾泡上皮細胞。 (2) 製片：用病料樣品做觸片。 (3) 染色：吉姆薩染色或 HE 染色。 (4) 鏡檢：病理切片鏡檢。 (5) 結果判讀：①如病程過長的病料包含體已消失，則結果只能用作參考。②如鏡檢見嗜酸性和嗜鹼性兩種包含體，則判為陽性。

2	血凝抑制試驗	(1) 取分離到的疑似病料。 (2) 進行血凝試驗檢測其血凝性。 (3) 如凝集，則用 FPV 標準陽性血清，按照操作規範進行血凝抑制試驗。
3	FPV 免疫膠體金檢測試紙	(1) 用棉花棒採集病貓新鮮糞便。 (2) 在專用的診斷稀釋液中充分擠壓、洗滌。 (3) 用吸管吸取稀釋後的病料上清液並滴加到診斷試劑盒的加樣孔中，任其自然擴散。 (4) 10min 內觀看結果。 (5) 結果判定　①若 C、T 對應位置均出現紅線則判為陽性。 ②若 C 對應位置出現紅線，而 T 對應位置無色則判為陰性。 ③若 C 對應位置無色，無論 T 線是否出現均判為無效，需重新檢測。

三、防治措施

序號	內容	要　點
1	預防	(1) 及早進行免疫接種是預防本病的最有效方法。可選用貓三聯苗（貓泛白血球減少症、貓皰疹病毒病、貓杯狀病毒病）進行預防接種。 (2) 建議免疫程序：首免（8 週齡）、二免（12 週齡）、三免（16 週齡），之後每年加強免疫一次。要注意新購貓需隔離 2 週，一切正常者方可接種疫苗。
2	綜合防控	(1) 堅持自繁自養，不隨意購進貓。 (2) 對外購貓需專人負責並隔離觀察 2 週。 (3) 發現病貓應立即進行隔離消毒。對貓舍及場地用 2%～4% 氫氧化鈉溶液或 10%～20% 漂白粉溶液等進行反覆消毒。 (4) 病貓由專人照料，並及早治療。 (5) 對密切接觸貓可用高免血清進行緊急注射。
3	治療	(1) 治療期間為減輕腸胃負擔需對病貓停食、停水至少 3d；因貓瘟感染會導致貓微循環障礙，應做好保暖工作，這也是促進病貓恢復健康的關鍵點之一。 (2) 對因治療：針對貓瘟病毒，可選用貓瘟單株抗體或高免血清或康復貓血清，配合貓用干擾素等控制。 (3) 營養支持療法：停食、停水後為維持貓營養與水分需要可選用 5% 葡萄糖、0.9% 氯化鈉以及能量合劑輸液。 (4) 對症治療　①貓嘔吐時可選用的藥物有鹽酸消旋山莨菪鹼（654-2）、胃復安、阿托品等。 ②止血可選用的藥物有安絡血、止血敏、維他命 K 等。

3	治療	(5) 防繼發感染：防繼發感染主要針對腸道革蘭陰性菌，可選用的藥物有氨苄西林鈉、頭孢拉定等。 (6) 防併發症：病貓大量嘔吐或腹瀉易導致體液離子失衡及代謝性酸中毒，可選用乳酸林格液、碳酸氫鈉等進行預防或治療。

案例分析	**針對導入的案例，在教師指導下完成附錄的學習任務單**

複習與練習題

一、是非題

(　) 1. 貓泛白血球減少症又稱貓瘟、貓傳染性腸炎，是貓的一種急性高度接觸性傳染病。

(　) 2. 貓瘟可以引起犬的細小病毒感染。

(　) 3. 因患貓瘟而死亡的貓應深埋或焚燒。

(　) 4. 貓細小病毒（FPV）僅有一個血清型。

(　) 5. 貓細小病毒可能會傳染給犬。

(　) 6. 貓瘟的潛伏期一般為一週。

(　) 7. 貓瘟多發於春秋兩季。

(　) 8. 貓瘟的潛伏期是 2～9d。

(　) 9. 貓細小病毒的核酸為單股 RNA。

(　) 10. 預防貓泛白血球減少症可注射免疫球蛋白。

二、單選題

1. 預防貓泛白血球減少症的最有效方法是（　）。

A. 注射貓細小病毒高免血清　B. 接種貓瘟疫苗

C. 注射免疫球蛋白　D. 高免血清與疫苗聯合應用

2. 貓泛白血球減少症的示病症狀是（　）。

A. 高燒、嘔吐、咳嗽　B. 嘔吐、咳嗽、抽搐

C. 嘔吐、腹瀉、中性粒細胞增加　D. 嘔吐、排血便、白血球減少

3. 以下不是貓瘟的是（　）。

A. 貓瘟熱　B. 貓泛白血球減少症

C. 貓傳染性腸炎　D. 貓白血球增多症

4. 貓，5 月齡。表現為食慾不振，嘔吐，體溫 40.5℃，24h 後降至正常，經 2～3d 再上升，同時臨床症狀加重，血常規檢查可見白血球數減少。該貓最可能患（　）。

A. 胃炎　B. 貓瘟熱　C. 腸炎　D. 胰腺炎

5. 貓泛白血球減少症的病原為（　）。

A. 貓細小病毒　B. 沙門氏菌

C. 貓免疫缺陷性病毒　D. 肉毒桿菌

6. 貓泛白血球減少症多發於（　）。
A. 斷乳前的小貓　　B. 2 歲左右的貓
C. 2～5 月齡的貓　　D. 3 歲左右的貓
7. 貓瘟的潛伏期是（　）。
A. 2～9d　B. 7～14d　C. 1～3d　D. 8～10d
8. 貓瘟的傳染途徑不包括（　）。
A. 直接接觸傳染　　B. 空氣傳染
C. 排泄物傳染　　D. 透過跳蚤、虱子、蒼蠅等傳染
9. 貓泛白血球減少症病原的縮寫為（　）。
A. CDV　B. CPV　C. FPV　D. FIPV
10. 下列關於貓瘟的說法，錯誤的是（　）。
A. 家貓感染貓瘟可自癒
B. 治療貓瘟期間，特別要注意貓的保暖工作
C. 對因治療可選用貓瘟抗體和干擾素，不建議用利巴韋林
D. 止血可選的藥物有安絡血、止血敏和維他命 K 等

習題答案

一、是非題

1.√　2.×　3.√　4.×　5.×　6.×　7.×　8.√　9.√　10.×

二、單選題

1.D　2.D　3.D　4.B　5.A　6.C　7.A　8.B　9.C　10.A

任務九　貓傳染性腹膜炎

貓傳染性腹膜炎（Feline infectious peritonitis，FIP）是由貓傳染性腹膜炎病毒（FIPV）引起的一種貓的慢性、進行性傳染病。臨床症狀主要分為濕型（滲出型）和乾型（乾燥型）兩種，濕型以漿膜腔尤其是腹腔的炎症和積液為特徵，乾型主要以各種臟器出現肉芽腫病變為特徵。

內容		要　點
訓練目標		正確診斷、防治貓傳染性腹膜炎。
案例導入	概述	英國短毛貓，雌性，6 月齡，體重 2.8kg，未絕育，未做過任何疫苗免疫和驅蟲工作，無既往病史。主訴：患貓突發腹瀉，排黃色稀便，嘔吐多次，精神狀態較差，食慾不振。臨床檢查可見：患貓體溫 40.2℃，鼻腔有少許分泌物，鼻鏡乾燥，呼吸急促，聽診肺音嘈雜，無腸蠕動音，腹部觸診脹滿，似有腹水。初診疑似貓傳染性腹膜炎。
	思考	1. 如何確診貓傳染性腹膜炎? 2. 如何對該病例進行治療? 3. 診治貓傳染性腹膜炎時，需要具備哪些素養?

內容與方法			
一、臨床綜合診斷			
序號	內容		要　點
1	流行病學特點		（1）易感動物：免疫能力低下的貓。 （2）傳染源：帶毒健康貓和患病貓。 （3）傳染途徑：與病貓直接接觸。
2	臨床症狀	（1）濕型	①腹腔、胸腔、心包腔積液，積液含大量球蛋白，貓血液中白球比（白蛋白和球蛋白的比值）≤0.4。 ②體重減輕、腹部膨大、貧血、呼吸困難。
		（2）乾型	多器官肉芽腫，相應器官功能障礙，如：肝腎損傷甚至衰竭，出現黃疸、尿毒症。

2	臨床症狀	(3)其他症狀	①發燒並維持在 39.7～41℃。 ②葡萄膜炎。 ③嗜睡、運動失調，背部敏感、痙攣等。 ④雄貓出現睪丸周圍炎或附睪炎。

二、實驗室診斷		
序號	方法	要　　點
1	病毒抗原檢測	取患病貓的鼻腔分泌物或者病變組織，接種於貓組織細胞中培養，並將發生相應病變的組織進行螢光抗體染色檢測本病毒特異性抗原。
2	動物試驗	將病變組織培養出的病毒株接種於小貓，出現相應症狀可確診。
3	PCR 檢測	採集病料進行 PCR 檢測。

三、防治措施		
序號	內容	要　　點
1	預防	本病尚無有效疫苗預防。
2	治療	(1) 抗 FIPV：可用 3c 蛋白酶抑制劑、三磷酸核苷競爭性抑制劑。 (2) 抗繼發感染：可用廣譜抗生素。 (3) 對症治療。 (4) 營養支持療法。
3	其他措施	(1) 隔離治療患病貓避免交叉感染。 (2) 及時清理患病貓的尿液與糞便，並進行無害化處理。 (3) 對患病貓的墊料進行消毒。
案例分析		針對導入的案例，在教師指導下完成附錄的學習任務單

育人故事

貓傳染性腹膜炎如何被攻克

貓傳染性腹膜炎最早發現於 1960 年代，該病一直被認為是絕症，幾乎沒有辦法治療。2019 年治療貓傳染性腹膜炎的新藥 441 問世，貓傳染性腹膜炎逐漸可被治癒。

早在 2012 年美國加州大學戴維斯分校獸醫學院 Niels Pedersen 教授就帶領他的團隊開始研究治療貓傳染性腹膜炎的藥物。與常規透過研究特異性抗體來中和病毒的思路不同的是，Niels Pedersen 教授和他的團隊突破傳統的思維從如何阻止病毒複製著手，即透過什麼方法可以阻止這個可怕的病毒大規模地複製、增殖，如果給病毒一個和其合成原材料相似的原料，病毒用「假原料」進行複製後便得到一個沒有致病能力的「假病毒」從而抑制該病毒的大規模複製，直至「真病毒」全部衰亡後該病是不是就可以被治癒呢？他們的研究成果證實了他們的思路是行之有效的。經過 Niels Pedersen 教授團隊的不懈努力，藥物 GS-441524（簡稱 441）問世，該藥物在細胞內可以被轉化成活性的三磷酸代謝物（即與RNA病毒合成原料相似的NTP結構類似物）。在病毒RNA合成中，該藥物形成的活性NTP結構類似物與RNA合成原料——天然核苷（ATP、TTP、CTP、GTP）競爭參與RNA的轉錄，當轉錄產物中插入GS-441524分子，轉錄將提前終止，進而抑制病毒RNA轉錄過程，也即抑制了病毒的增殖。

該藥在2019年開始應用於臨床治療，療效顯著。從此，貓傳染性腹膜炎有藥可治啦！

評析　做科學研究就要勇於創新，勇於實踐，遇到困難不畏懼、不退縮。

複習與練習題

一、是非題

（　）1. 貓傳染性腹膜炎是由FIPV引起的貓科動物的一種慢性進行性傳染病。

（　）2. 引起貓傳染性腹膜炎的冠狀病毒是無害的貓腸道冠狀病毒的基因突變體。

（　）3. 無論什麼時候，貓腸道冠狀病毒均有可能引起貓傳染性腹膜炎。

（　）4. 貓傳染性腹膜炎病毒的核酸為單股RNA。

（　）5. 貓出現不明原因的食慾減退、昏睡和體重下降，就證明其患了貓傳染性腹膜炎。

（　）6. 貓長期間歇性發燒且抗生素治療無效常是FIP的早期症狀。

（　）7. 貓傳染性腹膜炎是以腹膜炎、腹水等為主要特徵的。

（　）8. 臨床上將FIP分為乾型（非滲出型）和濕型（滲出型）兩種類型。

（　）9. 乾型貓傳染性腹膜炎會出現腹水症狀。

（　）10. FIP死亡率極高，目前臨床上無針對FIPV的有效治療藥物。

二、單選題

1. 2歲母貓，已摘除卵巢，臨床表現為體溫升高、厭食、不愛運動、消瘦、有腹水、腹部腫大，可懷疑該貓患（　）。

A. 貓傳染性腹膜炎　　B. 貓瘟

C. 貓後天性免疫缺陷症候群　　D. 貓胃腸炎

2. 仔貓患貓傳染性腹膜炎時，（　）受損會引起黃疸。

A. 腦　　B. 肝　　C. 腎　　D. 膀胱

3. 乾型貓傳染性腹膜炎的眼部病變為（　）肉芽性眼色素層炎。

A. 壞死性　　B. 膿性　　C. 壞死性和膿性　　D. 出血性

4. 貓傳染性腹膜炎的典型症狀為（　）。

A. 腹水　　B. 腹膜炎

C. 腹膜炎、腹水，各種臟器出現腫大　　D. 出血

5. 下列症狀不屬於滲出型傳染性腹膜炎的是（　）。

A. 眼角膜水腫　　B. 腹圍膨大

C. 血液白血球總數增加　　　　D. 胸腔積液

6. 下列不屬於非滲出型傳染性腹膜炎的症狀的是（　）。

A. 黃疸　　B. 腹腔積液　C. 腎衰竭　　D. 器官組織肉芽腫樣變

7. 貓傳染性腹膜炎多發於（　）。

A. 幼齡貓　　　　B. 高齡貓

C. 免疫力低下的成年貓　　　　D. 健康成年貓

8. 患滲出型傳染性腹膜炎時，動物體溫升高並維持在（　）。

A. 39～39.9℃　　　　B. 39.7～41℃

C. 41～42℃　　　　D. 42～43℃

9. 貓血液中白球比≤（　），可高度懷疑為貓傳染性腹膜炎。

A. 0.7　　B. 0.6　　C. 0.5　　D. 0.4

10. 針對貓傳染性腹膜炎病毒的特異性治療藥物是（　）。

A. 慶大黴素　　　　B. 利巴韋林

C. 阿苯達唑　　　　D. 三磷酸核苷競爭性抑制劑

習題答案

一、是非題

1.√　2.√　3.√　4.√　5.×　6.√　7.√　8.√　9.×　10.×

二、單選題

1.A　2.B　3.C　4.C　5.A　6.B　7.A　8.B　9.D　10.D

任務十　貓後天性免疫缺陷症候群

貓後天性免疫缺陷症候群（Feline acquired immunodeficiency syndrome）又稱貓愛滋病，是由貓免疫缺陷病毒（FIV）引起的危害貓科動物的一種慢性接觸性傳染病。由於該病毒侵害免疫系統導致特異性免疫缺陷，故稱為後天性免疫缺陷症候群。

內容		要　點
訓練目標		會進行貓後天性免疫缺陷症候群的診斷、防控。
案例導入	概述	加菲貓，雄性，5歲。主訴：就診前一段時間不愛吃東西，流口水，腹瀉，消瘦。臨床檢查可見：口腔內多處紅色潰瘍灶，消瘦，貧血，行為異常，神情呆滯，面部痙攣。初診疑似貓後天性免疫缺陷症候群。
	思考	1. 如何確診貓後天性免疫缺陷症候群? 2. 如何對該病例進行治療? 3. 從動物福利的角度談談貓後天性免疫缺陷症候群的護理。

內容與方法

一、臨床綜合診斷

序號	內容		要　點
1	流行病學特點	(1) 易感動物：只感染貓。	
		(2) 傳染源：病貓、帶毒貓的血液或唾液。	
		(3) 傳染途徑	①水平傳染，主要途徑是咬傷，也可經輸血感染。 ②垂直傳染，透過胎盤或初乳由母貓傳染其後代的情況很少發生。
		(4) 流行特點	①性別：公貓感染率是母貓的2～3倍。 ②潛伏期：一般為3年。 ③季節性：無明顯季節性，一般認為和性行為有關。
2	臨床症狀	(1) 急性感染期	①接觸病毒後4～6週會發生一過性發燒。 ②中性粒細胞減少（持續1～9週）。 ③全身淋巴結表現為濾泡增生（持續2～9個月），漿細胞浸潤。 ④偶見併發感染，如敗血症、蜂窩性組織炎、化膿性皮炎、貧血、腹瀉等。
		(2) 無症狀潛伏期	潛伏期長達數年，期間僅見輕微的淋巴結病變。

2	臨床症狀	(3)慢性感染期	慢性或條件性感染者，病情經數月到數年逐漸惡化，有下述一種或多種表現： ①全身性表現：進行性消瘦，不明原因發燒，反覆的細菌性感染，全身淋巴結病，持續性或復發性貧血或白血球減少（中性粒細胞減少、淋巴細胞減少）。 ②慢性或復發性細菌感染：特徵性症狀為口腔炎、牙齦炎和牙周炎；慢性無反應性腹瀉；頑固的上呼吸道感染。 ③腦病：病貓出現行為異常、神情呆滯、運動失調、面部痙攣、抽搐等。 ④腫瘤：腫瘤發生率增高，淋巴瘤和骨髓增生性腫瘤多發，其他腫瘤散發。
3	病理變化		病理變化與繼發感染密切相關。

二、實驗室診斷

序號	方法	要　點
1	FIV免疫膠體金檢測試紙	(1) 用試紙自帶的毛細管吸取1滴樣品（10μL）加入試紙的檢測槽（S）內。毛細管到指示線的體積是10μL。 (2) 取出試紙中所提供的稀釋液，垂直緩慢地向檢測槽（S）中滴入3滴稀釋液。 (3) 5～10min判斷結果，切勿超過10min。 (4) 若C、T對應位置均出現紅線則判為陽性；若C對應位置出現紅線，而T對應位置無色則判為陰性；若C對應位置無色，無論T線是否出現均判為無效，需重新檢測。

三、防控措施

序號	內容	要　點
1	預防	國外已研製出貓後天性免疫缺陷症候群疫苗。
2	綜合防控	(1) 堅持自繁自養，不隨意購進貓。 (2) 避免家中貓接觸外來貓。 (3) 做好種貓篩查，避免經交配傳染或胎盤垂直感染。 (4) 小群飼養時，控制公貓數量或對公貓實行去勢手術。 (5) 病死貓要集中處理，徹底消毒，以消滅傳染源。
3	治療	目前尚無治療本病的有效藥物和療法，只能採取對症治療和營養療法延長病貓生命。 (1) 病貓可選用疊氮胸腺嘧啶（AZT）（每公斤體重5mg）可減少病毒的複製，且會提高感染貓的生活品質。也可用貓用干擾素調節機體免疫功能。 (2) 可選用5%葡萄糖、0.9%氯化鈉以及能量合劑輸液，為停食、停水後的貓維持營養與補水。 (3) 根據病貓繼發感染狀況，選擇合適的藥物。

案例分析	針對導入的案例，在教師指導下完成附錄的學習任務單

複習與練習題

一、是非題

（　）1. 貓後天性免疫缺陷症候群是一種傳染性極高的急性接觸性傳染病。

（　）2. 貓後天性免疫缺陷症候群又稱貓愛滋病，病毒縮寫為 FPV。

（　）3. 患貓愛滋病的貓，多死於繼發感染。

（　）4. 雄性貓患貓愛滋病的機率遠遠高於雌性貓。

（　）5. 患貓愛滋病的貓臨床最常見的症狀是口腔炎、牙齦炎。

（　）6. 貓愛滋病和貓白血病臨床症狀相似。

（　）7. 貓愛滋病與貓泛白血球減少症的病原同屬於慢病毒屬成員。

（　）8. 貓免疫缺陷病毒對紫外線有較強的抵抗力。

（　）9. 貓免疫缺陷病毒進入貓體內後，主要存在於血液、淋巴器官、骨髓及唾液中，以骨髓和腸繫膜淋巴結含毒量最高。

（　）10. 貓愛滋病的易感動物是所有貓，不論年齡或性別。

二、單選題

1. 貓免疫缺陷病毒主要侵害貓的（　）。
   A. 呼吸系統　B. 消化系統　C. 免疫系統　D. 內分泌系統
2. 貓後天性免疫缺陷症候群的臨床表現不包括（　）。
   A. 白血球升高　B. 口腔炎、鼻炎　C. 皮膚病　D. 神經症狀
3. 貓免疫缺陷病毒的縮寫是（　）。
   A. FPV　B. FIV　C. FIPV　D. FCV
4. 貓後天性免疫缺陷症候群的潛伏期是（　）。
   A. 5～7d　B. 3～5 個月　C. 數年到幾十年　D. 10 年以上
5. 貓後天性免疫缺陷症候群的發病年齡一般為（　）。
   A. 5 歲以上　B. 3 歲左右　C. 3～6 月齡　D. 斷乳後
6. 貓後天性免疫缺陷症候群的治療原則不包括（　）。
   A. 高免血清　B. 對症治療　C. 營養療法　D. 防繼發感染
7. 貓後天性免疫缺陷症候群的傳染途徑不包括（　）。
   A. 垂直傳染　B. 咬傷　C. 互舔　D. 嗅聞
8. 被貓免疫缺陷病毒汙染的場地不可用（　）消毒。
   A. 氯仿　B. 紫外線　C. 甲醛　D. 熱
9. 貓後天性免疫缺陷症候群的防控措施不包括（　）。
   A. 加強飼養管理，做好衛生消毒　B. 防止健康貓與野貓、流浪貓接觸
   C. 自家飼養的貓可多隻混飼　D. 雄性貓實行去勢術
10. 患貓後天性免疫缺陷症候群的貓血常規指標不出現（　）。
    A. 白血球持續減少　B. 淋巴細胞減少　C. 高球蛋白血症　D. 血小板升高

習題答案

一、是非題

1.× 2.× 3.√ 4.√ 5.√ 6.√ 7.× 8.√ 9.√ 10.√

二、單選題

1.C 2.A 3.B 4.C 5.A 6.A 7.D 8.B 9.C 10.D

任務十一　貓白血病

貓白血病（Feline leukemia）是由貓白血病病毒引起的一種貓免疫系統功能障礙的致死性傳染病。貓白血病病毒對貓免疫系統的損傷在臨床上主要分為兩種：一種是以細胞異常增殖的腫瘤性病變為主的淋巴瘤、紅血球性或成髓細胞性白血病；另一種是以細胞損害和細胞發育障礙（如胸腺萎縮、淋巴細胞減少、中性粒細胞減少、骨髓紅血球發育障礙）為主的免疫缺陷性白血病。

貓白血病病毒（Feline leukemia virus，FeLV）是一種單股 RNA 病毒，屬於反轉錄病毒科、哺乳動物 C 型反轉錄病毒屬；對乙醚、氯仿和膽鹽敏感；在酸性環境中不穩定，pH＜4.5 的酸性環境也可使其滅活；在高溫環境中不穩定，56℃經 30min 可被滅活，對紫外線有一定的抵抗力。

內容		要　點
訓練目標		正確診斷、防控貓白血病。
案例導入	概述	一雌性 2 歲雜種波斯貓，嘔吐、腹瀉，按胃腸炎治療 2d 無效且病情惡化，繼而轉院診治。臨床檢查可見：患貓有嘔吐、腹瀉症狀，體溫升高達 40℃，皮下及黏膜蒼白、出血，頸部、下顎、腋下、腹股溝等處淋巴結腫大。不幸的是患貓在轉院後第二天死亡，死後剖檢發現該患貓多處臟器表面出現瀰散性出血，採集其肝、腎、心臟、肺、脾、腸、淋巴結和骨髓等病料進行病理切片觀察，發現多個器官存在以淋巴樣細胞浸潤為特徵的淋巴樣腫瘤細胞。初診疑似貓白血病。
	思考	1. 如何確診貓白血病? 2. 如何防控貓白血病? 3. 防治貓白血病時，需要具備哪些素養?

內容與方法

一、臨床綜合診斷

序號	內容			要　點
1	流行病學特點			(1) 易感動物：貓。幼貓較成年貓易感，4 月齡以內的貓最易感。 (2) 傳染源：帶毒貓和患病貓。 (3) 傳染途徑：可經呼吸道、消化道傳染；也可經胎盤垂直傳染。
2	臨床症狀	(1) 腫瘤性症狀	①消化道淋巴瘤型	食慾減退、體重減輕；可視黏膜蒼白，貧血；有時伴有嘔吐、腹瀉等症狀；肝、腎、脾腫大且有不同形狀的腫塊。
			②多發淋巴瘤型	食慾減退、體重減輕；可視黏膜蒼白、貧血；全身多處淋巴結腫大，體表淋巴結腫大、堅硬。

2	臨床症狀	(1) 腫瘤性症狀	③胸腺淋巴瘤型	胸腺出現 T 細胞異常增殖的腫瘤，嚴重的病例整個胸腺組織被腫瘤組織所代替（多見於青年貓）。 腫瘤會遷移至膈肌，出現縱隔前部和膈淋巴結腫瘤，臨床病例中貓縱隔淋巴腫瘤可達 300～500g。 腫瘤壓迫胸腔，可出現胸水、呼吸困難等症狀。
			④淋巴白血病	主要表現為骨髓細胞異常增生；間歇熱、食慾下降、消瘦；黏膜蒼白或出現出血點；血象表現為白血球總數增多；肝、脾腫大，淋巴結輕度至中度腫大。
		(2) 免疫抑制性症狀	①主要表現為 T 淋巴細胞數量減少，病毒尤其對未成熟的胸腺淋巴細胞有較強的致病作用，可致胸腺發生萎縮。 ②發燒、體重下降。 ③下痢、排血便、多尿。 ④惡性貧血（病貓主要因貧血、白血球減少和感染而死亡）。	
3	病理變化	①鼻腔、鼻甲骨、喉和氣管黏膜可見瀰漫性出血及壞死灶。 ②慢性病例常伴有鼻竇炎病變。 ③扁桃體、頸部淋巴結腫大且伴有出血點。 ④剖檢臟器可見腫瘤。		

二、實驗室診斷

序號	方法	要　點	
1	X 光檢查	(1) 按照 X 光檢查操作規範，進行相應部位的 X 光檢查。 (2) 腫瘤性病例，X 光檢查顯示內臟器官有腫物。	
2	間接螢光抗體試驗	優點	對病毒抗原檢出率高。
		缺點	陽性結果只能證明被檢測貓感染了病毒，不能證明是否發病。
3	酶聯免疫吸附試驗	優點	比間接螢光抗體試驗更簡便。
		缺點	檢出率低。
4	PCR 檢測	優點	檢出率更高。
		主要操作步驟	(1) 採集唾液、血液作為病料。 (2) 按照常規 PCR 操作規範進行 PCR 檢測。

三、防控措施

序號	內容	要　點
1	疫苗免疫	可接種 FeLV 弱毒疫苗預防本病，但 FeLV 弱毒疫苗對個別野毒感染和強毒攻擊的貓沒有保護作用。

2	治療	(1) 目前尚無特效藥物進行治療，可疑病貓應隔離並進行反覆檢查，盡量做到早確診。 (2) 確診的病貓宜撲殺。因患貓可帶毒和散毒，建議施行安樂死。

案例分析	針對導入的案例，在教師指導下完成附錄的學習任務單

複習與練習題

一、是非題

(　) 1. 貓白血病病毒可引起貓的免疫系統功能障礙。
(　) 2. 貓白血病病毒不會引起成年犬發病。
(　) 3. 貓白血病病毒耐高溫，但對紫外線沒有抵抗能力。
(　) 4. 貓白血病病毒是一種 DNA 病毒。
(　) 5. 貓白血病病程短、死亡率高。
(　) 6. 貓白血病主要引起貓白血球異常增殖，不會導致白血球減少。
(　) 7. 貓白血病潛伏期長，臨床症狀可分為腫瘤性和免疫抑制性兩類。
(　) 8. 貓白血病病例中，消化道淋巴瘤型約占全部病例的 30%。
(　) 9. 貓白血病可治癒，不需要進行撲殺。
(　) 10. 貓白血病有疫苗可進行預防，保護率為 100%。

二、單選題

1. 貓白血病的英文縮寫是（　）。
A. FPV　B. FCV　C. FIP　D. FeL
2. 貓白血病病毒的核酸類型屬於（　）。
A. 單股 DNA　B. 雙鏈 DNA　C. 單股 RNA　D. 雙鏈 RNA
3. 與貓白血病致病模式相似的疾病是（　）。
A. 貓泛白血球減少症　B. 貓後天性免疫缺陷症候群
C. 貓傳染性腹膜炎　D. 貓杯狀病毒病
4. 下列哪個環境條件可將貓白血病病毒滅活？（　）。
A. $pH<4.5$　B. $5<pH<7$　C. $8<pH<9$　D. $10<pH$
5. 下列最易患貓白血病的年齡段是（　）。
A. 小於 4 月齡　B. 5～6 月齡　C. 7～12 月齡　D. 大於 12 月齡
6. 患貓白血病的病例中主要表現為骨髓細胞異常增殖的屬於（　）。
A. 消化道淋巴瘤型　B. 多發淋巴瘤型　C. 胸腺淋巴瘤型　D. 淋巴白血病
7. 患貓白血病的病例中主要表現為全身多處淋巴結腫大，觸診體表淋巴結腫大、堅硬的屬於（　）。
A. 消化道淋巴瘤型　B. 多發性淋巴瘤型　C. 胸腺淋巴瘤型　D. 淋巴白血病
8. 貓白血病病例中，消化道淋巴瘤型的病例出現腸道淋巴組織、腸繫膜淋巴結腫瘤，此類腫瘤的腫瘤細胞是（　）。

A. 中性粒細胞　B. 單核細胞　C. T 淋巴細胞　D. B 淋巴細胞

9. 貓白血病病例中，免疫抑制型疾病主要表現為（　）數量減少。

A. 中性粒細胞　B. 單核細胞　C. T 淋巴細胞　D. B 淋巴細胞

10. 如果透過 PCR 方法檢測貓白血病，採集的檢測樣本最好為（　）。

A. 唾液或血液　B. 糞便或尿液　C. 腦脊液　D. 以上都不是

習題答案

一、是非題

1.√　2.×　3.×　4.×　5.√　6.×　7.√　8.√　9.×　10.×

二、單選題

1.D　2.C　3.B　4.A　5.A　6.D　7.B　8.D　9.C　10.A

第二章
寵物寄生蟲病

第七節　寵物寄生蟲病診斷與防治技術

學習目標

一、知識目標

1. 認識寵物寄生蟲與宿主的關係。
2. 掌握寵物寄生蟲病的發生與流行規律。
3. 掌握寵物寄生蟲病診治的工作程序。
4. 掌握寵物寄生蟲病的診斷、治療與預防的基礎知識。

二、技能目標

1. 能正確理解和看待寵物寄生蟲病的發展進程，具備綜合調查分析的能力。
2. 能正確理解和貫徹寵物寄生蟲病防控的方針、政策。
3. 掌握寵物寄生蟲病診治的工作流程。
4. 能運用寵物寄生蟲病診治的技術和方法，對患病寵物實施診治。
5. 能進行相關知識的自主、合作、探究學習。

任務一　寵物寄生蟲病的發生與流行

內容	要　點
訓練目標	正確理解寵物寄生蟲病發生和流行的基本規律。
思考	1. 寵物寄生蟲病（如血吸蟲病）是如何發生和流行的? 2. 如何利用寵物寄生蟲病發生和流行規律來防控寵物寄生蟲病?

內容與方法

一、寵物寄生蟲病的發生

序號	內容	要點		
		寄生蟲完成生活史(即一代生長、發育、繁殖的全過程)的條件		①必須有適宜的宿主。 ②蟲體必須發育到感染性（或侵襲性）階段。 ③寄生蟲有與宿主接觸的機會。 ④寄生蟲必須有適宜的感染途徑。 ⑤寄生蟲進入宿主體內後，有一定的移行路徑。 ⑥寄生蟲必須耐過宿主的抵抗力。
		生活史類型		①直接發育型：土源性寄生蟲（如蛔蟲，犬、貓消化道線蟲等）生活史不需要中間宿主，蟲卵或幼蟲在外界發育到感染期後直接感染動物或人。 ②間接發育型：生物源性寄生蟲（如旋毛蟲、華支睪吸蟲等）需要中間宿主完成生活史，幼蟲在中間宿主體內發育到感染期後再感染動物或人。
1	寄生蟲	寄生蟲類型	(1)按寄生部位分	①內寄生蟲：寄生於體液、組織、內臟。如蛔蟲等。 ②外寄生蟲：寄生在宿主體表。如蟎、虱等。
			(2)按寄生宿主的時間分	①暫時性寄生蟲：只在吸血時與宿主接觸，吸血後很快離開。如吸血昆蟲。 ②固定性寄生蟲：生活史中各發育階段都在宿主體表或體內度過，即永久性寄生蟲，如旋毛蟲、蟎等；一生中只有1個或幾個發育階段在宿主體表或體內完成，即週期性寄生蟲，如肝片吸蟲、蛔蟲等。
			(3)按對宿主的依賴性分	①固需寄生蟲：完成寄生蟲生活史，必需營寄生生活。如吸蟲、絛蟲、大多數寄生線蟲。 ②兼性寄生蟲：生活史中的一個發育期遇到合適機會，可進入宿主體內營寄生生活。如類圓線蟲。

1	寄生蟲	寄生蟲類型	(4) 按寄生宿主數目分	①單宿主寄生蟲：全部發育過程只需 1 個宿主。如犬弓首蛔蟲。 ②多宿主寄生蟲：發育過程需多個宿主。如肝片吸蟲。
			(5) 按寄生蟲進入宿主情況分	①機會致病寄生蟲：宿主免疫功能受損時，隱性感染於機體的蟲體則大量繁殖，致病力增強。如隱孢子蟲。 ②偶然寄生蟲：進入非正常宿主體內或黏附於體表。如嚙齒動物的虱偶然叮咬人或犬。
2	宿主	依寄生蟲發育特性分	①中間宿主：寄生蟲無性繁殖階段或幼蟲寄生的宿主。如犬、人、豬等為弓形蟲的中間宿主。 ②終末宿主：寄生蟲有性繁殖階段或成蟲寄生的宿主。如貓為弓形蟲的終末宿主。 ③保蟲宿主：多宿主寄生蟲所寄生的非經常寄生的動物。如野生動物是肝片吸蟲的保蟲宿主。 ④儲藏宿主：某些寄生蟲的感染性幼蟲轉入一個其生理上不需要的宿主，並不發育繁殖，但保持對宿主的感染力。 ⑤帶蟲宿主：宿主感染寄生蟲自行康復或治癒後，或隱性感染時，宿主對寄生蟲保持一定免疫力，無明顯臨床症狀，但保留一定量的蟲體感染。 ⑥傳染媒介：在宿主間傳染寄生蟲病的一些低等動物，尤其是傳染血液原蟲病的吸血節肢動物。	
3	寄生蟲與宿主的相互關係	(1) 寄生蟲對宿主的影響	①奪取營養：奪取宿主的營養物質，如蛋白質、醣類、脂肪、維他命、微量元素等。 ②機械性損傷：以吸盤、吻突、小鉤、口囊等器官固著；幼蟲在宿主臟器、組織內移行；寄生蟲生長壓迫寄生部位器官、組織；大量蟲體阻塞消化道、呼吸道、實質器官和腺體；細胞內寄生的原蟲破壞組織細胞。 ③帶入病原引起繼發感染。 ④寄生蟲的代謝產物、分泌物、排泄物及死亡蟲體的崩解產物導致宿主局部或全身性中毒或免疫損傷。	

3	寄生蟲與宿主的相互關係	(2) 宿主對寄生蟲的影響	①局部組織的抗損傷反應：宿主組織產生炎性充血、免疫活性細胞浸潤，局部進行吞噬、溶解蟲體，或將蟲體包圍形成包囊和結節。 ②先天性免疫：包括種屬免疫、年齡免疫和個體免疫。 ③特異性免疫：寄生蟲及其代謝產物、分泌物都具有抗原性，可使機體產生免疫應答，即特異性免疫（又稱後天性免疫）。 ④免疫逃避：寄生蟲侵入免疫功能正常的宿主體內，逃避宿主的免疫效應，並發育、繁殖、生存的現象。

二、寵物寄生蟲病的流行

序號	內容	要點	
1	寄生蟲病發生的基本環節	(1) 感染源：寄生蟲的一定發育階段（如成蟲、幼蟲、蟲卵、卵囊等）、被寄生蟲感染的各種載體（如宿主、生物傳染媒介等）。 (2) 感染途徑：寄生蟲感染宿主的方式、入侵門戶、過程。 (3) 易感宿主：對某寄生蟲有易感性的宿主動物。	
2	寄生蟲病的流行特點	(1) 地區性	①自然條件對動物種群分布的影響。如血吸蟲病的流行區與釘螺的地理分布有關。 ②寄生蟲對自然條件的適應性。如球蟲病更適應溫暖潮濕氣候。 ③寄生蟲自身生物學特性。 ④與人們生活習慣和條件有關。如旋毛蟲病、華支睪吸蟲病在喜吃生肉、生魚的地區多發。
		(2) 季節性：有明顯的季節性差異。 (3) 散發性：多呈散發性。 (4) 自然疫源性：野生動物往往成為這些寄生蟲的保蟲宿主。	
3	影響流行過程的因素	(1) 自然因素：包括地理位置、氣候等。 (2) 生物因素：包括宿主、生物群等。 (3) 社會因素：包括社會經濟狀況、社會制度、生活習慣、生產方式等。	

複習與練習題

一、是非題

（ ）1. 寄生蟲必須有適宜的宿主。

（ ）2. 寄生蟲蟲體必須發育到感染性（或侵襲性）階段才具有感染性。

（ ）3. 寄生蟲必須有適宜的感染途徑。

（ ）4. 寄生蟲進入宿主體內後，有一定的移行路徑。

（　）5. 土源性寄生蟲（如蛔蟲，犬、貓消化道線蟲等）生活史不需要中間宿主。

（　）6. 生物源性寄生蟲（如旋毛蟲、華支睾吸蟲等）需要中間宿主完成生活史。

（　）7. 生物源性寄生蟲的幼蟲在中間宿主體內發育到感染期後再感染動物或人。

（　）8. 中間宿主即在寄生蟲無性繁殖階段或幼蟲期時寄生的宿主。如犬、人、豬等為弓形蟲的中間宿主。

（　）9. 終末宿主即在寄生蟲有性繁殖階段或成蟲期時寄生的宿主。如貓為弓形蟲的終末宿主。

（　）10. 感染源即寄生蟲的一定發育階段（如成蟲、幼蟲、蟲卵、卵囊等）、被寄生蟲感染的各種載體（如宿主、生物傳染媒介等）。

二、單選題

1. 以下屬於土源性寄生蟲的是（　）。
   A. 蛔蟲　B. 旋毛蟲　C. 華支睾吸蟲　D. 以上都不是
2. 以下屬於生物源性寄生蟲的是（　）。
   A. 華支睾吸蟲　B. 蛔蟲　C. 犬、貓消化道線蟲　D. 以上都是
3. 以下不屬於弓形蟲的中間宿主的是（　）。
   A. 貓　B. 犬　C. 人　D. 豬
4. 寄生蟲對宿主的影響，不包括（　）。
   A. 先天性免疫　B. 機械性損傷
   C. 帶入病原引起繼發感染　D. 奪取營養
5. 宿主對寄生蟲的影響，包括（　）。
   A. 機械性損傷　B. 先天性免疫
   C. 特異性免疫　D. 局部組織的抗損傷反應
6. 寄生蟲的一定發育階段包括（　）。
   A. 成蟲　B. 幼蟲　C. 蟲卵　D. 以上都是
7. 寄生蟲對宿主的影響，包括（　）。
   A. 奪取營養　B. 機械性損傷　C. 引起繼發感染　D. 以上都是
8. 宿主對寄生蟲的影響包括（　）。
   A. 局部組織的抗損傷反應　B. 先天性免疫
   C. 特異性免疫　D. 以上都是
9. 寄生蟲病的流行特點包括（　）。
   A. 地區性　B. 季節性　C. 流行性　D. 以上都對
10. 影響寄生蟲病流行過程的因素包括（　）。
    A. 自然因素　B. 社會因素　C. 生物因素　D. 以上都對

習題答案

一、是非題

1.√ 2.√ 3.√ 4.√ 5.√ 6.√ 7.√ 8.√ 9.√ 10.√

二、單選題

1.A 2.A 3.A 4.A 5.A 6.D 7.D 8.D 9.D 10.D

任務二　寵物寄生蟲病的診斷

寵物寄生蟲病的診斷包括流行病學分析、臨床症狀診斷、病理變化診斷、病原學診斷、輔助診斷、基因診斷等。

內容	要　點
訓練目標	能正確診斷寵物寄生蟲病。
思考	1. 寵物寄生蟲病的診斷有哪些方法? 2. 如何對寵物糞便進行顯微鏡檢查? 3. 在診斷寵物寄生蟲病時，需具備哪些素養?

內容與方法

一、流行病學分析

序號	內容		要　點
1	流行病學調查	(1) 調查內容	①調查樣本情況：被檢寵物數量、來源、品種、性別、年齡等。 ②寵物飼養管理情況：飼養方式、飼料的來源與品質、水源及外出牽遛狀況等。 ③寵物所在環境情況：居住環境的消毒與驅蟲情況；外界環境的土壤，植物特性，地勢，降水量及季節分布，河流及水源。 ④中間宿主和傳染媒介：中間宿主、傳染媒介的存在和分布情況。 ⑤本次寵物發病與死亡情況：營養狀況、發病數、死亡數、臨床表現、用藥情況、以往發病情況或病死寵物剖檢所見、發病時間以及死亡時間。 ⑥近期寵物發病及死亡狀況：發病季節、寵物發病數量、發病時間、死亡數量及死亡時間、發病與死亡的原因以及採取的措施和效果。
		(2) 調查方法	①擬定調查提綱。 ②採取詢問方式擷取調查內容。 ③查閱相關寄生蟲病的記錄資料。 ④透過到寵物醫院、寵物市場以及寵物養殖場實地考察等方式收集有關寄生蟲病的資料。
2	流行病學分析	(1) 發生率	(動物發病數/調查樣本中的動物總數)×100%
		(2) 死亡率	(死亡動物數/調查樣本中的動物總數)×100%
		(3) 致死率	(某時間內死亡動物數/調查樣本中發病動物總數)×100%

二、臨床症狀診斷			
序號	方法		要　點
1	生理常數的檢查與診斷	(1) 體溫	血液寄生蟲常會引起體溫升高。
		(2) 呼吸數	血液寄生蟲、心臟內的寄生蟲、肺內寄生蟲常會引起呼吸數的明顯變化。
		(3) 心率（脈搏）	血液寄生蟲、心臟內的寄生蟲、肺內寄生蟲會引起循環障礙從而導致心率（脈搏）的異常。
2	臨床症狀的檢查與診斷	(1) 臨床基礎檢查	透過問診、視診、觸診、聽診、叩診、嗅診等檢查方法檢查寵物表現哪些異常症狀，有些寄生蟲所引起的疾病可表現特徵性的臨診症狀，如疥蟎可引起動物奇癢、脫毛。
		(2) 症狀分析	根據臨床檢查擷取的異常症狀，結合寄生蟲的生活史、致病機制與特點，分析寵物機體可能患有的寄生蟲病，做出初步診斷。為進一步的特異性檢查提供依據。

三、病理變化診斷			
序號	方法		要　點
1	死亡寵物屍體剖檢	(1) 剝皮	剝皮的同時觀察皮下組織、淺表淋巴結的病變，及時發現並採集病變組織和蟲體。
		(2) 切開腹腔	觀察腹腔臟器的位置及特殊病變。
		(3) 切開胸腔	觀察胸腔臟器的位置及特殊病變。
		(4) 採取胸腹腔臟器	將臟器從體腔中取出，可按器官解剖順序依次進行剖檢。
2	器官病理變化觀察	(1) 空腔器官剖檢	先仔細觀察漿膜病變，再剪開臟器觀察黏膜病變，當發現蟲體時，用分離針將蟲體挑出。其他內容物可用生理鹽水沖洗下來，並進行沉澱過濾，取沉澱物檢查有無蟲體或蟲卵。
		(2) 實質器官剖檢	①先仔細觀察漿膜病變，再剪開臟器觀察臟器切面病變。 ②取病灶部位做壓片或切片，觀察器官組織的病理變化以及有無蟲體或蟲卵。 ③取臟器加水進行反覆沉澱，檢查沉澱物有無蟲體或蟲卵。

2	器官病理變化觀察	(3) 體腔積液檢查	若體腔中有積液，收集積液做相關的檢查。
		(4) 登記	登記剖檢動物的基本資訊以及記錄剖檢結果。
3	組織病變分析		根據動物屍體剖檢擷取的病理變化以及對各臟器進行的寄生蟲蟲體和蟲卵檢查結果進行分析進而確診。

四、病原學診斷

序號	方法		要點
1	糞便檢查法	(1) 直接塗片法	①取乾淨載玻片，在中間位置滴加 1～2 滴生理鹽水。 ②用牙籤或棉花棒挑取少量糞便，並將糞便放置於載玻片中間的生理鹽水中，攪拌混勻。 ③將糞便攪勻塗開後，蓋上蓋玻片。 ④用顯微鏡觀察有無蟲卵。 ⑤本法優點是操作簡單，缺點是檢出率較低，適用於糞便中有較多蟲卵的病例，否則容易出現假陰性，所以通常結果為陰性的情況下，要求同一糞樣至少重複檢查 3 次。
		(2) 飽和食鹽水漂浮法	①取 1g 糞便置於燒杯中或塑膠杯中，加入 5mL 飽和食鹽水進行攪拌。 ②攪拌混勻後將糞液用紗布進行過濾，取上清倒入 10mL 試管或 10mL 離心管中。 ③用滴管吸取飽和食鹽水加入試管或離心管中，至液面凸出管口為止。 ④將試管或離心管靜置 30min，然後用乾淨蓋玻片輕輕接觸液面，提起後放入載玻片上。 ⑤用顯微鏡觀察有無蟲卵。 ⑥本法優點是對密度低、重量較小的蟲卵檢出率高，如某些線蟲卵、絳蟲卵和球蟲卵囊。缺點是對密度大、重量較大的蟲卵檢出率低，如吸蟲卵和棘頭蟲卵。
		(3) 沉澱法	①取 10g 糞便置於燒杯（或塑膠杯）中。 ②加 100mL 清水攪拌混勻。 ③用紗布將糞液過濾到另一隻杯中。 ④靜置濾液 30min，去上層液，留沉澱。 ⑤重複②到④2～3 次，至上層液透明為止。 ⑥去掉最後一次上層液，用吸管吸取沉澱物滴於載玻片上，加蓋玻片鏡檢。 ⑦本法更適用於密度大、重量較大的蟲卵的檢查，如吸蟲卵和棘頭蟲卵的檢查。

2	血液檢查法	(1) 適用範圍	本法適用於血液寄生蟲的檢查，如巴貝斯蟲、伊氏錐蟲、微絲蚴等。
		(2) 操作步驟	①採血滴加於載玻片一端。 ②用另一乾淨載玻片將血滴向盛血載玻片另一端勻速推開，形成厚度適宜的血膜，即血塗片。 ③晾乾血塗片，滴加 2～3 滴甲醇於血膜上，使其固定，再進行吉姆薩染色或瑞氏染色。 ④用顯微鏡檢查有無蟲體。
3	皮膚皮屑檢查法	(1) 適用範圍	此法適用於體表寄生蟲（如蟎蟲）的檢查。
		(2) 操作步驟	①用無菌刀片刮取病變皮膚與健康皮膚交界處的皮膚，放置於載玻片上。 ②在採集的樣本上滴加 1～2 滴 50% 甘油或 10% NaOH 溶液，用牙籤調勻。 ③蓋上蓋玻片，用顯微鏡檢查有無蟲體或蟲卵。

五、輔助診斷

序號	內容	要點
1	動物試驗	①取患病動物的血液、肺、肝、淋巴結等病料。 ②將病料進行相應處理後接種實驗動物，觀察被接種實驗動物是否出現與患病動物相似的症狀。 ③在被接種實驗動物體內證實其病原體的存在，即可確診。
2	X 光檢查	寄生於實質器官、腦組織、肌肉組織內的寄生蟲可藉助 X 光診斷。
3	穿刺檢查	寄生於實質器官但肉眼較難觀察到的寄生蟲，可藉助穿刺檢查的方法進行診斷。如檢查犬的利什曼原蟲，可穿刺體表腫大的淋巴結及脾，將穿刺液製成塗片，染色後用顯微鏡檢查。
4	診斷性治療	在現有檢查手段尚不能確診的情況下，可根據初診結果進行用藥治療，透過治療效果來驗證診斷結果是否正確。

六、基因診斷

序號	內容	要點
1	基因診斷	透過檢測病料中是否存在可疑寄生蟲的特異性 DNA 序列來確診機體是否感染該寄生蟲。目前在臨床上應用較多的是 PCR 技術，如弓形蟲的 PCR 檢測，其優點是檢出率高。

複習與練習題

一、是非題

（　）1. 了解寄生蟲病發病季節屬於流行病學調查。

（　）2. 流行病學分析對寄生蟲病的診斷意義不大，可做可不做。

（　）3. 寄生蟲病的診斷不需要檢測患病動物的體溫。

（　）4. 呼吸數的測量對寄生蟲病的診斷意義不大，可以不用測量。

（　）5. 心率、脈搏的測量對寄生蟲病的診斷意義不大，可以不用測量。

（　）6. 有些寄生蟲感染可表現特徵性的臨診症狀，如疥蟎可引起奇癢、脫毛。

（　）7. 對病死寵物進行剖檢，剖檢順序為：剝皮→切開腹腔→切開胸腔→採取胸腹腔臟器檢查。

（　）8. 用直接塗片法檢查糞便中的蟲卵時，容易出現假陰性，所以通常結果為陰性時，要求同一糞樣至少重複檢查 3 次。

（　）9. 寄生於實質器官、腦組織、肌肉組織的寄生蟲可透過 X 光診斷。

（　）10. 目前基因診斷技術還沒有應用於寄生蟲病的診斷。

二、單選題

1. （動物發病數/調查樣本中的動物總數）×100％得到的數據是（　）。
   A. 發生率　B. 死亡率　C. 致死率　D. 以上都不是
2. （死亡動物數/調查樣本中的動物總數）×100％得到的數據是（　）。
   A. 發生率　B. 死亡率　C. 致死率　D. 以上都不是
3. （某時間內死亡動物數/調查樣本中發病動物總數）×100％得到的數據是（　）。
   A. 發生率　B. 死亡率　C. 致死率　D. 以上都不是
4. 透過問診、視診、觸診、聽診、叩診、嗅診等檢查方法進行診斷屬於（　）。
   A. 臨床症狀診斷　B. 病原學診斷　C. 輔助診斷　D. 基因診斷
5. 透過 PCR 檢測弓形蟲病屬於（　）。
   A. 臨床症狀診斷　B. 病原學診斷　C. 輔助診斷　D. 基因診斷
6. 糞便檢查的沉澱法適用於（　）病的檢查。
   A. 蛔蟲　B. 絳蟲　C. 吸蟲　D. 球蟲
7. 血液檢查法適用於（　）病的檢查。
   A. 棘頭蟲　B. 巴貝斯蟲　C. 蜱　D. 蟎
8. 皮膚皮屑檢查法適用於（　）病的檢查。
   A. 棘頭蟲　B. 巴貝斯蟲　C. 蜱　D. 蟎
9. 檢查犬利什曼原蟲病可使用的輔助診斷方法是（　）。
   A. 動物接種實驗　B. X 光檢查　C. 穿刺檢查　D. 以上都不是
10. 檢查犬肝片吸蟲病可使用的輔助診斷方法是（　）。
   A. 動物接種實驗　B. X 光檢查　C. 穿刺檢查　D. 以上都不是

習題答案

一、是非題

1.√ 2.× 3.× 4.× 5.× 6.√ 7.√ 8.√ 9.√ 10.×

二、單選題

1.A 2.B 3.C 4.A 5.D 6.C 7.B 8.D 9.C 10.B

任務三　寵物寄生蟲病的防治

內容	要　點
訓練目標	掌握寵物寄生蟲病防治原則和措施，能正確預防寵物寄生蟲病。
思考	1. 寵物寄生蟲病的防治有哪些方法? 2. 如何預防透過傳染媒介傳染的寄生蟲病? 3. 診治寵物寄生蟲病時，需具備哪些素養?

內容與方法

一、防治原則

序號	內容	要　點
1	控制感染源	隔離治療患病寵物，無害化處理患病寵物的排泄物，治癒後有計劃地定期進行預防性驅蟲。
2	切斷傳染途徑	（1）消除中間宿主或傳染媒介。 （2）對寵物糞便進行無害化處理。
3	保護易感寵物	（1）對易感動物透過驅蟲或注射疫苗進行預防，如弓形蟲病的預防可以注射弓形蟲疫苗。 （2）外出可噴灑殺蟲劑或驅避劑防止吸血昆蟲的叮咬，阻斷傳染媒介與易感動物接觸。

二、基本措施

序號	內容		要　點
1	驅蟲	（1）驅蟲類型	①治療性驅蟲，在寵物出現明顯的臨床症狀，並確診感染的寄生蟲類型後，要及時用特效驅蟲藥對患病寵物進行治療。如蛔蟲感染可用阿苯達唑、左旋咪唑、伊維菌素類藥物進行驅殺。必要時進行對症療法如強心、補液、輸血、止吐、止瀉等。 ②預防性驅蟲，對健康或未出現明顯症狀的寵物進行定期驅蟲，驅蟲藥應選擇廣譜、高效、低毒的藥物，確保安全有效。
		（2）驅蟲注意事項	①針對寵物情況選擇合適的驅蟲藥，根據寵物體重計算藥量。 ②給藥前確定好驅蟲藥的劑量、劑型、給藥方法和療程。 ③做好驅蟲記錄，記錄寵物的基本資訊，如寵物來源、品種、年齡、性別、健康狀況等；記錄給藥情況，如藥名、劑量、給藥方式、藥品製造單位和批號等。 ④密切關注寵物在給藥後 1～2d 內（尤其是驅蟲後 3～5h）有無異常變化，發現中毒立即急救。

2	消滅中間宿主或傳染媒介		對需要中間宿主或傳染媒介的寄生蟲，可以透過消滅中間宿主或傳染媒介來切斷寄生蟲的傳染途徑。如心絲蟲病需要蚊子的傳染，做好滅蚊工作可以有效預防心絲蟲病。可以在居家環境中使用家庭殺蟲劑來驅殺蚊、蟑螂、蜱等有害昆蟲，阻斷某些寄生蟲病的傳染，外出時可在動物體表噴灑安全的驅蟲藥避免蚊蟲的叮咬。
3	提高寵物自身抵抗力	(1) 幼齡寵物預防性驅蟲	幼齡寵物抵抗力弱，容易感染寄生蟲，可在斷乳後給予廣譜、低毒的驅蟲藥進行預防性驅蟲，提高幼齡寵物對寄生蟲病的抵抗力。
		(2) 成年寵物預防性驅蟲	成年寵物應每半年或一年進行定期預防性驅蟲，以提高對寄生蟲的抵抗力。
4	保持環境衛生		對寵物居住的環境、使用的墊料定期進行清洗和消毒，對寵物的排泄物進行無害化處理。

複習與練習題

一、是非題

（ ）1. 只有感染寄生蟲的動物需要驅蟲，健康動物不需要驅蟲。

（ ）2. 感染寄生蟲的寵物治療時不需要隔離。

（ ）3. 感染寄生蟲的寵物在治療期間，需要對寵物糞便進行無害化處理。

（ ）4. 感染寄生蟲的寵物在治療痊癒後可獲得終身免疫不再需要定期驅蟲。

（ ）5. 驅蟲藥應選擇選擇廣譜、高效、低毒的藥物。

（ ）6. 給予寵物驅蟲藥時，藥物劑量需要根據體重來確定。

（ ）7. 給予寵物驅蟲藥後，要密切關注寵物在給藥後 1～2d 內有無異常變化。

（ ）8. 成年動物不需要進行預防性驅蟲。

（ ）9. 幼齡寵物抵抗力弱，容易感染寄生蟲，可以透過給予驅蟲藥來提高幼齡寵物對寄生蟲病的抵抗力。

（ ）10. 需要傳染媒介的寄生蟲病可以透過消滅傳染媒介來預防。

二、單選題

1. 預防弓形蟲病可以通下列哪些方式？（ ）。
   A. 口服阿苯達唑　B. 口服磺胺嘧啶
   C. 注射伊維菌素　D. 注射弓形蟲病疫苗
2. 在預防性驅蟲時，應選擇（ ）的驅蟲藥進行驅蟲。
   A. 廣譜、低效、低毒　B. 廣譜、高效、低毒
   C. 窄譜、低效、低毒　D. 窄譜、高效、低毒
3. 給予寵物驅蟲藥時，應根據寵物（ ）計算藥量。
   A. 品種　B. 性別　C. 體重　D. 年齡

4. 給予寵物驅蟲藥後，要密切關注寵物在給藥後 1～2d，尤其是驅蟲後（　）h 有無異常變化。

A. 3～5　B. 6～12　C. 13～24　D. 25～48

5. 消滅心絲蟲病的傳染媒介可以阻斷心絲蟲病的傳染，因此可以透過（　）阻斷心絲蟲病的傳染。

A. 滅蚊　B. 滅蠅　C. 滅蜱　D. 滅蟻

6. 對易感染寄生蟲的患病寵物處理正確的是（　）。

A. 給予廣譜驅蟲藥　B. 注射疫苗

C. 給予針對性驅蟲藥　D. 以上都不是

7. 下列方法中屬於提高易感動物抵抗力的是（　）。

A. 殺滅環境中的蚊蟲　B. 對寵物糞便進行無害化處理

C. 不帶寵物到室外　D. 定期給予驅蟲藥進行預防性驅蟲

8. 帶寵物外出時可在動物體表噴灑安全的驅蟲藥避免蚊蟲的叮咬，可以預防某些寄生蟲病，這種防控方法屬於（　）。

A. 控制感染源　B. 切斷傳染途徑

C. 提高易感動物抵抗力　D. 以上都不是

9. 幼齡寵物進行預防性驅蟲時，可以在其（　）給予廣譜、低毒的驅蟲藥。

A. 出生後立即　B. 7 日齡　C. 10 日齡　D. 斷乳後

10. 下列對寄生蟲病的防控原則描述錯誤的是（　）。

A. 控制感染源　B. 切斷傳染途徑

C. 保護易感寵物　D. 以上都不對

習題答案

一、是非題

1.×　2.×　3.√　4.×　5.√　6.√　7.√　8.×　9.√　10.√

二、單選題

1.D　2.B　3.C　4.A　5.A　6.C　7.D　8.B　9.D　10.D

第八節　原蟲病

學習目標

一、知識目標

1. 掌握弓形蟲病、利什曼原蟲病、阿米巴病、球蟲病、犬巴貝斯蟲病、梨形鞭毛蟲病的基本知識。

2. 掌握寵物血液原蟲檢查的基本知識。

二、技能目標

1. 能正確進行弓形蟲病、利什曼原蟲病、阿米巴病、球蟲病、犬巴貝斯蟲病、梨形鞭毛蟲病的診斷、防治。

2. 能正確進行寵物血液原蟲檢查。

3. 能進行相關知識的自主、合作、探究學習。

任務一　弓形蟲病

弓形蟲病（Toxoplasmosis）是由剛地弓形蟲寄生在貓、犬、人等多種動物體內的一種常見原蟲病。弓形蟲的生活史為：蟲卵從終末宿主貓的肛門隨糞便排出，在外界環境中發育為具有感染性的孢子化卵囊，孢子化卵囊被中間宿主（如犬、貓、鼠、牛、羊、人等哺乳類動物）吞食後，可從腸黏膜進入微血管隨血液循環進入各器官組織的有核細胞內發育成速殖體（又稱假包囊），速殖體內有快速繁殖的蟲體稱為速殖子或滋養體，速殖子大量繁殖後，可以充滿整個細胞，導致細胞被破壞，速殖子釋出，又侵入新的細胞。若弓形蟲在細胞內的繁殖受到宿主免疫反應的影響，繁殖體內蟲體繁殖速度變慢，繁殖體內蟲體稱為慢殖子，繁殖體稱為慢殖體或包囊。中間宿主之間可以透過相互捕食而感染，但弓形蟲只能在中間宿主體內發育為速殖體或慢殖體，不能再進一步發育。當終末宿主捕食感染弓形蟲的中間宿主後，速殖子則可進入終末宿主的腸上皮細胞形成裂殖體，裂殖體破裂釋放出裂殖子，裂殖子進入腸上皮細胞形成配子，雄配子與雌配子結合形成合子，合子從腸上皮細胞釋出進入腸腔隨終末宿主糞便排出體外。

內容	要　點
訓練目標	正確診斷、防治犬、貓弓形蟲病。
案例導入	概述　德國牧羊犬，雌性，1.5 歲，42kg，幼年時接種過犬瘟熱、細小病毒病與狂犬病疫苗，成年後未免疫，配種已有 35d，在配種第 28 天時在寵物醫院進行 B 型超音波檢查確定已妊娠。主述：患犬就診前 5d，飲、食慾下降，精神逐漸萎靡，就診當天上午發現犬生殖器有血性分泌物流出，之後見孕囊排出，遂就診。患犬鼻鏡乾燥，眼角有少量分泌物，誘咳陽性，體溫 40.6℃，呼吸頻率 31 次/min。問診得知就診前半個月該寵物主人曾收養過一隻流浪貓，並將貓與犬飼養在同一環境。初診疑似犬弓形蟲病。 思考　1. 如何確診犬、貓弓形蟲病? 2. 如何防治犬、貓弓形蟲病? 3. 如何科學養寵物，才能有效防止犬、貓弓形蟲感染寵物主人?

內容與方法

一、臨床綜合診斷

序號	內容	要　點
1	流行病學特點	(1) 易感動物：恆溫動物，其中犬、貓感染率最高，貓是弓形蟲的唯一終末宿主，同時貓也可以作為弓形蟲的中間宿主。 (2) 無明顯季節性。
2	臨床症狀	(1) 體溫升高、精神不振、食慾不振。 (2) 眼睛症狀：瞳孔不均、眼結膜充血、對光反應遲鈍，甚至視覺喪失。 (3) 呼吸系統症狀：咳嗽、呼吸困難。 (4) 消化系統症狀：嘔吐、腹瀉。 (5) 循環系統症狀：貧血、黏膜蒼白。 (6) 神經系統症狀：運動失調、驚厥、抽搐及延髓麻痺。 (7) 生殖系統症狀：流產，產畸形胎、死胎。

二、實驗室診斷

序號	方法		要　點
1	病原學檢查	(1) 急性病例或感染早期	①取病變部位組織進行壓片。 ②進行吉姆薩染色或瑞氏染色。 ③用顯微鏡檢查速殖子［速殖子呈弓形、月牙形，大小為 (4～8) μm× (2～4) μm］。
		(2) 慢性病例和隱性感染	①取腦、眼、心肌和骨骼肌等多種器官組織（終末宿主取腸黏膜）進行壓片。 ②進行吉姆薩染色或瑞氏染色。 ③用顯微鏡檢查慢殖子。

2	弓形蟲快速檢測試紙	(1) 採集中間宿主、終末宿主血液，並按照檢測試劑盒要求處理血液。 (2) 按照弓形蟲快速檢測試紙要求，規範操作，快速檢測弓形蟲抗原或抗體。
	PCR檢查	(1) 從中間宿主、終末宿主採樣。 (2) 按照 PCR 操作規範進行 PCR 檢測，檢查弓形蟲抗原。

三、防治措施		
序號	內容	要　點
1	預防	定期注射弓形蟲疫苗。
2	治療	(1) 磺胺嘧啶：用法用量以說明書為主。 (2) 對症治療。
案例分析		針對導入的案例，在教師指導下完成附錄的學習任務單

複習與練習題

一、是非題

(　) 1. 弓形蟲屬於單細胞微生物，主要寄生在動物機體的有核細胞中。

(　) 2. 犬感染弓形蟲後，會從腸道中排出弓形蟲蟲卵。

(　) 3. 貓感染弓形蟲後，會從腸道中排出弓形蟲蟲卵。

(　) 4. 弓形蟲可以感染大部分溫血動物，如人、犬、貓、豬等。

(　) 5. 弓形蟲感染機體後可以進入機體多種器官的細胞中，尤其是腦組織。

(　) 6. 弓形蟲感染機體後主要引起流產，產畸形胎、死胎等症狀，所以弓形蟲只危害雌性動物不會危害雄性動物。

(　) 7. 撫摸患弓形蟲病的犬會被其感染。

(　) 8. 如果家中的貓感染了弓形蟲，人直接接觸貓的糞便時極易被感染。

(　) 9. 不養或不接觸寵物，就一定不會感染弓形蟲。

(　) 10. 弓形蟲病可以治癒，常用的治療藥物是磺胺嘧啶。

二、單選題

1. 弓形蟲的滋養體的形態為（　）。

A. 圓形　　B. 橢圓形　　C. 梭形　　D. 月牙形

2. 既是弓形蟲的中間宿主又是弓形蟲的終末宿主的動物是（　）。

A. 人　　B. 犬　　C. 貓　　D. 鼠

3. 下列動物如果感染了弓形蟲，能夠排出弓形蟲蟲卵的是（　）。

A. 人　B. 犬　C. 貓　D. 老鼠

4. 終末宿主可透過（　）將弓形蟲蟲卵排出體外。

A. 排糞　B. 排尿　C. 排汗　D. 分泌唾液

5. 下列傳染途徑不屬於弓形蟲病的主要傳染途徑的是（　）。

A. 母嬰傳染　B. 痰液、飛沫　C. 輸血和器官移植　D. 生食肉、乳、蛋

6. 弓形蟲的中間宿主之間主要透過（　）的方式相互傳染弓形蟲病。

A. 接觸皮膚　B. 排尿液　C. 接觸糞便　D. 捕食

7. 如果給犬檢測有無弓形蟲感染，適宜採集的檢測樣本為（　）。

A. 唾液　B. 血液　C. 尿液　D. 糞便

8. 用直接鏡檢法檢測弓形蟲時，可取肺、肝、淋巴結做塗片，採用（　）進行染色，然後置於顯微鏡下觀察。

A. 瑞氏染色法　B. 吉姆薩染色法　C. 鍍銀染色法　D. 伊紅染液

9. 可用於治療弓形蟲病的藥物是（　）。

A. 卡那黴素　B. 伊維菌素　C. 阿莫西林　D. 磺胺嘧啶

10. 給寵物接種弓形蟲疫苗前需要先進行抗原、抗體檢測，下列檢測結果中可以接種弓形蟲疫苗的是（　）。

A. 抗原陰性、抗體陰性　B. 抗原陰性

C. 抗體陰性　D. 抗原陽性

習題答案

一、是非題

1.√ 2.× 3.√ 4.√ 5.√ 6.× 7.× 8.√ 9.× 10.√

二、單選題

1.D 2.C 3.C 4.A 5.B 6.D 7.B 8.B 9.D 10.A

任務二　利什曼原蟲病

利什曼原蟲病（Leishmaniosis）又稱黑熱病。犬利什曼原蟲病是由杜氏利什曼原蟲寄生於犬的血液、骨髓、肝、脾、淋巴結等網狀內皮細胞中引起的人獸共患病。該病屬丙類傳染病，是重要的人獸共患病。

<table>
<tr><th>內容</th><th colspan="2">要　點</th></tr>
<tr><td>訓練目標</td><td colspan="2">正確診斷、防治利什曼原蟲病。</td></tr>
<tr><td rowspan="2">案例導入</td><td>概述</td><td>雄性泰迪犬，2 歲。注射狂犬病疫苗後，出現脫毛、厭食、消瘦、發燒等臨床症狀。右側肩胛部大片脫毛，被覆大量白色結痂，四肢及眼周存在少量結痂，皮膚與黏膜結合處輕微破潰結痂。初診疑似利什曼原蟲病。</td></tr>
<tr><td>思考</td><td>1. 如何確診利什曼原蟲病?
2. 如何防治利什曼原蟲病?
3. 預防利什曼原蟲病有何公共衛生意義?</td></tr>
</table>

<table>
<tr><th colspan="4">內容與方法</th></tr>
<tr><th colspan="4">一、臨床綜合診斷</th></tr>
<tr><th>序號</th><th>內容</th><th colspan="2">要　點</th></tr>
<tr><td>1</td><td>流行病學特點</td><td colspan="2">(1) 易感動物：犬（較易感）、人。
(2) 傳染源：主要是病犬。
(3) 傳染媒介：白蛉。
(4) 傳染途徑：白蛉叮咬。
(5) 季節性：發病高峰為白蛉活動季節（5－10 月）。</td></tr>
<tr><td>2</td><td>臨床症狀</td><td colspan="2">貧血；消瘦、衰弱；口角及眼瞼發生潰爛；慢性病例表現為全身皮屑性濕疹、被毛脫落。</td></tr>
<tr><th colspan="4">二、實驗室診斷</th></tr>
<tr><th>序號</th><th>方法</th><th colspan="2">要　點</th></tr>
<tr><td rowspan="3">1</td><td rowspan="3">病原學檢查</td><td colspan="2">發現利什曼原蟲即可確診該病。</td></tr>
<tr><td>(1) 檢查方法</td><td>①塗片法：以骨髓、淋巴結穿刺物做塗片進行瑞氏染色，鏡檢。
②皮膚活組織檢查：在皮膚結節處用針筒針頭刺破皮膚，挑取少量組織，或用手術刀刮取少量組織，做塗片進行瑞氏染色，鏡檢。</td></tr>
<tr><td colspan="2">(2) 病原體形態觀察：犬體內的蟲體稱為無鞭毛體，蟲體呈圓形或卵圓形，大小約為 4μm × 2μm。瑞氏染色後，蟲體呈淺藍色，胞核呈紅色圓形，常偏於蟲體一端，動基體為紫色或紅色。</td></tr>
</table>

2	其他檢查	(1) 犬利什曼原蟲膠體金快速檢測試劑盒。 (2) 犬利什曼原蟲 ELISA 試劑盒。 (3) 犬利什曼原蟲螢光定量 PCR 試劑盒。

三、防治措施		
序號	內容	要　點
1	預防	定期驅白蛉：使用溴氰菊酯。
2	綜合防治	(1) 使用溴氰菊酯定期噴灑犬舍及犬體，以消滅白蛉。 (2) 避免與白蛉接觸。 (3) 該病是嚴重的人獸共患病，且已基本消滅，陽性犬應進行無害化處理。
案例分析	針對導入的案例，在教師指導下完成附錄的學習任務單	

複習與練習題

一、是非題

(　) 1. 利什曼原蟲病是由杜氏利什曼原蟲寄生於犬的血液、骨髓、肝、脾、淋巴結等網狀內皮細胞中引起的。

(　) 2. 利什曼原蟲病屬丙類傳染病，是重要的人獸共患病。

(　) 3. 利什曼原蟲病發病高峰為白蛉活動季節，例如冬季。

(　) 4. 透過臨床症狀可確診利什曼原蟲病。

(　) 5. 可透過採集骨髓、淋巴結穿刺物做塗片，染色，鏡檢，檢查利什曼原蟲。

(　) 6. 可透過皮膚活組織做塗片，鏡檢，檢查利什曼原蟲。

(　) 7. 定期撲滅白蛉可預防利什曼原蟲病。

(　) 8. 由於利什曼原蟲病是重要的人獸共患病，因此犬感染該病後應撲殺。

(　) 9. 可使用溴氰菊酯定期噴灑犬舍及犬體，以消滅白蛉。

二、單選題

1. 利什曼原蟲病又稱（　）。

A. Q 熱　　B. 流行熱　　C. 出血熱　　D. 黑熱病

2. 犬利什曼原蟲病的病原是（　）。

A. 附紅血球體　　B. 杜氏利什曼原蟲　　C. 弓形蟲　　D. 疏螺旋桿菌

3. 利什曼原蟲病的傳染媒介是（　）。

A. 白蛉　　B. 蜱　　C. 蚤　　D. 虱

4. 利什曼原蟲寄生於動物的（　）。

A. 血液、骨髓、肝、脾、淋巴結等網狀內皮細胞中　B. 紅血球內
C. 小腸上皮細胞　D. 膽管

5. 利什曼原蟲病的發病具有季節性，一般是（　）。
A. 1—3 月　B. 5—10 月　C. 11—12 月　D. 冬季

6. 利什曼原蟲病皮膚活組織檢查的採樣部位是（　）。
A. 皮膚結節處　B. 毛和表皮鱗屑
C. 血液和毛髮　D. 血液和表皮鱗屑

7. 犬、貓利什曼原蟲病的臨床症狀有（　）。
A. 貧血、消瘦、衰弱
B. 口角及眼瞼潰爛
C. 慢性病例可出現全身皮屑性濕疹、水疱、膿疱等
D. 以上均可能

8. 可採用（　）檢測犬利什曼原蟲抗體。
A. 犬利什曼原蟲膠體金快速檢測試劑盒
B. 犬利什曼原蟲 ELISA 試劑盒
C. 犬利什曼原蟲螢光定量 PCR 試劑盒
D. 以上均可

9. 下列關於杜氏利什曼原蟲形態描述，正確的是（　）。
A. 犬體內的蟲體稱為無鞭毛體，蟲體呈圓形或卵圓形，大小約為 $4\mu m \times 2\mu m$
B. 蟲體活動性強
C. 經瑞氏染色後，蟲體呈淺藍色，胞核呈紅色圓形，常偏於蟲體一端
D. 動基體為紫色或紅色

10. 下列關於犬利什曼原蟲病的說法，正確的是（　）。
A. 該病不屬於人獸共患病
B. 應使用大量抗生素治療犬利什曼原蟲病
C. 陽性犬應進行無害化處理
D. 以上說法均正確

習題答案

一、是非題

1.√　2.√　3.×　4.×　5.√　6.√　7.√　8.√　9.√

二、單選題

1.D　2.B　3.A　4.A　5.B　6.A　7.D　8.D　9.B　10.C

任務三　球蟲病

球蟲病（Coccidiosis）是由艾美耳科、等孢屬的球蟲寄生於犬、貓的腸黏膜上皮細胞內而引起的一種原蟲病。犬、貓吞食具有感染能力的球蟲孢子化卵囊而感染，卵囊內的子孢子在宿主腸腔釋出並進入腸上皮細胞內進行繁殖形成裂殖體，裂殖體內含有多個蟲體，稱為裂殖子。裂殖體成熟後破裂，裂殖子釋出並進入新的腸上皮細胞繼續發育成裂殖體，如此反覆經過 3 代或更多代裂殖發育後，裂殖子進入腸上皮細胞形成配子。雌雄配子結合形成合子，合子從腸上皮細胞釋出進入腸腔形成卵囊隨糞便排出。卵囊被排出後在適宜環境下，經過 1d 或更長時間發育成具有感染能力的孢子化卵囊，孢子化卵囊被新的宿主吞食後感染球蟲病。

內容		要　點
訓練目標		正確診斷、防治球蟲病。
案例導入	概述	6 隻 2.5 月齡的柯基犬幼犬，同一窩出生，相繼出現精神沉鬱、食慾減退、腹瀉、糞便稀薄等症狀，偶見嘔吐。出現症狀 3d 後，其中 1 隻幼犬食慾廢絕，腹瀉，糞便混有血液和黏液，味道腥臭，遂就診。問診得知，6 隻幼犬均進行了 2 次免疫接種，但未進行驅蟲。經詢問，母犬有球蟲病病史，上一窩幼犬也有球蟲病病史。初診疑似球蟲病。
	思考	1. 如何確診球蟲病? 2. 如何防治球蟲病? 3. 在診治球蟲病時，需要具備哪些素養?

內容與方法

一、臨床綜合診斷

序號	內容	要　點
1	流行病學特點	(1) 易感動物：犬、貓、人、雞等多種動物。 (2) 無明顯季節性。
2	臨床症狀	(1) 精神不振、食慾不振、消瘦。 (2) 腹瀉、排出水樣糞便或排出帶血糞便。 (3) 貧血。 (4) 輕度感染一般不表現臨床症狀。

二、實驗室診斷		
序號	方法	要　點
1	病原學檢查	(1) 犬等孢球蟲。孢子卵囊呈卵圓形或橢圓形，大小為 (30.7～42.0) μm× (24.0～34.0) μm，內含 2 個孢子囊，每個孢子囊內含 4 個子孢子。 (2) 貓等孢球蟲。孢子化卵囊呈卵圓形，大小為 (35.9～46.2) μm× (25.7～37.2) μm。

三、防治措施		
序號	內容	要　點
1	藥物預防	(1) 定期驅蟲：可使用磺胺類藥物、氨丙啉、托曲珠利、地克珠利、甲硝唑等藥物定期驅蟲。 (2) 妊娠母犬產前 10d 飲用氨丙啉水 (氯丙啉 900mg、水 1kg)。 (3) 初生仔犬飲用氨丙啉水 7～10d。
2	治療	(1) 磺胺二甲氧嘧啶：每公斤體重 55mg，混飼，每天 2 次，連用5～7d。 (2) 氨丙啉：每公斤體重 50～100mg，混飼，每天 2 次，連用4～5d。 (3) 對症治療。 (4) 營養支持。
3	其他措施	及時清理患病犬、貓糞便，糞便進行無害化處理，避免蟲卵汙染環境。
案例分析		針對導入的案例，在教師指導下完成附錄的學習任務單

複習與練習題

一、是非題

(　) 1. 球蟲病是一種人畜共患病。
(　) 2. 球蟲卵囊對消毒藥很敏感，在乾燥空氣中幾分鐘內就會死亡。
(　) 3. 球蟲卵囊在 55℃ 的環境中可以存活幾個小時。
(　) 4. 球蟲卵囊可以透過糞便排出，汙染外界環境。
(　) 5. 球蟲的生長發育不需要中間宿主。
(　) 6. 宿主感染球蟲後機體會出現貧血、腹瀉、帶黏液血便等症狀。
(　) 7. 妊娠母犬可透過產前 10d 飲用氨丙啉水預防球蟲病。
(　) 8. 目前沒有有效的預防球蟲病的方法。
(　) 9. 當犬感染球蟲時，可用磺胺喹噁啉驅蟲。
(　) 10. 吡喹酮可以用於治療球蟲病。

二、單選題

1. 球蟲寄生於（　）。

A. 眼瞬膜　B. 腸黏膜　C. 膽囊　D. 橫紋肌

2. 球蟲屬於（　）。

A. 原蟲　B. 線蟲　C. 吸蟲　D. 絛蟲

3. 下列屬於球蟲病的易感動物的是（　）。

A. 未驅蟲的 4 月齡犬　B. 已免疫、已驅蟲的 8 月齡犬

C. 已免疫、已驅蟲的 8 月齡貓　D. 6 歲成年犬

4. 球蟲會引起的症狀是（　）。

A. 黃疸　B. 肌肉疼痛　C. 抽搐　D. 腹瀉、便血

5. 球蟲卵囊內有（　）個孢子囊。

A. 4　B. 3　C. 2　D. 1

6. 球蟲卵囊在下列的環境中存活時間最長的是（　）。

A. 在乾燥空氣中　B. 55℃　C. 80℃　D. 100℃

7. 球蟲致病力最強的生長發育階段是（　）。

A. 孢子化卵囊　B. 未孢子化卵囊　C. 裂殖體　D. 配子體

8. 球蟲病診斷常用的集卵方法是（　）。

A. 清水漂浮法　B. 飽和食鹽水沉澱法

C. 清水沉澱法　D. 飽和食鹽水漂浮法

9. 下列藥物能治療球蟲病的是（　）。

A. 0.5%左旋咪唑　B. 托曲珠利　C. 氯黴素　D. 阿苯達唑

10. 可以透過（　）預防球蟲病。

A. 勤洗手　B. 飲用氨丙啉水　C. 不吃生肉　D. 滅蜱

習題答案

一、是非題

1.√　2.×　3.×　4.√　5.√　6.√　7.√　8.×　9.√　10.×

二、單選題

1.B　2.A　3.A　4.D　5.C　6.A　7.C　8.D　9.B　10.B

任務四　犬巴貝斯蟲病

犬巴貝斯蟲病（Canine babesiosis）是由巴貝斯科、巴貝斯屬的蟲體寄生於犬的紅血球內所引起的一種原蟲病。寄生於犬的巴貝斯蟲主要有犬巴貝斯蟲、吉氏巴貝斯蟲和韋氏巴貝斯蟲等 3 種，蜱是牠們的終末宿主。其生活史為：巴貝斯蟲在犬紅血球內生長繁殖，蜱叮咬、吸食患犬血液後，巴貝斯蟲配子體進入蜱的腸管發育為合子，合子經運動進入蜱卵細胞，隨子代蜱發育進入其唾液腺形成巴貝斯蟲子孢子，健康犬被攜帶巴貝斯蟲子孢子的蜱叮咬後感染。

內容		要　點
訓練目標		正確診斷、防治犬巴貝斯蟲病。
案例導入	概述	一隻 1 歲雄性史賓格警犬，體重為 17.5kg，持續 15d 無食慾，出現流鼻血、高燒、打噴嚏、尿黃等症狀，此後另一隻警犬（昆明犬、2 歲、雄性）也發病，在其他寵物診所治療 15d 未見好轉，遂轉院。初診疑似犬巴貝斯蟲病。
	思考	1. 如何確診犬巴貝斯蟲病? 2. 如何防治犬巴貝斯蟲病? 3. 在診治犬巴貝斯蟲病時，需要具備哪些素養?

內容與方法

一、臨床綜合診斷

序號	內容	要　點
1	流行病學特點	（1）易感動物：犬，各年齡階段均可感染。 （2）一年四季均可感染，夏季多發。
2	臨床症狀	（1）精神沉鬱、體溫升高至 40～41℃。 （2）喜臥、運動不耐受、運動後氣喘咳嗽明顯。 （3）貧血、黏膜蒼白。 （4）溶血、可視黏膜黃染、血紅素尿症（尿呈深黃色、暗褐色、醬油色等）。 （5）感染吉氏巴貝斯蟲時，不出現黃疸。 （6）感染韋氏巴貝斯蟲時，還伴有皮膚的廣泛性出血。

二、實驗室診斷			
序號	方法		要點
1	病原學檢查	(1) 操作步驟	①取血液做血塗片。 ②進行瑞氏染色、吉姆薩染色、迪夫染液染色。 ③顯微鏡檢查紅血球內是否有巴貝斯蟲蟲體。
		(2) 結果判讀	①陽性者可見單個紅血球有多個蟲體，不同類型的巴貝斯蟲形態會有些許差異。 ②吉氏巴貝斯蟲，蟲體小，呈環形、橢圓形、小桿形，直徑 1～2.5μm，多位於紅血球的邊緣，或位於邊緣偏中央。 ③犬巴貝斯蟲，蟲體較大，直徑4～5μm，呈梨籽形，有時可見蟲體發生變形而呈環形或其他形狀。 ④韋氏巴貝斯蟲，蟲體比犬巴貝斯蟲稍小，呈圓形、卵圓形或梨籽形。
2	PCR 檢測		(1) 按照 PCR 操作規範要求進行巴貝斯蟲檢測。 (2) 用凝膠成像分析儀分析，並測定 PCR 產物序列。

三、防治措施		
序號	內容	要點
1	藥物預防	可使用伊維菌素定期驅蟲或外出時給犬戴雙甲脒驅蟲項圈。
2	治療	(1) 血蟲淨 (主要成分為三氮脒)，犬、貓每公斤體重 3～4mg，配成 5% 溶液，肌內注射。 (2) 硫酸喹啉脲，每公斤體重 0.5mg，肌內注射。 (3) 對症治療。
3	其他措施	(1) 避免終末宿主 (蜱蟲) 與中間宿主 (犬) 接觸。 (2) 居住環境定期用殺蟲驅蟲消毒劑清洗或噴灑，如：1%～2% 倍硫磷、1%～2% 馬拉硫磷、0.05%～0.1% 溴氰菊酯。
案例分析	針對導入的案例，在教師指導下完成附錄的學習任務單	

複習與練習題

一、是非題

(　) 1. 犬是犬巴貝斯蟲病的易感動物。

（　）2. 犬巴貝斯蟲病可經皮膚接觸傳染。

（　）3. 犬巴貝斯蟲病的臨床症狀主要是嚴重溶血性貧血、血紅素尿症。

（　）4. 犬巴貝斯蟲病高發期為1月，多爆發於北方。

（　）5. 吉氏巴貝斯蟲多呈現圓點形、環形、小桿形等形態。

（　）6. 宿主感染犬巴貝斯蟲後出現嚴重貧血時需要輸血。

（　）7. 確診犬巴貝斯蟲病的方法是：做血塗片，用瑞氏染色或吉姆薩染色後鏡檢。

（　）8. 目前沒有有效的預防犬巴貝斯蟲病的方法。

（　）9. 當犬感染犬巴貝斯蟲時，可用血蟲淨驅除。

（　）10. 吡喹酮可以用於治療犬巴貝斯蟲病。

二、單選題

1. 犬巴貝斯蟲寄生於（　）。
   A. 眼內皮細胞　B. 腸黏膜上皮細胞　C. 紅血球　D. 白血球
2. 犬巴貝斯蟲屬於（　）。
   A. 原蟲　B. 線蟲　C. 吸蟲　D. 絳蟲
3. 犬巴貝斯蟲呈（　）。
   A. 圓形　B. 梨籽形　C. 梭形　D. 圓錐形
4. 下列屬於犬巴貝斯蟲病的傳染途徑的是（　）。
   A. 經蟲媒傳染　B. 經空氣傳染
   C. 經乳汁傳染　D. 經皮膚傳染
5. 下列屬於犬巴貝斯蟲病的傳染媒介的是（　）。
   A. 鳥　B. 蚊　C. 蜱　D. 跳蚤
6. 犬巴貝斯蟲不會引起的症狀是（　）。
   A. 黃疸　B. 發燒　C. 抽搐　D. 貧血
7. 韋氏巴貝斯蟲感染會引起的症狀是（　）。
   A. 廣泛性出血　B. 黃疸性貧血
   C. 不規則回歸熱　D. 茶色尿
8. 常用於確診犬巴貝斯蟲病的方法是（　）。
   A. 組織塗片法　B. 血液塗片法
   C. 肌肉壓片法　D. 肌肉消化法
9. 下列藥物能治療犬巴貝斯蟲病的是（　）。
   A. 0.5％左旋咪唑　B. 托曲珠利　C. 三氮脒　D. 阿苯達唑
10. 可以透過（　）預防犬巴貝斯蟲病。
    A. 勤洗手　B. 飲用氨丙啉水　C. 不吃生肉　D. 滅蜱

習題答案

一、是非題

1.√ 2.× 3.√ 4.× 5.√ 6.√ 7.√ 8.× 9.√ 10.×

二、單選題

1.C 2.A 3.B 4.A 5.C 6.C 7.A 8.B 9.C 10.D

任務五　梨形鞭毛蟲病

梨形鞭毛蟲病（Giardiasis）是由犬梨形鞭毛蟲和貓梨形鞭毛蟲分別寄生於犬、貓的小腸所引起的疾病，該病病原具有宿主特異性。梨形鞭毛蟲生活史為：宿主吞食梨形鞭毛蟲包囊後，在十二指腸脫囊形成滋養體，滋養體侵入腸壁，以縱二分裂法繁殖，引起腸炎。滋養體在腸內乾燥或排至結腸時，變為包囊，並在包囊內繁殖，隨糞便排出體外。梨形鞭毛蟲滋養體對外界抵抗力差，包囊對外界抵抗力強，在糞便中可存活 10d 以上。

內容		要　點
訓練目標		正確診斷、防治梨形鞭毛蟲病。
案例導入	概述	柴犬，雄性，體重 7kg，3 月齡。平時飼餵犬糧為主。常規接種疫苗、體內外驅蟲。主訴就診前一週前吃過豬骨，之後糞便帶鮮血，但成型，給予斯密達之後好轉。就診前 1d 又吃過豬骨，就診當天糞便偏軟伴有鮮紅色黏液。就診當天精神食慾正常，排尿正常。體溫 38.3℃，心率 125 次/min，呼吸 25 次/min。體況評分 4 分（1～9 分），CRT1～2s，精神良好。可視黏膜粉紅，無明顯脫水表現。聽診心肺無異常，觸診腹部對稱，病犬稍顯緊張，有腸鳴音，肛周乾淨。糞便呈棕褐色，糞便分數 3 分（1～5 分）。初診疑似梨形鞭毛蟲病。
	思考	1. 如何確診梨形鞭毛蟲病? 2. 如何防治梨形鞭毛蟲病? 3. 如何規範、正確地進行病原學檢查?

內容與方法

一、臨床綜合診斷

序號	內容		要　點
1	流行病學特點		（1）易感動物：犬、貓。 （2）傳染途徑：消化道傳染，食入成熟包囊或被成熟包囊汙染的食物或飲水。
2	臨床症狀	（1）犬的主要臨床症狀	①幼犬症狀較明顯。成年犬僅表現排出多泡沫的糊狀糞便。 ②腹瀉，排灰色糞便，帶黏液或血液。 ③精神沉鬱。 ④消瘦，生長遲緩。 ⑤後期出現脫水症狀。

2	臨床症狀	(2) 貓的主要症狀	①體重減輕。 ②排稀軟、黏液樣糞便，糞便中含有分解和未分解的脂肪組織。

二、實驗室診斷		
序號	方法	要　點
1	病原學檢查	(1) 糞便中發現包囊或滋養體。一般在正常糞便中只能檢查到包囊，在有腹瀉症狀病例的糞便中可檢查到滋養體。 ①檢查滋養體：取新鮮稀便直接做塗片鏡檢，或用生理鹽水稀釋糞便做塗片鏡檢。 ②檢查包囊：取成形糞便，用碘液染色法、醛-醚沉澱或飽和硫酸鋅漂浮法塗片鏡檢。 (2) 病原體形態觀察。 ①滋養體：蟲體如對半切開的半個梨，左右對稱，前半部呈圓形，後部逐漸變尖，長 9～20μm，寬 5～10μm。腹面扁平，有 2 個吸盤，背面隆起。有 2 個核，4 對鞭毛（前、中、腹、尾鞭毛），鞭毛擺動使蟲體呈螺旋形運動。體中部有 1 對中體。 ②包囊：呈卵圓形，長 9～13μm，寬 7～9μm，囊內有 2 個核或 4 個核，少數有更多的核，其中 4 核包囊為成熟包囊，具有感染性。活包囊可見來回滾動的蟲體。

三、防治措施		
序號	內容	要　點
1	預防	定期驅蟲：甲硝唑有良好效果。
2	綜合防控	(1) 使用甲硝唑定期驅蟲。 (2) 避免食入包囊。 (3) 犬或貓群養時，當一隻動物發病，其他動物也一起用藥預防。 (4) 定期使用 2.5% 苯酚進行環境消毒，殺滅包囊；保持欄舍乾燥。 (5) 無害化處理寵物糞尿。
3	治療	(1) 甲硝唑：每公斤體重口服 20～25mg，每天 3 次，連用 7d。 (2) 對症治療：補液，調節機體酸鹼平衡和電解質平衡。 (3) 營養支持療法：補充營養，增強機體抵抗力。
案例分析		針對導入的案例，在教師指導下完成附錄的學習任務單

複習與練習題

一、是非題

（　）1. 梨形鞭毛蟲病是人獸共患病。

（　）2. 梨形鞭毛蟲不具有宿主特異性。

（　）3. 梨形鞭毛蟲病的傳染途徑有消化道傳染、呼吸道傳染。

（　）4. 糞便或痰液中發現梨形鞭毛蟲滋養體即可確診為梨形鞭毛蟲病。

（　）5. 成年犬感染梨形鞭毛蟲僅表現為排出多泡沫的糊狀糞便。

（　）6. 貓感染梨形鞭毛蟲的主要症狀為體重減輕、排稀軟、黏液樣糞便，糞便中含有分解和未分解的脂肪組織。

（　）7. 一般在正常糞便中只能檢查到滋養體，在有腹瀉症狀病例的糞便中可檢查到包囊。

（　）8. 貓感染梨形鞭毛蟲的主要症狀是體重增加，排稀軟、黏液樣糞便，糞便中含有分解和未分解的脂肪組織。

（　）9. 2 核包囊為成熟包囊，具有感染性。

（　）10. 可使用甲硝唑治療梨形鞭毛蟲病。

二、單選題

1. 梨形鞭毛蟲病的病原是（　）。
   A. 梨形鞭毛蟲　B. 虱　C. 白蛉　D. 衛氏並殖吸蟲
2. 成熟梨形鞭毛蟲包囊內有（　）個核。
   A. 1　B. 2　C. 3　D. 4
3. 梨形鞭毛蟲滋養體的運動方式為（　）。
   A. 直線運動　B. 旋轉運動　C. 不運動　D. 快速運動
4. 梨形鞭毛蟲寄生於犬、貓的（　）。
   A. 肺　B. 小腸　C. 大腸　D. 腎
5. 一般在（　）中檢測梨形鞭毛蟲滋養體。
   A. 正常糞便　B. 稀便　C. 嘔吐物　D. 尿液
6. 一般在（　）中檢測梨形鞭毛蟲包囊。
   A. 正常糞便　B. 稀便　C. 嘔吐物　D. 尿液
7. 幼年犬感染梨形鞭毛蟲的臨床症狀有（　）。
   A. 精神沉鬱、消瘦、生長遲緩　B. 腹瀉，排灰色糞便，帶黏液或血液
   C. 後期出現脫水症狀　D. 以上情況均可能出現
8. 鞭毛擺動使梨形鞭毛蟲蟲體呈（　）運動。
   A. 同心圓轉圈　B. 螺旋形　C. 直線　D. 跳躍
9. 治療梨形鞭毛蟲病的藥物有（　）。
   A. 甲硝唑　B. 氨苄西林　C. 紅黴素　D. 吡喹酮
10. 下列關於防治梨形鞭毛蟲病的說法，錯誤的是（　）。
    A. 定期使用阿苯達唑進行驅蟲
    B. 避免食入包囊
    C. 犬或貓群養時，當一隻動物發病，其他動物也一起用藥預防
    D. 定期使用 2.5％苯酚進行環境消毒，殺滅包囊；保持欄舍乾燥

習題答案

一、是非題

1. × 2. × 3.√ 4. × 5.√ 6.√ 7. × 8. × 9. × 10.√

二、單選題

1.A 2.D 3.B 4.B 5.B 6.A 7.D 8.B 9.A 10.A

實訓九　寵物血液原蟲檢查

寵物血液原蟲檢查包括臨床綜合診斷、病原學診斷，臨床綜合診斷可做出初步診斷，確診需要進行病原學診斷。

內容	要　點
訓練目標	掌握寵物血液原蟲病臨床診斷、病原學診斷方法。
考核內容	1. 寵物血液原蟲病臨床綜合診斷的操作。 2. 寵物血液原蟲病病原學診斷的操作。

內容與方法

一、臨床綜合診斷

序號	內容	要　點	
1	器材	聽診器、體溫計、酒精棉球。	
2	試劑	液體石蠟。	
3	操作方法	(1) 問診	①問診寵物有無吸血昆蟲（如蜱、蚊、跳蚤、虱等）傳染媒介接觸史。 ②問診寵物驅蟲史。
		(2) 視診	①視診寵物體表有無吸血昆蟲或者吸血昆蟲的糞便。 ②視診寵物口腔黏膜、眼結膜的顏色狀態，看有無蒼白或黃染。
		(3) 聽診	①用聽診器聽寵物呼吸音的聲音性質和節律是否有異常，排查有無呼吸道疾病。 ②用聽診器聽寵物心音的聲音性質和節律是否有異常，排查有無心臟疾病。
		(4) 檢查生理常數：進行體溫、呼吸數、脈搏數檢查。	
4	結果判定	①視診寵物體表有吸血昆蟲或者吸血昆蟲的糞便，可進一步排查血液原蟲。 ②視診寵物口腔黏膜、眼結膜顏色蒼白或黃染，可進一步排查血液原蟲。 ③聽診寵物呼吸音、心音加快，可進一步排查血液原蟲。 ④檢測寵物體溫、呼吸數、脈搏數升高，可進一步排查血液原蟲。	

二、病原學診斷			
序號	方法	要　點	
1	器材	2mL 針筒、載玻片、顯微鏡、乾棉球、酒精棉球、壓脈帶。	
2	試劑	3.8% 檸檬酸鈉、Diff-Quik 染色液。	
3	操作方法	(1) 採血：用抗凝管無菌採集靜脈血。	
		(2) 血常規指標檢測：將採集到的抗凝血放入血常規分析儀檢測血球指標是否異常。	
		(3) 製備血塗片	①在一張乾淨載玻片上滴一滴採集到的抗凝血。 ②用另一張載玻片接觸血滴並向一側傾斜使之成為一條直線，然後向傾斜側的反方向勻速移動，得到一層血塗片。
		(4) 塗片染色	①血塗片自然晾乾。 ②用 Diff-Quik 染色液進行染色。 ③染色完成後，用吸水紙吸乾載玻片表面水分。
		(5) 觀察血塗片有無蟲體：在顯微鏡下用油鏡觀察血塗片單層區，如發現蟲體即可確診。	
4	結果處理	(1) 血常規指標檢測中可見紅血球指標下降。 (2) 血塗片檢查中可見血液原蟲蟲體，則結果為陽性。	
實訓報告		在教師指導下完成附錄的實訓報告	

複習與練習題

一、是非題

（　）1. 犬巴貝斯蟲病是犬、貓常見的血液原蟲病，病原為巴貝斯蟲，牠依靠蜱作為傳染媒介。

（　）2. 犬感染巴貝斯蟲後，巴貝斯蟲會寄生於白血球。

（　）3. 巴貝斯蟲在生長繁殖過程中會導致紅血球破裂，引起寵物溶血性貧血。

（　）4. 動物感染巴貝斯蟲後，臨床上會出現皮膚蒼白或黃染、咳喘、運動不耐受、體溫升高等症狀。

（　）5. 動物發生血液原蟲感染後，可能會表現咳嗽、運動不耐受、氣喘等症狀。

（　）6. 進行寵物血液原蟲病檢查時，只需要抽血進行病原微生物的檢查即可，不需要進行臨床症狀的檢查。

（　）7. 進行寵物血液原蟲病檢查時，需要進行血常規的檢查。

（　）8. 進行寵物血液原蟲病檢查時，檢查病原需要採集血清。

（　）9. 進行寵物血液原蟲病的病原檢查時，採集的檢測樣品是靜脈血。

（　）10. 進行寵物血液原蟲病檢查時，採集的血液應進行抗凝處理。

二、單選題

1. 血液原蟲寄生在（　）中。
A. 心臟　B. 血球　C. 腦　D. 肝
2. 下列寄生蟲中屬於血液原蟲的是（　）。
A. 巴貝斯蟲　B. 球蟲　C. 心絲蟲　D. 絳蟲
3. 犬巴貝斯蟲依靠（　）作為傳染媒介。
A. 蚯蚓　B. 蜱　C. 魚、蝦　D. 鳥
4. 出現以下哪些臨床症狀可懷疑機體患有血液原蟲病？（　）。
A. 無尿、少尿　B. 體溫升高、腹瀉
C. 體溫升高、咳、喘　D. 便祕和腹瀉交替出現
5. 血液原蟲病檢查時，需要問診的關鍵資訊是（　）。
A. 飲食慾　B. 精神狀態
C. 疫苗史　D. 驅蟲史以及傳染媒介接觸史
6. 血液原蟲病檢查時，下列指征中變化不大的是（　）。
A. 排便　B. 體溫　C. 呼吸　D. 脈搏
7. 患血液原蟲病時，體溫會（　）。
A. 不變　B. 升高　C. 下降　D. 忽高忽低
8. 患血液原蟲病時，呼吸會（　）。
A. 不變　B. 忽快忽慢　C. 加快　D. 減慢
9. 患血液原蟲病時，脈搏會（　）。
A. 不變　B. 忽快忽慢　C. 加快　D. 減慢
10. 患血液原蟲病時，心率會（　）。
A. 不變　B. 忽快忽慢　C. 加快　D. 減慢

習題答案

一、是非題

1.√　2.×　3.√　4.√　5.√　6.×　7.√　8.×　9.√　10.√

二、單選題

1.B　2.A　3.B　4.C　5.D　6.A　7.B　8.C　9.C　10.C

第九節　蠕蟲病

學習目標

一、知識目標

1.　掌握蛔蟲病、鉤蟲病、犬心絲蟲病、吸吮線蟲病、犬複孔絳中病、華支睪吸蟲病、血吸蟲病、並殖吸蟲病、後睪吸蟲病的基本知識。

2. 掌握寵物常見線蟲、絳蟲、吸蟲的形態觀察，寵物糞便學檢查技術的基本知識。

二、技能目標

1.　能正確進行蛔蟲病、鉤蟲病、犬心絲蟲病、吸吮線蟲病、犬複孔絳蟲病、華支睪吸蟲病、血吸蟲病、並殖吸蟲病、後睪吸蟲病的診斷、防治（或防控）。

2. 能正確進行寵物常見線蟲的形態觀察。

3. 能正確進行寵物常見絳蟲的形態觀察。

4. 能正確進行寵物常見吸蟲的形態觀察。

5. 能正確進行寵物糞便檢查。

6. 能進行相關知識的自主、合作、探究學習。

任務一　蛔蟲病

蛔蟲病（Ascariasis）是由犬弓首蛔蟲、貓弓首蛔蟲、獅弓首蛔蟲寄生於犬、貓的小腸內所引起的疾病。主要危害幼年動物，常引起幼犬和幼貓發育不良，生長緩慢，嚴重感染時可導致死亡。此外，犬弓首蛔蟲幼蟲能在人體內移行，引起內臟幼蟲移行症。

內容	要　點
訓練目標	正確診斷、防治犬、貓蛔蟲病。

案例導入	概述	一犬主帶1隻黃金獵犬就診。主訴，該犬為5月齡母犬，就診前表現為排稀便，食慾不振、精神不佳，腹圍增大，有時嘔吐，已排除飼餵犬糧的原因。經檢查，該犬體溫39.5℃，體重5.6kg，被毛粗亂無光澤，嘔吐，偶見嘔吐物中有蟲體，異嗜，消瘦，黏膜蒼白，腹部膨大，下痢與便祕交替出現，觸診、隔腹觸壓腸管，有腹痛表現（不讓觸碰）。初診疑似犬蛔蟲病。
	思考	1. 如何確診犬、貓蛔蟲病? 2. 如何防治犬、貓蛔蟲病? 3. 為更好地防控犬、貓蛔蟲病，我們需要具備哪些素養?

內容與方法

一、臨床綜合診斷

序號	內容	要　點
1	生活史	成蟲寄生於動物小腸，多見於空腸，以半消化食物為食。雌、雄成蟲交配後，雌蟲產卵，卵隨糞便排出體外，汙染環境，受精卵在蔭蔽、潮濕、氧氣充足和適宜溫度（21～30℃）下，經10～15d發育為感染性蟲卵（內含第二期幼蟲）。 感染性蟲卵被動物吞入，在小腸內孵出幼蟲，並鑽入腸壁小靜脈或淋巴管，經靜脈入肝；再隨血液循環到達心臟，後入肺；穿破微血管進入肺泡，在此進行第2次和第3次蛻皮；然後再沿支氣管、氣管移行至咽，被宿主吞嚥，經食管、胃到小腸，在小腸內進行第4次蛻皮後經數週發育為成蟲。自感染性蟲卵進入動物體到雌蟲開始產卵約需2個月。
2	流行病學特點	（1）易感動物　①犬弓首蛔蟲易感動物為犬科動物，特別是幼犬，也能感染人。②貓弓首蛔蟲易感動物為貓科動物，特別是幼貓。③獅弓首蛔蟲易感動物為犬、貓和野生肉食動物。 （2）傳染途徑　①蛔蟲主要透過水平傳染，經消化道吞入感染性蟲卵感染。②泌乳期母犬感染後可經乳汁傳染給幼犬。③犬弓首蛔蟲可經胎盤垂直傳染給幼犬。 （3）無明顯季節性。

序號	內容	要點
3	臨床症狀	輕度感染一般不表現臨床症狀，嚴重感染時可出現： ①精神不振；②食慾不振；③嘔吐；④慢性腸卡他，如消化不良、腹瀉或便祕；⑤營養不良、被毛無光澤、漸進性消瘦；⑥異嗜。

二、實驗室診斷

序號	方法		要　點
1	病原學檢查	(1) 在宿主嘔吐物中發現蟲體。	
		(2) 在宿主糞便中發現蟲體。	
		(3) 蟲體形態觀察	①蟲體呈兩側對稱的圓柱形或紡錘形。 ②蟲體顏色：新鮮蟲體為淡紅色，固定後為乳白色。 ③雌雄異體，雄蟲短，尾端彎曲，雌蟲長，尾端直。犬弓首蛔蟲，雄蟲長 50～110mm，雌蟲長 90～180mm；獅弓首蛔蟲，雄蟲長 35～70mm，雌蟲長 30～100mm；貓弓首蛔蟲，雄蟲長 30～70mm，雌蟲長 40～120mm。 ④口周圍有唇片圍遶，有完整的消化系統和生殖系統。蟲體不分節，且無呼吸器官和循環系統。
		(4) 蟲卵檢查	顯微鏡下發現蟲卵即可確診： ①犬弓首蛔蟲卵：呈球形，大小為 75～90μm，外殼厚，粗糙，有麻點，蟲卵中心呈深色。 ②貓弓首蛔蟲卵：結構與犬蛔蟲卵相似，比犬蛔蟲小，大小為 65～75μm。 ③獅弓首蛔蟲卵：呈球形、卵圓形，大小為75～85μm，外殼光滑，中心透明或呈「毛玻璃」樣。

三、防治措施

序號	內容	要　點
1	預防	定期驅蟲：可使用芬苯達唑、伊維菌素等藥物定期驅蟲。
2	綜合防控	(1) 定期檢驗與驅蟲。幼犬每月檢查 1 次，成年犬每季度檢查 1 次，發現病犬，立即進行驅蟲。 (2) 做好環境、食槽的清潔衛生工作，及時清除糞便，並進行發酵處理。

3	治療	(1)對因治療	①伊維菌素：每公斤體重 0.2～0.3mg，皮下注射或口服，2 週後再用一次。柯利犬及有柯利犬血統的犬禁止使用。 ②阿苯達唑：每公斤體重 10～20mg，口服，每天一次，連用 3～4d。 ③芬苯達唑：驅殺成蟲劑量為每公斤體重 25mg，口服，連用 3d。驅殺移行期幼蟲劑量為每公斤體重 50mg，口服，連用 14d。
		(2)對症治療：貧血可輸血或選用促進紅血球生成的藥物，如促紅血球生成素、維他命 B_{12} 等。	
		(3)營養支持療法：針對營養不良嚴重的犬、貓，可輔助輸液或口服補充營養物質。	

案例分析	針對導入的案例，在教師指導下完成附錄的學習任務單

複習與練習題

一、是非題

(　) 1. 絕大多數寄生線蟲為雌雄異體，雄蟲比雌蟲小。
(　) 2. 線蟲一般形態為兩側對稱的圓柱形、紡錘形、線狀或毛髮狀。
(　) 3. 蛔蟲蟲卵呈橢圓形或圓形、棕色，卵殼厚而表面不光滑。
(　) 4. 蛔蟲蟲體一般可分為頭端、尾端、背面、腹面和兩側。
(　) 5. 想要確診寵物是否感染腸道線蟲，只能用直接塗片法進行糞便蟲卵檢查。
(　) 6. 用顯微鏡檢查糞便中的蟲卵時，需要在暗視野下，用低倍鏡檢查。
(　) 7. 貓弓首蛔蟲可以經胎盤傳染給胎兒。
(　) 8. 蛔蟲以宿主小腸內的食糜為食，可造成宿主營養不良。
(　) 9. 貓食入老鼠、蟑螂等也有機會感染蛔蟲。
(　) 10. 所有線蟲均無呼吸系統和循環系統。

二、單選題

1. 蛔蟲病最常用的實驗室診斷方法是（　）。
A. 直接塗片法　B. 肛門拭子法　C. 尼龍袋集卵法　D. 飽和食鹽水漂浮法
2. 蛔蟲的致病作用不包括（　）。
A. 機械作用　B. 奪取營養　C. 毒素作用　D. 啃噬吸血
3. 感染蛔蟲的犬、貓臨床表現不包括（　）。
A. 嘔吐、異嗜、消化障礙　B. 偶見有癲癇性痙攣，幼齡寵物腹部膨大
C. 肺炎　D. 貧血、漸進性消瘦
4. 感染蛔蟲可選擇的藥物不包括（　）。
A. 阿苯達唑　B. 吡喹酮　C. 伊維菌素　D. 芬苯達唑

5. 仔犬、仔貓初次驅殺蛔蟲的時間是（　）。
A. 20 日齡　B. 28 日齡　C. 2 月齡　D. 3 月齡

6. 幼犬、幼貓出生半年內適合（　）驅蟲一次。
A. 1～2 週　B. 2～4 週　C. 4～8 週　D. 半年到 1 年

7. 常見的體內線蟲不包括（　）。
A. 蛔蟲　B. 絳蟲　C. 鉤蟲　D. 鞭蟲

8. 導致蛔蟲病廣泛流行的因素很多，但（　）除外。
A. 蟲卵對外界環境的抵抗力強
B. 蛔蟲產卵量大，每天每條雌蟲產卵 20 萬個
C. 糞便管理不當，不良的衛生飲食習慣
D. 蛔蟲生活史簡單，卵在外界環境中直接發育成感染期蟲卵
E. 感染期蟲卵可經多種途徑進入人體

9. 下列哪些不是蛔蟲病的防治原則?（　）。
A. 治療已感染的犬、貓　B. 消滅蒼蠅、蟑螂
C. 加強糞便管理，實現糞便無害化　D. 外出塗抹防護劑，防止感染蛔蟲幼蟲

10. 線蟲的生長發育階段不包括（　）。
A. 蟲卵　B. 幼蟲　C. 若蟲　D. 成蟲

習題答案

一、是非題

1.√　2.×　3.×　4.√　5.×　6.√　7.×　8.√　9.√　10.√

二、單選題

1.A　2.D　3.C　4.B　5.A　6.B　7.B　8.E　9.D　10.C

任務二　鉤 蟲 病

鉤蟲病（Hookworm disease）是由鉤口科的鉤口屬、板口屬和彎口屬的鉤蟲寄生於犬、貓小腸內而引起的一種線蟲病。常見的鉤蟲有犬鉤口線蟲、巴西鉤口線蟲、美洲板口線蟲、狹頭彎口線蟲等。

生活史為：鉤蟲主要寄生在宿主十二指腸，以鉤齒或板齒附著在小腸黏膜上，雌蟲與雄蟲交合後產卵，卵隨宿主糞便排出外界環境。在外界適宜環境下，卵約經 1 週發育為具有感染能力的幼蟲，犬、貓可透過吞噬環境中的感染性幼蟲而感染，帶蟲母犬在妊娠期或哺乳期可經胎盤、初乳將感染性幼蟲傳染給胎兒或幼犬。幼犬既可透過吮乳也可透過皮膚直接接觸感染性幼蟲而感染。感染性幼蟲經食道或皮膚黏膜進入幼犬腸道後可透過腸道黏膜微血管進入血液循環，到達肺，然後進入呼吸道、咽部，經吞嚥作用進入小腸再發育為成蟲。巴西鉤口線蟲較少見胎盤感染；美洲板口線蟲直接在腸道發育為成蟲，不發生移行；狹頭彎口線蟲較少見皮膚感染。

內容		要　點
訓練目標		正確診斷、防治鉤蟲病。
案例導入	概述	一隻 3 歲黃金獵犬公犬，體重 21kg，精神沉鬱，食慾差，排黏液性黑色稀便。不願走動，步態不穩，垂頭夾尾，被毛粗糙，消瘦，肛周有汙物，全身有臭味。檢查體溫 38.1℃，呼吸 25 次/min，心率 96 次/min。皮膚、牙齦及口腔黏膜蒼白。主述，每年都注射犬細小病毒病疫苗。初診疑似鉤蟲病。
	思考	1. 如何確診鉤蟲病? 2. 如何防治鉤蟲病? 3. 在診治鉤蟲病時，需要具備哪些素養?

內容與方法		
一、臨床綜合診斷		
序號	內容	要　點
1	流行病學特點	（1）易感動物：幼齡犬、貓。 （2）無明顯季節性。
2	臨床症狀	①精神不振、食慾不振；②營養不良、被毛無光澤、漸進性消瘦；③嘔吐；④腹瀉，排柏油狀帶血糞便；⑤高度貧血；⑥皮膚發癢，紅腫，出現丘疹或水疱；⑦咳嗽、發燒。

二、實驗室診斷

序號	方法		要　點
1	病原學檢查	(1) 糞便檢查蟲卵	①鉤蟲卵多呈橢圓形，內含多個卵細胞，不同類型的鉤蟲卵大小不同。 ②犬鉤口線蟲蟲卵呈橢圓形，大小為 60μm×40μm，內含有 8 個卵細胞。 ③巴西鉤口線蟲蟲卵大小為 80μm×40μm。 ④美洲板口線蟲蟲卵大小為（60～76）μm×（30～40）μm。 ⑤狹頭彎口線蟲蟲卵與犬鉤口線蟲蟲卵相似。
		(2) 剖檢檢查小腸內蟲體	①犬鉤口線蟲蟲體前端向背面彎曲，呈灰色或淡紅色，口囊有 3 對大齒。雌蟲比雄蟲略大，長 14.0～20.5mm，尾端尖細；雄蟲長11～13mm，交合傘的側葉寬。 ②巴西鉤口線蟲比犬鉤口線蟲小，雄蟲長5.0～7.5mm，雌蟲長6.5～9.0mm。口囊呈長橢圓形，有 2 對齒。 ③美洲板口線蟲，雄蟲長 5～9mm，雌蟲長9～11mm。口囊呈亞球形，有 2 對齒。 ④狹頭彎口線蟲，蟲體呈淡黃色，口囊內有 1 對半月形切板和 1 對亞腹側齒，雄蟲長 6～11mm，雌蟲長7～12mm。

三、防治措施

序號	內容	要　點
1	藥物預防	定期驅蟲：可使用吡喹酮、阿苯達唑等藥物定期驅蟲。
2	治療	(1) 阿苯達唑：犬每公斤體重 10～20mg，口服，每天 1 次，連用 3～4d。 (2) 左旋咪唑：每公斤體重 10mg，一次口服。 (3) 伊維菌素：每公斤體重 0.2～0.3mg，皮下注射或口服，每週 1 次，連用 4 次。 (4) 對症治療。 (5) 營養支持療法。
3	其他措施	及時清理患病犬、貓糞便，糞便堆積發酵，避免蟲卵汙染環境。

案例分析　**針對導入的案例，在教師指導下完成附錄的學習任務單**

複習與練習題

一、是非題

( ) 1. 鉤蟲生活史中不需要任何中間宿主。
( ) 2. 鉤蟲口囊前腹側緣有吸盤。
( ) 3. 鉤蟲病不能經皮膚感染。
( ) 4. 當鉤蟲成蟲寄生在腸道時，會引起宿主嘔吐、腹瀉，排柏油狀血便。
( ) 5. 鉤蟲感染期蚴鑽入皮膚後，數十分鐘內局部皮膚可有針刺、燒灼和奇癢感。
( ) 6. 當柯基犬感染鉤蟲病時，可注射伊維菌素進行驅蟲。
( ) 7. 幼犬可以透過吮乳被患有鉤蟲病的母犬感染。
( ) 8. 鉤蟲主要經吸食宿主血液獲得營養，故機體感染鉤蟲會發生進行性貧血。
( ) 9. 吡喹酮可以用於治療鉤蟲病。

二、單選題

1. 鉤蟲寄生於（ ）。
A. 十二指腸　B. 迴腸　C. 結腸　D. 直腸
2. 鉤蟲蟲卵呈（ ）。
A. 圓形　B. 卵圓形　C. 梭形　D. 圓錐形
3. 鉤蟲幼蟲經（ ）蛻化為感染性幼蟲。
A. 1h　B. 1d　C. 1 週　D. 1 個月
4. 鉤蟲蟲卵經宿主（ ）排出。
A. 唾液　B. 汗液　C. 尿液　D. 糞便
5. 下列不屬於鉤蟲的傳染途徑的是（ ）。
A. 經口傳染　B. 經空氣傳染　C. 經乳汁傳染　D. 經胎盤傳染
6. 鉤蟲病不會引起（ ）。
A. 皮炎　B. 咳嗽　C. 貧血　D. 黃疸
7. 3 週齡內幼犬感染鉤蟲後會因嚴重（ ）昏迷死亡。
A. 貧血　B. 嘔吐　C. 腹瀉　D. 脫水
8. 當鉤蟲幼蟲移行至肺部時，機體會出現（ ）。
A. 腹瀉　B. 嘔吐　C. 咳嗽　D. 發紺
9. 診斷鉤蟲病常用的集卵方法是（ ）。
A. 清水漂浮法　B. 飽和食鹽水沉澱法
C. 清水沉澱法　D. 飽和食鹽水漂浮法
10. 下列藥物可用於治療鉤蟲病的是（ ）。
A. 阿莫西林　B. 青黴素　C. 伊維菌素　D. 硝硫氰胺

習題答案

一、是非題

1.√　2.×　3.×　4.√　5.√　6.×　7.√　8.√　9.√

二、單選題

1.A　2.B　3.C　4.D　5.B　6.D　7.A　8.C　9.D　10.C

任務三　犬心絲蟲病

犬心絲蟲病（Canine dirofilariasis）是由犬絲蟲寄生於犬的右心室和肺動脈所引起的一種主要表現循環障礙、呼吸困難、貧血等症狀的寄生蟲病。

犬心絲蟲屬於雙瓣科、心絲蟲屬，雌雄異體，胎生。其生長發育過程需要蚊作為中間宿主，如中華按蚊、白紋伊蚊、淡色庫蚊。除蚊外，跳蚤也可以作為其中間宿主。犬心絲蟲的生活史為：成蟲寄生於右心房，性成熟後交配產生幼蟲即微絲蚴，微絲蚴隨血流進入血液循環系統。蚊吸血時，微絲蚴進入蚊體內並發育為感染性幼蟲，當蚊再叮咬其他犬吸血時，將感染性幼蟲釋放入終末宿主體內。感染性幼蟲在終末宿主體內經 2～3 個月發育為成蟲，成蟲要再經 3～4 個月後才能發育成熟進而交配產出新一代微絲蚴。因此，犬感染微絲蚴 6～7 個月後才出現明顯的臨床症狀。大量蟲體的產生，對宿主心臟、血管、血球產生刺激並阻礙血流，同時抗體作用於微絲蚴所形成的免疫複合物沉積等作用，常導致宿主發生心內膜炎、心臟肥大及右心室擴張以及肺動脈內膜炎，嚴重時還會因靜脈瘀血發生腹水和肝腫大。

內容		要　點
訓練目標		正確診斷、防治犬心絲蟲病。
案例導入	概述	一雄性邊境牧羊犬，4 歲 6 個月，疫苗免疫齊全，定期驅蟲，經常到草地玩耍。就診前食慾減退，不愛運動，偶有咳嗽。臨床檢查見嘔吐液為黃色，偶帶鮮血，頻繁弓背，糞便為褐色，腹部觸診有明顯疼痛感，消瘦，大口喘氣，可視黏膜蒼白，脫水評估約 7%，誘咳陽性，心律不齊，體溫 38.7℃，脈搏 110 次/min，呼吸頻率 32 次/min。初診疑似犬心絲蟲病。
	思考	1. 如何確診犬心絲蟲病? 2. 如何防治犬心絲蟲病? 3. 在診治犬心絲蟲病時，需要具備哪些素養?

內容與方法

一、臨床綜合診斷

序號	內容	要　點
1	流行病學特點	（1）易感動物：犬、貓，人也會感染。 （2）夏季是感染高峰期。

2	臨床症狀	(1) 犬的主要症狀	①體溫升高；②咳嗽、呼吸困難；③運動耐受力下降，運動後出現明顯氣喘；④心悸，心內有雜音；⑤腹圍增大；⑥貧血；⑦出現血紅素尿症；⑧皮膚出現結節、搔癢和破潰，皮膚結節中心化膿，在其周圍的血管內常見有微絲蚴。
		(2) 貓的主要症狀	①食慾減退、嗜睡；②咳嗽、呼吸困難、痛苦；③嘔吐。

二、實驗室診斷

序號	方法		要點
1	病原學檢查	(1) 改良 Knott 試驗	①取抗凝血 1mL，加入 2% 甲醛 9mL，混合均勻。 ②1 000～1 500r/min，離心 5～8min。 ③棄去上清，取沉澱物 1 滴，置於載玻片上，再加 1 滴 0.1% 美藍溶液混合染色。 ④用顯微鏡檢查有無微絲蚴。
		(2) 蟲體形態觀察	①微絲蚴：呈直線形、無色透明，長約 315μm，寬度大於 6μm，前端尖細，後端平直。美藍染色後呈藍色，吉姆薩染色呈紅色。 ②成蟲：細長，呈白色，雌雄異體。雄蟲長 12～16cm，尾端螺旋狀捲曲，有交合刺 2 根。雌蟲長 25～30cm。
2	輔助性檢查		(1) 犬 X 光檢查病理變化：①右心擴張；②肺動脈擴張且明顯隆起，偶有彎曲，血管周圍實質化。 (2) 貓 X 光檢查病理變化：肺尾葉動脈擴張。
3	其他檢查		(1) 快速測試板檢查。 (2) PCR 檢查。

三、防治措施

序號	內容	要點
1	藥物預防	定期驅蟲：可使用乙胺嗪、鹽酸左旋咪唑、伊維菌素等藥物。
2	治療	(1) 藥物驅蟲：主要針對微絲蚴，可用硫乙胂胺鈉、乙胺嗪、鹽酸左旋咪唑、伊維菌素、菲拉辛等藥物進行驅殺。 (2) 手術療法：主要針對成蟲，成蟲較多時，用藥雖能殺滅蟲體，但不能清除心臟和血管中的死亡蟲體，仍然會出現心血管堵塞現象，此時需要進行手術將蟲體取出。

2	治療	(3) 對症治療：強心、利尿、鎮咳、保肝。 (4) 營養支持療法。
3	其他措施	(1) 使用除蟲菊酯類藥物定期滅蚊，尤其在蚊活動頻繁的夏季。 (2) 避免終末宿主（犬、貓、人）與中間宿主接觸，外出可噴灑驅蚊液。
案例分析	針對導入的案例，在教師指導下完成附錄的學習任務單	

複習與練習題

一、是非題

（ ）1. 心絲蟲生活史中不需要傳染媒介。

（ ）2. 犬會感染心絲蟲，但貓不會感染心絲蟲。

（ ）3. 犬能經皮膚感染心絲蟲。

（ ）4. 心絲蟲是胎生寄生蟲。

（ ）5. 心絲蟲細長，呈白色，雄蟲長 12～16cm，雌蟲長 25～30cm。

（ ）6. 伊維菌素、雙羥萘酸噻嘧啶只能殺滅微絲蚴不能殺滅成熟心絲蟲，所以只能用作預防性藥物。

（ ）7. 幼犬可以透過吮乳被患心絲蟲病的母犬感染。

（ ）8. 伊維菌素既可以殺滅微絲蚴和也可以殺滅成熟心絲蟲。

（ ）9. 乙胺嗪對心絲蟲雌、雄成蟲和未成熟幼蟲均有效，副作用小，是唯一可用的抗犬心絲蟲成蟲的藥物。

（ ）10. 可以透過滅蚊來預防心絲蟲病。

二、單選題

1. 心絲蟲成蟲寄生於（ ）。
   A. 十二指腸　B. 肝　C. 腎　D. 心臟
2. 心絲蟲的幼蟲是（ ）。
   A. 囊尾蚴　B. 微絲蚴　C. 雷蚴　D. 毛蚴
3. 下列不屬於心絲蟲的傳染媒介的是（ ）。
   A. 鳥　B. 蚊　C. 蜱　D. 跳蚤
4. 心絲蟲從感染期幼蟲發育成性成熟的成蟲約（ ）個月。
   A. 3　B. 6　C. 12　D. 24
5. 下列屬於心絲蟲病的傳染途徑的是（ ）。
   A. 經吸血昆蟲傳染　B. 經空氣傳染
   C. 經乳汁傳染　D. 經皮膚傳染
6. 心絲蟲病不會引起（ ）。
   A. 腹水　B. 腹瀉　C. 貧血　D. 黃疸

7. 若要檢測機體中心絲蟲的幼蟲時，需取（　）作為檢測樣本。
A. 血液　B. 唾液　C. 尿液　D. 糞便

8. 貓心絲蟲病診斷非常困難，可以透過（　）確診。
A. 臨床症狀　B. 心絲蟲抗原的 ELISA 檢測
C. 血液鏡檢　D. 糞便鏡檢

9. 下列藥物可用於殺滅心絲蟲成蟲和幼蟲的是（　）。
A. 阿莫西林　B. 伊維菌素-雙羥萘酸噻嘧啶咀嚼片
C. 伊維菌素　D. 米爾貝肟片

10. 下列藥物可用於預防心絲蟲病的是（　）。
A. 阿莫西林　B. 青黴素　C. 伊維菌素　D. 硝硫氰胺

習題答案

一、是非題

1.×　2.×　3.×　4.√　5.√　6.√　7.×　8.×　9.√　10.√

二、單選題

1.D　2.B　3.C　4.B　5.A　6.B　7.A　8.B　9.D　10.C

實訓十　寵物常見線蟲的形態觀察

内容	要　點
訓練目標	掌握寵物常見線蟲，如蛔蟲、旋毛蟲、吸吮線蟲、犬心絲蟲、犬鉤蟲的形態特點。
考核内容	1. 熟練進行顯微鏡檢查操作。 2. 掌握寵物常見線蟲的形態特點。

<table>
<tr><th colspan="6">内容與方法</th></tr>
<tr><th>序號</th><th>内容</th><th colspan="4">要　點</th></tr>
<tr><td>1</td><td>器材</td><td colspan="4">顯微鏡、線蟲（蛔蟲、旋毛蟲、吸吮線蟲、犬心絲蟲、犬鉤蟲）標本。</td></tr>
<tr><td>2</td><td>試劑</td><td colspan="4">香柏油。</td></tr>
<tr><td>3</td><td>顯微鏡檢查</td><td colspan="4">熟練操作顯微鏡，在鏡下觀察寵物常見線蟲的形態。</td></tr>
<tr><td rowspan="6">4</td><td rowspan="6">寵物常見線蟲形態</td><td rowspan="4">(1) 蛔蟲形態</td><td>①蟲卵形態</td><td colspan="2">呈橢圓形或圓形、棕色、卵殼厚而表面不光滑。</td></tr>
<tr><td rowspan="3">②成蟲形態</td><td>犬弓首蛔蟲</td><td>呈淡黃色，雄蟲長 50～110mm，尾端彎曲；雌蟲長 90～180mm，尾端直。</td></tr>
<tr><td>獅弓首蛔蟲</td><td>呈淡黃色，雄蟲長 35～70mm，雌蟲長 30～100mm。</td></tr>
<tr><td>貓弓首蛔蟲</td><td>雄蟲長 40～60mm；雌蟲長 40～120mm。</td></tr>
<tr><td rowspan="2">(2) 旋毛蟲形態</td><td>①幼蟲形態</td><td colspan="2">幼蟲（即肌旋毛蟲）在橫紋肌間形成梭形的包囊，長軸與肌纖維平行，包囊呈灰白色，包囊內的成熟幼蟲通常有 2.5 個盤繞。</td></tr>
<tr><td>②成蟲形態</td><td colspan="2">成蟲（即腸旋毛蟲）寄生於小腸，微小、呈線狀、前細後粗。</td></tr>
</table>

4	寵物常見線蟲形態	(3)吸吮線蟲形態		蟲體呈絲線狀、乳白色。
			雄蟲	長 7～11.5mm，尾端捲曲。
			雌蟲	長 7～17mm。
		(4)犬心絲蟲形態	雄蟲	長 12～16cm，尾端捲曲。
			雌蟲	長 25～30cm，尾端平直。
		(5)犬鉤蟲形態	①幼蟲形態	呈鈍橢圓形、淺褐色，內含 8 個卵細胞。
			②成蟲形態	蟲體剛硬呈淡黃色，口囊發達，口囊前腹面兩側有 3 個大牙齒，且呈鉤狀向內彎曲。

實訓報告	**在教師指導下完成附錄的實訓報告**

複習與練習題

一、是非題

(　) 1. 絕大多數寄生線蟲為雌雄異體，雄蟲比雌蟲小。

(　) 2. 線蟲一般形態為兩側對稱的圓柱形、紡錘形、線狀或毛髮狀。

(　) 3. 使用顯微鏡時，把顯微鏡放在距實驗臺邊緣 7cm 左右處，略偏左。

(　) 4. 使用顯微鏡時，轉動物鏡，使低倍物鏡對準通光孔。

(　) 5. 使用顯微鏡觀察時，先低倍鏡後高倍鏡，先調粗準焦螺旋後調細準焦螺旋。

(　) 6. 蛔蟲蟲卵呈橢圓形或圓形、棕色，卵殼厚而表面不光滑。

(　) 7. 旋毛蟲成蟲微小、呈線狀、前細後粗，寄生於小腸。

(　) 8. 吸吮線蟲蟲體呈絲線狀、乳白色。

(　) 9. 犬鉤蟲蟲卵呈鈍橢圓形、淺褐色，內含 8 個卵細胞。

(　) 10. 蛔蟲蟲體一般可分為頭端、尾端、背面、腹面和兩側。

二、單選題

1. 使用顯微鏡時，轉動反光鏡，使（　）和反光鏡對成一條線。
   A. 目鏡　　B. 物鏡　　C. 通光孔　　D. 以上都是
2. 以下不屬於線蟲的是（　）。
   A. 華支睪吸蟲　　B. 蛔蟲　　C. 犬心絲蟲　　D. 犬鉤蟲
3. 關於顯微鏡的使用，以下操作不正確的是（　）。
   A. 先低倍鏡後高倍鏡

B. 先調粗準焦螺旋後調細準焦螺旋

C. 轉動物鏡，使低倍物鏡對準通光孔

D. 目鏡、物鏡、通光孔、反光鏡對成一條線

4. 以下線蟲的蟲卵呈圓形的是（ ）。

A. 旋毛蟲　B. 蛔蟲　C. 吸吮線蟲　D. 犬心絲蟲

5. 以下線蟲沒有產生蟲卵的是（ ）。

A. 旋毛蟲　B. 吸吮線蟲　C. 犬心絲蟲　D. 以上都是

6. 以下線蟲會產生蟲卵的是（ ）。

A. 蛔蟲　B. 旋毛蟲　C. 吸吮線蟲　D. 犬心絲蟲

7. 以下線蟲的幼蟲能在橫紋肌間形成梭形的包囊，長軸與肌纖維平行的是（ ）。

A. 蛔蟲　B. 旋毛蟲　C. 吸吮線蟲　D. 犬心絲蟲

8. 以下線蟲的成蟲蟲體剛硬呈淡黃色，口囊發達，口囊前腹面兩側有 3 個大牙齒，且呈鉤狀向內彎曲的是（ ）。

A. 蛔蟲　B. 吸吮線蟲　C. 犬心絲蟲　D. 犬鉤蟲

9. 以下線蟲會產生蟲卵的是（ ）。

A. 犬鉤蟲　B. 犬心絲蟲　C. 吸吮線蟲　D. 旋毛蟲

10. 以下線蟲的蟲卵呈鈍橢圓形的是（ ）。

A. 吸吮線蟲　B. 犬心絲蟲　C. 旋毛蟲　D. 犬鉤蟲

習題答案

一、是非題

1.√ 2.× 3.√ 4.× 5.√ 6.√ 7.√ 8.√ 9.√ 10.√

二、單選題

1.D 2.A 3.C 4.B 5.D 6.A 7.B 8.D 9.A 10.D

任務四　犬複孔絛蟲病

犬複孔絛蟲病（Dipylidiasis caninum）是由犬複孔絛蟲寄生在犬、貓的小腸中而引起的一種常見絛蟲病。其病原生活史為：孕卵體節從終末宿主（犬、貓、狐和狼等野生動物、偶見於人）的肛門溢出或隨糞便排出外界，卵（含六鉤蚴）散出，被中間宿主（如蚤、虱）吞食，六鉤蚴在中間宿主體內發育為似囊尾蚴，終末宿主吞食含似囊尾蚴的中間宿主而感染，似囊尾蚴在終末宿主小腸內經 3 週發育為成蟲。

內容		要　點
訓練目標		正確診斷、防治犬複孔絛蟲病。
案例導入	概述	4 月齡中華田園犬，因糞便附有少量乳白色片狀物而就診，主訴該犬食慾正常，偶有軟便。臨床檢查可見：精神狀態良好，體溫 39.0℃，牙齦輕微蒼白。初診疑似犬複孔絛蟲病。
	思考	1. 如何確診犬複孔絛蟲病? 2. 如何防治犬複孔絛蟲病? 3. 如何規範、正確地進行該病的病原學檢查?

內容與方法

一、臨床綜合診斷

序號	內容	要　點
1	流行病學特點	(1) 易感動物：犬、貓感染率最高，狐和狼等野生動物也可感染，人主要是兒童易感。 (2) 無明顯季節性。
2	臨床症狀	輕度感染一般不表現臨床症狀，嚴重感染時可出現： ①精神不振；②食慾不振；③嘔吐；④慢性腸卡他：消化不良、腹瀉或便祕；⑤營養不良、被毛無光澤、漸進性消瘦；⑥異嗜；⑦肛門搔癢；⑧偶見神經症狀，如痙攣或四肢麻痺。

<table>
<tr><th colspan="5">二、實驗室診斷</th></tr>
<tr><th>序號</th><th>方法</th><th colspan="3">要　點</th></tr>
<tr><td rowspan="11">1</td><td rowspan="11">病原學檢查</td><td colspan="3">(1) 宿主肛門或周圍毛髮有乳白色孕卵節片。</td></tr>
<tr><td colspan="3">(2) 糞便中有孕卵節片。</td></tr>
<tr><td colspan="3">(3) 糞便檢查可見絳蟲蟲卵（蟲卵呈球形，直徑為35～50μm，內含六鉤蚴）。</td></tr>
<tr><td rowspan="8">(4) 蟲體形態觀察</td><td colspan="2">①蟲體呈背腹扁平的帶狀。</td></tr>
<tr><td colspan="2">②蟲體顏色：新鮮蟲體為淡紅色，固定後為乳白色。</td></tr>
<tr><td colspan="2">③雌雄同體。</td></tr>
<tr><td rowspan="5">④蟲體分節</td><td>a. 由頭節、頸節、體節（未成熟體節、成熟體節、孕卵體節）三部分組成。</td></tr>
<tr><td>b. 頭節：位於蟲體最前端，為吸附和固著器官。</td></tr>
<tr><td>c. 頸節：頭節後的纖細部位，與頭節界線不明顯，頸節不斷生長出體節。</td></tr>
<tr><td>d. 成熟體節：每一個成熟體節內含有兩組生殖器官。</td></tr>
<tr><td>e. 孕卵體節：生殖器官退化、消失，孕卵體節子宮內有許多卵袋，其最後的節片逐節或逐段脫落。</td></tr>
</table>

<table>
<tr><th colspan="3">三、防治措施</th></tr>
<tr><th>序號</th><th>內容</th><th>要　點</th></tr>
<tr><td>1</td><td>預防</td><td>定期驅蟲：可使用吡喹酮、阿苯達唑等藥物。</td></tr>
<tr><td>2</td><td>綜合防控</td><td>(1) 使用溴氰菊酯、倍硫磷等藥物定期消滅中間宿主（犬、貓體表及環境中的蚤和虱）。
(2) 避免終末宿主（犬、貓、狐和狼等野生動物、偶見於人）與中間宿主接觸。
(3) 及時清理患病犬、貓糞便，糞便堆積發酵，避免蟲卵汙染環境。</td></tr>
</table>

3	治療	(1) 吡喹酮：犬每公斤體重 5mg，貓每公斤體重 2mg，一次內服。 (2) 阿苯達唑：犬每公斤體重 10～20mg，口服，每天一次，連用 3～4d。 (3) 氫溴酸檳榔素：犬每公斤體重 1～2mg，一次內服。 (4) 對症治療：制止嘔吐、腹瀉，貧血嚴重時可考慮輸血治療。 (5) 營養支持療法：補充營養，增強機體抵抗力。

案例分析	**針對導入的案例，在教師指導下完成附錄的學習任務單**

複習與練習題

一、是非題

(　) 1. 犬複孔絛蟲蟲體新鮮時為淡紅色，固定後為乳白色。
(　) 2. 犬複孔絛蟲蟲體為圓柱形。
(　) 3. 犬複孔絛蟲只感染犬。
(　) 4. 看到犬、貓糞便中有孕卵節片即可確診感染犬複孔絛蟲。
(　) 5. 糞便檢查可見犬複孔絛蟲蟲卵即可確診感染犬複孔絛蟲。
(　) 6. 看到犬、貓肛門或周圍毛髮有孕卵節片即可確診感染犬複孔絛蟲。
(　) 7. 犬複孔絛蟲的終末宿主感染率最高的是犬、貓。
(　) 8. 犬複孔絛蟲蟲體分節，包括頭節、頸節和體節三部分。
(　) 9. 犬、貓感染犬複孔絛蟲時，可人為拉扯暴露在肛門外的長段蟲體。
(　) 10. 犬、貓感染犬複孔絛蟲時，蟲體頸節成熟時可自行脫落隨糞便排出。

二、單選題

1. 犬複孔絛蟲的中間宿主是（　）。
A. 主要是蚤類，其次是虱　　B. 鼠類
C. 蚊子　　D. 蒼蠅
2. 犬複孔絛蟲成蟲的寄生部位是（　）。
A. 胃　　B. 小腸　　C. 大腸　　D. 膀胱
3. 犬複孔絛蟲蟲體形狀為（　）。
A. 球形　　B. 橢圓形　　C. 扁平帶狀　　D. 瓜子仁形
4. 犬複孔絛蟲成熟後可自然脫落的體節是（　）。
A. 頸節　　B. 未成熟體節　　C. 成熟體節　　D. 孕卵體節
5. 犬複孔絛蟲節片中能不斷長出新體節的是（　）。
A. 頸節　　B. 未成熟體節　　C. 成熟體節　　D. 孕卵體節
6. 關於犬、貓感染犬複孔絛蟲後的臨床症狀，描述正確的是（　）。
A. 輕度感染一般不表現臨床症狀
B. 嚴重感染時出現精神不振、食慾不振、嘔吐、慢性腸卡他、異嗜、營養不

良、肛門搔癢

C. 偶見神經症狀

D. 以上都是

7. 感染犬複孔絳蟲的犬肛門或周圍毛髮上的乳白色節片是（　）。

A. 頸節　B. 未成熟體節　C. 成熟體節　D. 孕卵體節

8. （　）檢查可見絳蟲蟲卵即可確診感染犬複孔絳蟲。

A. 嘔吐物　B. 糞便　C. 血液　D. 痰液

9. 下列藥物可用於治療犬複孔絳蟲病的是（　）。

A. 吡喹酮　B. 阿苯達唑　C. 氫溴酸檳榔素　D. 以上都可以

10. 下列關於防控犬複孔絳蟲病的說法，不正確的是（　）。

A. 可定期使用阿苯達唑進行藥物驅蟲

B. 可定期使用甲硝唑進行藥物驅蟲

C. 及時清理患病犬、貓糞便，將糞便堆積發酵，避免蟲卵汙染環境

D. 避免終末宿主（犬、貓、狐和狼等野生動物，偶見於人）與中間宿主接觸

習題答案

一、是非題

1.√　2.×　3.×　4.√　5.√　6.√　7.√　8.√　9.×　10.×

二、單選題

1.A　2.B　3.C　4.D　5.A　6.D　7.D　8.B　9.D　10.B

實訓十一　寵物常見絛蟲的形態觀察

內容	要　點
訓練目標	能辨識寵物常見絛蟲，如細粒棘球絛蟲、曼氏迭宮絛蟲、犬複孔絛蟲的形態。
考核內容	1. 熟練進行顯微鏡檢查操作。 2. 掌握寵物常見絛蟲的形態。

內容與方法

序號	內容	要　點			
1	器材	顯微鏡、絛蟲（細粒棘球絛蟲、曼氏迭宮絛蟲、犬複孔絛蟲）標本。			
2	試劑	香柏油。			
3	顯微鏡檢查	熟練操作顯微鏡，在鏡下觀察寵物常見絛蟲的形態。			
4	寵物常見絛蟲形態	（1）細粒棘球絛蟲形態	①蟲卵形態	呈球形，殼內為胚膜，較厚，棕黃色光鏡下呈放射狀條紋，內含六鉤蚴，外層是具有輻射狀的線紋較厚的外膜。	
			②成蟲形態	長 2～7mm，平均 3.6mm，由頭節、頸部、鏈體構成。 頭節：有頂突（上有兩圈小鉤）和 4 個吸盤，為吸附器官。 頸部：具有生發能力。 鏈體：幼節、成節、孕節各 1 節。	
		（2）曼氏迭宮絛蟲形態	①蟲卵形態	呈橄欖形，兩端稍尖，淺灰褐色。 卵殼較薄，一端有卵蓋，內含一個卵細胞和若干個卵黃細胞。	
			②幼蟲形態	裂頭蚴	呈長帶狀、白色；頭端膨大，中央有一明顯凹陷。 體不分節，但具有不規則橫紋，末端多呈鈍圓形。
			③成蟲形態	成蟲長 60～100cm，寬 0.5～0.6cm。 頭節：細小，呈指形或湯匙狀，有一對淺裂的吸槽。 頸節：細長。 體節：寬大於長。 孕節：長、寬幾乎相等。	

4	寵物常見絛蟲形態	(3)犬複孔絛蟲形態	①蟲卵形態	呈圓球形，直徑 35～50μm。	
				具兩層薄的卵殼，內含一個六鉤蚴。	
			②成蟲形態	成蟲體節外形呈黃瓜籽狀，通常由 120 個左右體節組成鏈體。	
				頭節	上有 4 個吸盤，以及頂突和 3～4 排小鉤。
				成節	每個成節具兩套生殖器官。
					生殖孔開口兩側緣中線稍後方。
					睪丸較多，卵巢呈花瓣狀。

實訓報告	**在教師指導下完成附錄的實訓報告**

複習與練習題

一、是非題

(　) 1. 細粒棘球絛蟲成蟲由頭節、頸部、鏈體構成。

(　) 2. 細粒棘球絛蟲頭節有頂突（上有兩圈小鉤）和 4 個吸盤。

(　) 3. 使用顯微鏡時，把顯微鏡放在距實驗臺邊緣 7cm 左右處，略偏左。

(　) 4. 使用顯微鏡時，轉動物鏡，使低倍物鏡對準通光孔。

(　) 5. 使用顯微鏡觀察時，先低倍鏡後高倍鏡，先調粗準焦螺旋後調細準焦螺旋。

(　) 6. 細粒棘球絛蟲成節結構與帶絛蟲略相似，生殖孔位於節片一側的中部偏後。

(　) 7. 細粒棘球絛蟲蟲卵呈球形。

(　) 8. 曼氏迭宮絛蟲（即孟氏迭宮絛蟲）蟲卵呈橄欖形、淺灰褐色，兩端稍尖，卵殼較薄，一端有卵蓋。

(　) 9. 犬複孔絛蟲體節外形呈黃瓜籽狀，故稱「瓜實絛蟲」。

(　) 10. 犬複孔絛蟲每個儲卵囊內含有 20 個以上蟲卵。

二、單選題

1. 使用顯微鏡時，轉動反光鏡，使（　）和反光鏡對成一條線。
   A. 目鏡　B. 物鏡　C. 通光孔　D. 以上都是
2. 以下不屬於絛蟲的是（　）。
   A. 華支睪吸蟲　B. 細粒棘球絛蟲　C. 孟氏迭宮絛蟲　D. 犬複孔絛蟲
3. 關於顯微鏡的使用，以下操作不正確的是（　）。
   A. 先低倍鏡後高倍鏡

B. 先調粗準焦螺旋後調細準焦螺旋

C. 轉動物鏡，使低倍物鏡對準通光孔

D. 目鏡、物鏡、通光孔、反光鏡對成一條線

4. 以下絳蟲的蟲卵呈球形的是（　）。

A. 孟氏迭宮絳蟲　B. 細粒棘球絳蟲　C. 曼氏迭宮絳蟲　D. 犬複孔絳蟲

5. 以下絳蟲的蟲卵呈橄欖形的是（　）。

A. 細粒棘球絳蟲　B. 犬複孔絳蟲　C. 犬心絲蟲　D. 曼氏迭宮絳蟲

6. 以下絳蟲每個成節具兩套生殖器官、睪丸較多、卵巢呈花瓣狀的是（　）。

A. 犬複孔絳蟲　B. 細粒棘球絳蟲　C. 曼氏迭宮絳蟲　D. 犬心絲蟲

7. 細粒棘球絳蟲成蟲由（　）構成。

A. 頭節　B. 頸部　C. 鏈體　D. 以上都是

8. 細粒棘球絳蟲的鏈體由（　）各 1 節構成。

A. 幼節　B. 成節　C. 孕節　D. 以上都是

9. 以下絳蟲體節外形呈黃瓜籽狀，稱為「瓜實絳蟲」的是（　）。

A. 孟氏迭宮絳蟲　B. 細粒棘球絳蟲　C. 犬複孔絳蟲　D. 以上都不是

10. 殼內為胚膜，較厚，棕黃色光鏡下呈放射狀條紋，內含六鉤蚴的絳蟲是（　）。

A. 犬複孔絳蟲　B. 孟氏迭宮絳蟲　C. 曼氏迭宮絳蟲　D. 細粒棘球絳蟲

習題答案

一、是非題

1.√　2.√　3.√　4.×　5.√　6.√　7.√　8.√　9.√　10.√

二、單選題

1.D　2.A　3.C　4.B　5.D　6.A　7.D　8.D　9.C　10.D

任務五　華支睪吸蟲病

華支睪吸蟲病（Clonorchiasis）又稱肝吸蟲病，是由後睪科、支睪屬的華支睪吸蟲寄生於犬、貓等動物和人的肝、膽管及膽囊引起的人獸共患寄生蟲病，多呈隱性感染和慢性經過。

內容		要　點
訓練目標		會進行華支睪吸蟲病的診斷、防治。
案例導入	概述	家貓，雄性，5月齡，被毛粗亂，精神委頓，極度消瘦，皮膚及可視黏膜嚴重黃染。主訴：患貓20餘日前偷吃生江魚的內臟，10d後發生便祕，主人自行飼餵化毛膏及乳果糖後排出少量便，而後結膜開始發黃，逐漸消瘦，排黑便。體溫38.6℃，脈搏136次/min，呼吸17次/min。鼻頭乾燥，腹部觸診肝區疼痛。初診疑似華支睪吸蟲病。
		1. 如何確診華支睪吸蟲病? 2. 如何防治華支睪吸蟲病? 3. 為更好地防控華支睪吸蟲病，我們需要具備哪些素養?

內容與方法				
一、臨床綜合診斷				
序號	內容	要　點		
1	流行病學特點	（1）易感動物		終末宿主：犬、貓、人等。 中間宿主：淡水螺。 補充宿主：淡水魚（如草魚、鰱、青魚等）、蝦。
		（2）感染來源		帶蟲的易感動物及其排泄物或汙染物。
		（3）感染途徑		主要為消化道感染。
		（4）流行特點		①本病分布較廣泛，幾乎遍布世界各地。 ②中國流行較廣，主要流行於中國的華中、華南、華北等十幾個省份，東北地區也有報導。 ③各地感染率高低與當地的生活習慣、飲食特點有密切關係。 ④本病是自然疫源性侵襲性疾病，一些野生動物（鼬科、犬科、貓科等）可被感染。 ⑤呈地方性流行。

				多見慢性經過。
2	臨床症狀	(1) 犬的臨床症狀	輕度感染	無明顯症狀，呈現隱性經過。
			重度感染	精神不振、食慾減少或廢絕、消化不良、異嗜、嘔吐、慢性腹瀉、肝腫大。
			後期	顯著消瘦、貧血、黏膜蒼白或黃染、腹水增多、腹圍增大、衰竭、死亡。
		(2) 貓的臨床症狀		多見急性經過，病程 1～2d，最後死亡。 ①突然嘶喊、狂叫；②四肢刨地、打滾，回頭觀腹等劇烈腹痛症狀；③陣發性嘔吐、口吐白沫或稀黃色液體；④腹瀉（初期，糞便呈糊狀；後期，糞便呈稀黃水樣，有時帶血）；⑤流淚；⑥瞳孔散大。
3	病理變化			(1) 少量蟲體寄生時無明顯病變。 (2) 大量蟲體寄生時，可見：①膽囊腫大；②膽管變粗；③膽汁濃稠呈草綠色或暗綠色；④肝呈淡黃色、深黃色或黃褐色，表面結締組織增生、凹凸不平、有纖維素附著，有時肝硬化或脂肪變性；⑤膽囊、膽管內有很多蟲體、蟲卵；⑥腹腔有黃色積液。

二、實驗室診斷

序號	方法	要　點
1	B 型超音波檢查	(1) 肝內光點粗、密，欠均勻，有小斑片或團塊狀回音。 (2) 瀰漫性中小膽管不同程度擴張。 (3) 膽管壁粗糙、增厚，回音增強。
2	蟲卵檢查	(1) 直接塗片法。 (2) 集卵法。包括沉澱集卵法、漂浮集卵法。

三、防治措施

序號	內容	要　點
1	綜合防控	(1) 在流行地區，對犬、貓、豬等定期全面檢查和驅蟲。 (2) 禁止用生的或未煮熟的魚、蝦，受汙染的生水餵養犬、貓等。 (3) 加強犬、貓等動物和人的糞便管理，未經無害化處理的糞便不下魚塘。

1	綜合防控	(4) 禁止在魚塘邊建豬舍或廁所。 (5) 清理塘泥或用藥物殺滅淡水螺類。 (6) 做好環境衛生，定期消毒。	
2	治療	(1) 驅蟲	①吡喹酮：每公斤體重口服 10～35mg，每天 1 次，連用 3～5d。 ②丙酸哌嗪：每公斤體重 50～60mg，拌料，每天 1 次，連用 5d。 ③阿苯達唑：每公斤體重口服 25～50mg，每天 1 次，連用 12d。 ④六氯對二甲苯（血防 846）：每公斤體重口服 20mg，每天 1 次，連用 10d。 ⑤硫雙二氯酚（別丁）：每公斤體重口服 80～100mg，每天 1 次，連用 5～7d。
		(2)有膽管炎症狀者	氨苄西林、氨基糖苷類、地塞米松、頭孢噻肟鈉、阿米卡星。
		(3) 利膽	①熊去氧膽酸片：按照說明書使用。 ②10%去氧膽酸鈉：按照說明書使用。
		(4) 恢復肝功能	①維他命類，如維他命 B 群、維他命 C 等。 ②促進能量代謝的藥物，如三磷酸腺苷、輔酶 A 等。 ③抗纖維化藥物。 ④促進蛋白質合成藥物。 ⑤促進膽紅素代謝與排泄的藥物，如茵梔黃注射液、丹蔘注射液等。
		(5) 腹腔積液	①螺內酯（安體舒通）：注射或內服。 ②利尿藥。 ③分次、少量腹腔穿刺排腹水。
		(6) 嚴重貧血	①輸血。 ②高蛋白、高糖（高能量）、低脂肪食物。 ③適當添加鐵製劑、維他命 C、維他命 B 群等。

案例分析	針對導入的案例，在教師指導下完成附錄的學習任務單

複習與練習題

一、是非題

（ ）1. 中國無華支睾吸蟲病。

（　）2. 華支睾吸蟲病是由後睾科、支睾屬的吸蟲寄生於犬、貓等動物和人的肺所引起的人畜共患病。

（　）3. 華支睾吸蟲的終末宿主為人，保蟲宿主為貓、犬等多種哺乳動物，第二中間宿主為沼螺、豆螺、涵螺等淡水螺類，第一中間宿主為淡水魚、蝦。

（　）4. 華支睾吸蟲的感染階段是囊蚴，其感染方式為熟食含囊蚴的淡水魚、蝦。

（　）5. 本病流行與人群有吃生的或未煮熟的魚肉的習慣無關。

（　）6. 犬華支睾吸蟲病多見慢性經過。

（　）7. 貓華支睾吸蟲病多見急性經過。

（　）8. 華支睾吸蟲的第一中間宿主為淡水螺。

（　）9. 華支睾吸蟲的補充宿主為淡水魚、蝦。

（　）10. 治療華支睾吸蟲病可以選用吡喹酮驅蟲。

二、單選題

1. 華支睾吸蟲的致病蟲期是（　）。
A. 囊蚴　B. 尾蚴　C. 毛蚴　D. 成蟲

2. 以下屬於華支睾吸蟲病的症狀的是（　）。
A. 嘔吐、腹瀉　B. 可視黏膜、皮膚黃染　C. 貧血　D. 以上都不是

3. 以下是華支睾吸蟲病的病原學檢查方法的是（　）。
A. 臨床診斷　B. B 型超音波檢查　C. CT 檢查　D. 沉澱法

4. 以下是預防華支睾吸蟲病的主要措施的是（　）。
A. 在流行地區，對犬、貓、豬等定期全面檢查和驅蟲
B. 禁止以生的或未煮熟的魚、蝦，受汙染的生水餵養犬、貓等
C. 加強犬、貓等動物和人的糞便管理，未無害化處理的糞便不下魚塘
D. 以上都是

5. 以下藥物可以用於治療華支睾吸蟲病的是（　）。
A. 吡喹酮　B. 丙酸哌嗪　C. 阿苯達唑　D. 以上都可以

6. （　）是華支睾吸蟲的終末宿主。
A. 人　B. 貓　C. 犬　D. 淡水螺類

7. （　）是華支睾吸蟲的保蟲宿主。
A. 犬、貓　B. 人　C. 淡水魚　D. 淡水蝦

8. （　）是華支睾吸蟲的第一中間宿主。
A. 淡水螺類　B. 人　C. 淡水魚　D. 淡水蝦

9. 以下是華支睾吸蟲病診斷方法的是（　）。
A. 集卵法　B. 電鏡法　C. 刮片法　D. 以上都不對

10. 以下藥物能恢復肝功能的是（　）。
A. 維他命 B 群　B. 阿米卡星　C. 吡喹酮　D. 以上都對

習題答案

一、是非題

1. × 2. × 3. × 4. × 5. × 6.√ 7.√ 8.√ 9.√ 10.√

二、單選題

1.D 2.D 3.D 4.D 5.D 6.A 7.A 8.A 9.A 10.A

任務六　血吸蟲病

血吸蟲病（Schistosomiasis）是由分體科、分體屬的日本血吸蟲（日本分體吸蟲）寄生於人和動物（如豬、牛、羊、馬、犬、貓、兔等）的門脈系統血管引起的一種人獸共患寄生蟲病，主要特徵為急性或慢性腸炎、肝硬化、貧血、消瘦。

內容	要點	
訓練目標	會進行血吸蟲病的診斷、防治。	
案例導入	概述	王某餵養一隻約 10 月齡、體重 30kg 的狼犬患病，其症狀是厭食、腹瀉、糞便帶紅白相間黏稠黏液，排便時表現為裡急後重。遂按痢疾處置，肌內注射黃連素、安絡血，口服香連丸、諾氟沙星膠囊，斷斷續續治療十餘日，用藥後，症狀緩解，停藥依然如故。後來病情進一步惡化，病犬不食，排黑黃色膠凍樣糞便。主訴此犬經常在低窪潮濕的沼澤地活動，下河玩耍。初診疑似血吸蟲病。
	思考	1. 如何確診血吸蟲病? 2. 如何防治血吸蟲病? 3. 為更好地防控血吸蟲病，我們需要具備哪些素養?

內容與方法

一、臨床綜合診斷

序號	內容	要點	
1	流行病學特點	(1) 易感動物	終末宿主：犬、貓、牛、人等。 中間宿主：釘螺。
		(2) 感染來源	主要是患病或帶蟲易感動物及其排泄物或汙染物。
		(3) 感染途徑	主要是直接侵入皮膚。
		(4) 流行特點	①地區性。中國長江流域及以南流行較嚴重。 ②季節性。釘螺活動和繁殖的季節多發。 ③釘螺陽性率高的地區，人和動物的感染率也高。 ④多發於放養的犬、貓，舍飼犬、貓感染較少。 ⑤犬、貓多因接觸被汙染的水源而感染。

2	臨床症狀	(1)急性型	見於大量感染的幼犬、貓，主要表現為：①精神不佳；②食慾不振；③體溫升至40～41℃或更高；④行動緩慢；⑤腹瀉；⑥糞便中混有黏液、血液、脫落的黏膜；⑦腹瀉加劇時，排水樣稀便，甚至排糞失禁；⑧逐漸消瘦；⑨貧血；⑩經2～3個月死亡或轉為慢性。
		(2)慢性型	較多見，主要表現為：①食慾不振；②消化不良；③糞便中含黏液、血液、塊狀黏膜；④下痢；⑤糞便有惡臭；⑥裡急後重；⑦脫肛；⑧肝硬化、腹水；⑨妊娠犬、貓易流產。
3	病理變化		①消瘦；②貧血；③皮下脂肪萎縮；④腹腔內有多量積液；⑤肝表面或切面上可見粟粒大或高粱粒大的灰白色或灰黃色小點；⑥肝病理變化病初期表現為腫大，病後期表現為萎縮、硬化；⑦腸道各段有小潰瘍、瘢痕、腸黏膜肥厚；⑧腸繫膜淋巴結腫大、門靜脈血管肥厚。

二、實驗室診斷

序號	方法	要點
1	毛蚴孵化法	(1) 稱取50g待測糞便。 (2) 直接置於300目尼龍兜內。 (3) 用自來水充分淘洗至水流清澈。 (4) 將收集的糞便沉渣，裝入孵化瓶內。 (5) 加入調試好pH的清水（水溫約30℃）至瓶頸處。 (6) 將孵化瓶移至25℃、有光照的條件下孵化毛蚴。 (7) 孵育4～8h後取出檢查毛蚴。 (8) 低倍鏡下毛蚴形態：梨形，體表有纖毛。 (9) 若為陰性，繼續孵化。 (10) 於孵化8～10h及20～24h各檢查一次，仍為陰性者，則報告為陰性。
2	環卵沉澱試驗	(1) 用滴管滴加一小滴待檢血清於潔淨的載玻片上。 (2) 用針筒針頭挑取少許血吸蟲凍乾卵粉末，將其與血清充分混勻。 (3) 覆蓋蓋玻片。 (4) 用石蠟密封四周，防止水分蒸發和細菌滋生、繁殖。 (5) 室溫下靜置1～1.5h。 (6) 鏡檢觀察、記錄結果。

2	環卵沉澱試驗	(7) 結果判定　分級強度 反應強度為「+」：部分泡狀沉澱物的面積較小，小於蟲卵面積的 1/2，表示蟲卵較多。 反應強度為「++」：部分泡狀沉澱物的面積大於蟲卵面積的 1/2，表示蟲卵較少。 反應強度為「+++」：部分泡狀沉澱物的面積大於蟲卵本身面積，表示蟲卵較少。
3	斑點酶聯免疫吸附試驗	(1) 用 1∶3 000 稀釋的 1% 日本血吸蟲可溶性蟲卵粗抗原包被聚苯乙烯板，每孔 200μL，置 4℃ 過夜。 (2) 洗滌後，分別加用吐溫-PBS 作 1∶200 稀釋的血清標本，陰、陽性參考血清，每孔 200μL；每個標本至少作雙份。 (3) 對照組不加血清，僅加 PBS，保溫洗滌後，加適當稀釋的酶標記抗人 IgG，每孔 200μL。再經保溫洗滌後，按常規加底物顯色，用酶標比色計，讀取 A492 處吸光值。 (4) 以 4 份鄰苯二胺（OPD）底物及 1 份 2mol/L 硫酸的混合液校正零點（校正 A 值大於或等於 0.5 為陽性反應）。
4	間接血凝試驗	(1) 用微量滴管向 U 形微量血凝板第 1 排第 2 孔、第 3 孔、第 4 孔分別滴加生理鹽水 4 滴（25μL/滴）、0 滴（空白）、1 滴。 (2) 第 1 孔內加待檢血清 100μL，混勻，從中吸取血清 1 滴加入第 2 孔，充分混勻後吸出 2 滴，於第 3 孔和第 4 孔各加 1 滴，在第 4 孔混勻後棄去 1 滴，使第 3 孔和第 4 孔血清稀釋度為1∶5 和 1∶10。 (3) 將凍乾致敏紅血球試劑用蒸餾水稀釋後，用定量吸管吸取致敏紅血球懸液，於第 3 孔和第 4 孔各加一滴（25μL），立即旋轉振搖 2min，室溫下靜置 1h 左右，觀察結果。 (4) 判讀標準同一般間接血凝試驗，以血清大於或等於1∶10 稀釋出現陽性反應判為血吸蟲病陽性。

三、防治措施

序號	內容	要　點
1	綜合防控	(1) 在流行地區，每年對人和動物進行普查並進行治療。 (2) 人和動物同步防治。 (3) 加強犬、貓等動物和人的糞便管理，無害化處理糞便。 (4) 消滅中間宿主釘螺。

1	綜合防控	(5) 加強犬、貓管理，限制其到流行區活動。 (6) 管好水源，保持清潔，防止糞、尿汙染，不飲地表水。 (7) 採用土埋、水淹、水改旱、飼養水禽等辦法滅螺。 (8) 常用化學滅螺，如用氯硝柳胺、五氯酚鈉、生石灰等滅螺。
2	治療	常用藥物：吡喹酮、硝硫氰胺、丙硫苯咪唑、六氯對二甲苯（血防 846）。

案例分析	針對導入的案例，在教師指導下完成附錄的學習任務單

複習與練習題

一、是非題

（ ）1. 日本血吸蟲呈線狀，為雌雄同體。

（ ）2. 日本血吸蟲蟲卵不需要入水也能進一步發育。

（ ）3. 日本血吸蟲病一般無地區性，中國各地區都有過該病的流行。

（ ）4. 將人和動物的糞便堆積或池封發酵，或推廣用糞便生產沼氣等辦法不能殺滅糞便中的日本血吸蟲蟲卵。

（ ）5. 血吸蟲病俗稱「大肚子病」或「水鼓病」。

（ ）6. 成熟日本血吸蟲蟲卵表面呈網狀，有微孔通向內外，毛蚴分泌的可溶性蟲卵抗原（SEA）釋放出來。卵殼一側有一側刺。

（ ）7. 血吸蟲病是由分體科、分體屬的日本血吸蟲寄生於動物和人的血管所引起的一種人獸共患病。

（ ）8. 在釘螺陽性率高的地區，人和動物日本血吸蟲的感染率也高。

（ ）9. 可以透過檢查動物糞便中有無日本血吸蟲蟲卵來確診有無感染日本血吸蟲病。

（ ）10. 吡喹酮可以用於治療日本血吸蟲病。

二、單選題

1. 在中國流行的屬（ ）。

A. 日本血吸蟲　B. 埃及血吸蟲　C. 曼氏血吸蟲　D. 湄公血吸蟲

2. 蟲體細長，呈暗褐色，腹吸盤較雄蟲小，生殖孔開口於腹吸盤後方屬（ ）。

A. 雌蟲　B. 雄蟲　C. 雄雌合抱　D. 蟲卵

3. 下列屬於日本血吸蟲中間宿主的是（ ）。

A. 釘螺　B. 蜱　C. 青蛙　D. 鳥

4. 日本血吸蟲成蟲主要寄生在（ ）。

A. 門脈-腸繫膜靜脈系統　B. 肺動脈

C. 心臟　D. 腎微血管

5. 日本血吸蟲蟲卵經宿主（　）排出。
A. 糞便　B. 汗液　C. 尿液　D. 唾液
6. 日本血吸蟲的生活史中無下列哪一個階段？（　）
A. 毛蚴階段　B. 胞蚴階段　C. 雷蚴和囊蚴階段　D. 尾蚴階段
7. 日本血吸蟲的尾蚴是感染性階段，可經（　）入侵人或動物。
A. 視線　B. 空氣　C. 皮膚　D. 胎盤
8. 日本血吸蟲病會引起下列哪些病理變化？（　）。
A. 肺萎縮、硬化　B. 腎萎縮、硬化
C. 肝萎縮、硬化　D. 心臟萎縮、硬化
9. 急性型日本血吸蟲病的患病動物，體溫升高至（　）或更高。
A. 37～38℃　B. 38～39℃　C. 40～41℃　D. 39～40℃
10. 下列藥物可用於治療日本血吸蟲病的是（　）。
A. 阿苯達唑　B. 青黴素　C. 硝硫氰胺　D. 伊維菌素

習題答案

一、是非題

1.×　2.×　3.×　4.×　5.√　6.√　7.√　8.√　9.√　10.√

二、單選題

1.A　2.A　3.A　4.A　5.A　6.C　7.C　8.C　9.C　10.C

任務七　並殖吸蟲病

並殖吸蟲病（Paragonimiasis）又稱肺吸蟲病，是重要的人畜共患病。該病的病原是衛氏並殖吸蟲，主要寄生於犬、貓、人及多種野生動物的肺組織內。衛氏並殖吸蟲的生活史需要2個中間宿主，第一中間宿主是淡水螺類，第二中間宿主是甲殼類。終末宿主吃了生的或半生熟的含有囊蚴的第二中間宿主，囊蚴在小腸裡破囊而出，穿過腸壁、腹膜、膈肌與肺膜一直到肺，在肺發育成成蟲。成蟲在肺組織內形成包囊，並產卵，蟲卵透過支氣管與氣管隨痰液進入口腔，而後被嚥下進入腸道隨糞便排出。成蟲除寄生在肺部外，還可侵入肌肉、腦、脊髓等處。

內容		要　點
訓練目標		正確診斷、防治並殖吸蟲病。
案例導入	概述	2隻11月齡的犬陸續出現精神沉鬱、食慾下降、腹瀉，用抗病毒藥治療，病情稍有緩解。半個月後，犬又出現體溫升高、陣發性咳嗽、咳出鐵鏽色痰液、呼吸困難等症狀，用抗生素治療無效。臨床檢查可見：病犬消瘦，精神萎靡，被毛粗糙，嚴重腹瀉，觸摸腹部有疼痛感，體溫升高，咳嗽，呼吸困難，輕微氣胸。其中一隻衰竭死亡。剖檢死亡犬，可見小腸黏膜充血、水腫、滲出；肺部有多個灰白色的囊腫，呈豌豆大，稍突出於肺表面，切開囊腫，流出褐色黏稠液體，有的可見2條長約1mm的深紅色蟲體，有的是空囊，有的呈纖維素樣變。初診疑似並殖吸蟲病。
	思考	1. 如何確診犬、貓並殖吸蟲病? 2. 如何防治犬、貓並殖吸蟲病? 3. 預防犬、貓並殖吸蟲病有何公共衛生意義?

內容與方法

一、臨床綜合診斷

序號	內容	要　點
1	流行病學特點	(1) 易感動物：犬、貓、人及多種野生動物。 (2) 傳染途徑：經口感染，透過吞食蟲卵、食入生的或半生的第二中間宿主、捕食鼠類（轉續宿主）、生飲含有囊蚴的水等途徑感染。
2	臨床症狀	(1) 精神不振。 (2) 陣發性咳嗽、呼吸困難。 (3) 寄生於腦部和脊髓時，可引起神經症狀。 (4) 蟲體在移行時可引起腹痛和腹瀉。

二、實驗室診斷		
序號	方法	要　　點
1	病原學檢查	(1) 糞便或痰液中發現蟲卵或剖檢發現蟲體可確診。
		(2) 病原體形態觀察　①成蟲：蟲體呈深紅色，肥厚，腹面扁平，背面隆起，長 7.5～12mm，寬約 6mm，厚3.5～5.0mm。 ②卵：呈金黃色、形狀不規則的橢圓形，大小為（80～118）μm×（48～60）μm，多數有卵蓋，卵殼厚薄不均，卵內含有數十個卵黃球。

三、防治措施		
序號	內容	要　　點
1	預防	定期驅蟲：使用吡喹酮、芬苯達唑、硝氯酚、硫氯酚等藥物。
2	綜合防控	(1) 使用吡喹酮、阿苯達唑等藥物定期驅蟲。 (2) 避免接觸患病動物糞便、食入生的或半生的第二中間宿主、捕食鼠類（轉續宿主）、生飲含有囊蚴的水。
3	治療	(1) 吡喹酮：為首選藥，每公斤體重 50～75mg，1 次口服。 (2) 阿苯達唑：每公斤體重 30 mg，口服，每天 1 次，連用 12d。 (3) 對症治療：補液，維持酸鹼平衡。 (4) 營養支持療法：補充營養。

案例分析	針對導入的案例，在教師指導下完成附錄的學習任務單

複習與練習題

一、是非題

(　) 1.　並殖吸蟲病是人獸共患病。

(　) 2.　衛氏並殖吸蟲的發育不需要中間宿主。

(　) 3.　衛氏並殖吸蟲的第一中間宿主是淡水螺類，第二中間宿主是甲殼類。

(　) 4.　在糞便或痰液中發現蟲卵或剖檢發現蟲體即可確診感染並殖吸蟲。

(　) 5.　犬、貓食入半生的甲殼類如小龍蝦，易感染並殖吸蟲。

(　) 6.　預防並殖吸蟲病的措施包括避免接觸患病動物的糞便、食入生的或半生的第二中間宿主、捕食鼠類（轉續宿主）、生飲含有囊蚴的水。

(　) 7. 犬、貓患並殖吸蟲病可引起陣發性咳嗽、呼吸困難。

(　) 8. 衛氏並殖吸蟲成蟲除寄生在肺部外，還可侵入肌肉、腦、脊髓等處。

(　) 9. 治療犬貓並殖吸蟲病的首選藥物是甲硝唑。

二、單選題

1. 並殖吸蟲病的病原是（ ）。
   A. 蜱　B. 虱　C. 白蛉　D. 衛氏並殖吸蟲
2. 並殖吸蟲的寄生部位是（ ）。
   A. 小腸黏膜　B. 大腸黏膜　C. 皮膚表面　D. 肺
3. 並殖吸蟲病又稱（ ）。
   A. 黑熱病　B. 肺吸蟲病　C. 肝吸蟲病　D. 血吸蟲病
4. 衛氏並殖吸蟲的生活史需要（ ）個中間宿主。
   A. 1　B. 2　C. 3　D. 4
5. 衛氏並殖吸蟲的第二中間宿主是（ ）。
   A. 淡水螺　B. 甲殼類　C. 淡水蝦　D. 淡水魚
6. 並殖吸蟲病的臨床症狀有（ ）。
   A. 精神不振、陣發性咳嗽、呼吸困難
   B. 寄生於腦部和脊髓時，可引起神經症狀
   C. 蟲體在移行時可引起腹痛和腹瀉
   D. 以上情況均可能出現
7. （ ）中發現蟲卵或剖檢發現蟲體，即可確診為並殖吸蟲病。
   A. 糞便或痰液　B. 糞便或眼分泌物　C. 血液或痰液　D. 血液或眼分泌物
8. 下列關於衛氏並殖吸蟲蟲卵的描述，錯誤的是（ ）。
   A. 蟲卵呈金黃色　B. 蟲卵形狀為圓形
   C. 蟲卵大多數有卵蓋　D. 卵殼厚薄不均，卵內含有數十個卵黃球
9. 治療並殖吸蟲病的藥物有（ ）。
   A. 甲硝唑　B. 氨苄西林　C. 紅黴素　D. 吡喹酮
10. 下列關於防控犬、貓並殖吸蟲病的說法，錯誤的是（ ）。
    A. 定期使用甲硝唑驅蟲
    B. 避免接觸患病動物糞便
    C. 避免食入生的或半生的第二中間宿主
    D. 避免捕食鼠類（轉續宿主）、避免生飲含有囊蚴的水

習題答案

一、是非題

1.√　2.×　3.√　4.×　5.√　6.√　7.√　8.√　9.√

二、單選題

1.D　2.D　3.B　4.B　5.B　6.D　7.A　8.B　9.D　10.A

實訓十二　寵物常見吸蟲的形態觀察

內容	要　點
訓練目標	透過觀察辨識寵物常見吸蟲如華支睪吸蟲、日本分體吸蟲、後睪吸蟲、並殖吸蟲、布氏薑片吸蟲。
考核內容	1. 熟練進行顯微鏡檢查操作。 2. 觀察並辨識寵物常見吸蟲。

內容與方法

序號	內容	要　點		
1	器材	顯微鏡、吸蟲（華支睪吸蟲、日本血吸蟲、後睪吸蟲、並殖吸蟲、布氏薑片吸蟲）標本。		
2	試劑	香柏油。		
3	顯微鏡檢查	熟練操作顯微鏡，在鏡下觀察寵物常見吸蟲的形態。		
4	寵物常見吸蟲形態	(1) 華支睪吸蟲形態	①蟲卵形態	呈芝麻粒形、黃褐色。 卵殼較厚，前端有卵蓋，後端有一小疣狀突起，內含一毛蚴。
			②成蟲形態	呈葵花籽樣、半透明，活時為淡紅色，死後為灰白色。 有口、腹兩個吸盤，雌雄同體。
		(2) 日本血吸蟲形態	①蟲卵形態	呈橢圓形、淡黃色。 卵殼厚薄均勻，無蓋，殼一側有一個小棘，含一毛蚴。
			②成蟲形態	呈線狀，雌雄異體。 雄蟲粗短，呈乳白色，口吸盤位於蟲體前端，腹吸盤在其後方。體壁自腹吸盤後方至尾部，兩側向腹面捲起形成抱雌溝。 雌蟲常居雄蟲抱雌溝內，二者呈合抱狀態，雄蟲生殖孔開口於腹吸盤後抱雌溝內。雌蟲較雄蟲細長，呈暗褐色，腹吸盤較雄蟲小，生殖孔開口於腹吸盤後方。

		(3)後睪吸蟲形態	①蟲卵形態	蟲卵呈橢圓形、淡黃色；尖端有卵蓋，寬端鈍圓，有疣狀突起。
			②成蟲形態	蟲體呈扁平葉片狀，前端狹小，後端鈍圓。
4	寵物常見吸蟲形態	(4)並殖吸蟲形態	①蟲卵形態	呈金黃色，有卵蓋（位於蟲卵寬端），卵內含一個卵細胞和多個卵黃細胞。
			②成蟲形態	蟲體呈鮮紅色、橢圓形。肥厚，口吸盤和腹吸盤大小大體一致。
		(5)布氏薑片吸蟲形態	①蟲卵形態	呈橢圓形、淡黃色。卵殼薄，一端有不明顯的卵蓋，內含 1 個卵細胞和許多卵黃細胞。
			②成蟲形態	背腹扁平，呈長橢圓形、薑片狀，肥厚。活體為肉紅色。
實訓報告	**在教師指導下完成附錄的實訓報告**			

複習與練習題

一、是非題

（　）1. 華支睪吸蟲是雌雄同體。

（　）2. 日本血吸蟲是雌雄同體。

（　）3. 使用顯微鏡時，把顯微鏡放在距實驗臺邊緣 7cm 左右處，略偏左。

（　）4. 使用顯微鏡時，轉動物鏡，使低倍物鏡對準通光孔。

（　）5. 使用顯微鏡觀察時，先低倍鏡後高倍鏡，先調粗準焦螺旋後調細準焦螺旋。

（　）6. 華支睪吸蟲蟲卵大小約為 29μm×17μm，呈芝麻粒形、黃褐色，卵殼較厚，前端有卵蓋，後端有一小疣狀突起，內含一毛蚴。

（　）7. 日本血吸蟲蟲卵大小為（70～100）μm×（50～80）μm，呈橢圓形、淡黃色，卵殼厚薄均勻，無卵蓋。

（　）8.　後睪吸蟲蟲卵呈橢圓形、淡黃色，尖端有卵蓋，寬端鈍圓有疣狀突起。

（　）9. 並殖吸蟲（肺吸蟲）蟲卵呈金黃色，有卵蓋（位於蟲卵寬端），卵內含一個卵細胞和多個卵黃細胞。

（　）10. 布氏薑片吸蟲蟲卵呈橢圓形、淡黃色，大小為（130～150）μm×（85～97）μm，卵殼薄，一端有不明顯的卵蓋。

二、單選題

1. 使用顯微鏡時，轉動反光鏡，使（　）和反光鏡對成一條線。

A. 目鏡　B. 物鏡　C. 通光孔　D. 以上都是

2. 以下不屬於吸蟲的是（　）。

A. 華支睪吸蟲　B. 日本血吸蟲

C. 並殖吸蟲（肺吸蟲）　D. 犬鉤蟲

3. 關於顯微鏡的使用，以下選項不正確是（　）。

A. 先低倍鏡後高倍鏡

B. 先調粗準焦螺旋後調細準焦螺旋

C. 轉動物鏡，使低倍物鏡對準通光孔

D. 目鏡、物鏡、通光孔、反光鏡對成一條線

4. 以下吸蟲的蟲卵呈芝麻粒形的是（　）。

A. 日本血吸蟲　B. 後睪吸蟲

C. 並殖吸蟲（肺吸蟲）　D. 華支睪吸蟲

5. 以下吸蟲的蟲卵呈橢圓形的是（　）。

A. 日本血吸蟲　B. 後睪吸蟲　C. 布氏薑片吸蟲　D. 以上都是

6. 以下吸蟲的成蟲呈葵花籽樣的是（　）。

A. 華支睪吸蟲　B. 日本血吸蟲　C. 後睪吸蟲　D. 並殖吸蟲（肺吸蟲）

7. 以下吸蟲的成蟲呈線狀的是（　）。

A. 日本血吸蟲　B. 華支睪吸蟲　C. 後睪吸蟲　D. 並殖吸蟲（肺吸蟲）

8. 以下吸蟲的成蟲蟲體呈扁平葉片狀的是（　）。

A. 華支睪吸蟲　B. 日本血吸蟲

C. 並殖吸蟲（肺吸蟲）　D. 後睪吸蟲

9. 以下吸蟲的成蟲蟲體呈橢圓形的是（　）。

A. 並殖吸蟲　B. 華支睪吸蟲　C. 日本血吸蟲　D. 後睪吸蟲

10. 以下吸蟲的成蟲蟲體呈長橢圓形的是（　）。

A. 華支睪吸蟲　B. 日本血吸蟲　C. 後睪吸蟲　D. 布氏薑片吸蟲

習題答案

一、是非題

1.√　2.×　3.√　4.×　5.√　6.√　7.√　8.√　9.√　10.√

二、單選題

1.D　2.D　3.C　4.D　5.D　6.A　7.A　8.D　9.A　10.D

實訓十三　寵物糞便檢查技術

糞便檢查是採取寵物大腸末端的糞便，透過恰當處理後放置於顯微鏡下觀察。主要檢查消化產物、體細胞、寄生蟲及腸道環境等。寵物寄生蟲病常用的糞便檢查方法有直接塗片法、漂浮法以及沉澱法。

內容	要　點
訓練目標	掌握寵物寄生蟲病糞便檢查的直接塗片法、漂浮法和沉澱法。
考核內容	1. 直接塗片法的操作方法及結果判定。 2. 漂浮法的操作方法及結果判定。 3. 沉澱法的操作方法及結果判定。

內容與方法

一、直接塗片法

序號	內容	要　點
1	器材	竹籤、鑷子、針筒、載玻片、蓋玻片、汙物桶、顯微鏡。
2	操作方法	(1) 從新鮮糞便不同部位採集樣本（3 處以上），備用。 (2) 取乾淨的載玻片平放於臺面上，用針筒吸取生理鹽水，在載玻片上滴加 2 滴。 (3) 用竹籤挑取米粒大小的被檢糞塊置於載玻片上的生理鹽水中，充分混合均勻，並用鑷子剔除粗糞渣。加上蓋玻片以備鏡檢。 (4) 按常規方法操作顯微鏡。在低倍鏡下找到物像，以 S 形曲線開始檢查。如發現疑似寄生蟲蟲卵或包囊，換高倍鏡進一步檢查。 (5) 注意事項：①加蓋玻片時先將蓋玻片的一端接觸液面，然後輕輕放下，若蓋玻片一端還有多餘的液體，可再加蓋一張蓋玻片。加蓋玻片時注意避免空泡。 ②混合後的糞液必須均勻，且濃度以透過糞液能看清載玻片下方字跡為宜。
3	結果判定	當發現疑似蟲卵後可根據其形態，參考寄生蟲圖譜來確診。

序號	內容	要點
4	結果處理	(1) 對確診患寄生蟲病的寵物及時治療。 (2) 對未能確診，卻高度疑似的寵物可連續多日重複採樣檢查。 (3) 對健康寵物，做好寄生蟲病的預防驅蟲工作。

二、漂浮法

序號	內容	要　點
1	器材	雙層紗布、小燒杯、試管、吸管、竹籤、載玻片、蓋玻片、汙物桶、顯微鏡。
2	試劑	飽和食鹽水（漂浮液選用密度高於蟲卵的中密度溶液）。
3	操作方法	(1) 從新鮮糞便不同部位採集樣本（3 處以上），備用。 (2) 取乾淨燒杯置於臺面中間，用竹籤分點挑取待檢樣本約 2g，放於燒杯中。 (3) 在燒杯中加入約 10 倍量的飽和食鹽水，並用竹籤將二者混合均勻備用。 (4) 將雙層紗布覆於另一個乾淨燒杯口上並按壓出凹槽。 (5) 將待檢樣本混合液經雙層紗布過濾，並將濾液倒入試管中，用滴管繼續向試管中加入飽和食鹽水，使加入溶液的液面略高於試管頂部，但不要溢出。 (6) 取乾淨的蓋玻片置於試管頂部，靜置 30min。 (7) 30min 後，左手持乾淨的載玻片，右手垂直向上輕輕的提起蓋玻片，快速轉移到載玻片上，製片完成以備鏡檢。 (8) 注意事項 ①在試管頂部加蓋玻片前一定要確認混合液的液面略高於試管頂部，如果液面過低會導致蓋玻片下方有空氣進入，液面過高會導致糞液溢出，均會影響檢查效果。 ②漂浮時間為 30min，時間過短（少於 10min）漂浮不完全；時間過長（大於 1h）易造成蟲卵變形、破裂，難以辨識。 ③漂浮液必須為飽和溶液，且保存在不低於 13℃ 的條件下，否則效果難以保證。
4	結果判定	當發現疑似蟲卵後可根據其形態，參考寄生蟲圖譜來確診。
5	結果處理	(1) 對確診患寄生蟲病的寵物及時治療。 (2) 對未能確診，卻高度疑似的寵物可連續多日重複採樣檢查。 (3) 對健康寵物，做好寄生蟲病的預防驅蟲工作。

三、沉澱法		
序號	內容	要　點
1	器材	雙層紗布、小燒杯、試管、吸管、竹籤、載玻片、蓋玻片、離心機、汙物桶、顯微鏡。
2	試劑	清水。
3	操作方法	(1) 從新鮮糞便不同部位採集樣本 (3 處以上)，備用。 (2) 取乾淨燒杯置於臺面中間，用竹籤分點挑取待檢樣本約 5g，放入燒杯中。 (3) 加入 5 倍量的清水，並用竹籤攪拌均勻。 (4) 然後將雙層紗布覆於另一個乾淨燒杯口上並按壓出凹槽。 (5) 將待檢樣本混合液經雙層紗布過濾，並將濾液倒入離心管中，置離心機上離心 2～3min (轉速約為 500r/min)，然後傾去管內上層液體，再加清水攪勻，再離心。 (6) 這樣反覆進行 2～3 次，直至上清液清亮為止，最後傾去大部分上清液，留約為沉澱物 1/2 量的溶液，用膠帽吸管吹吸均勻，吸取適量糞汁 (約 2 滴) 置於載玻片上，加蓋玻片以備鏡檢。 (7) 注意：此法檢查樣本量少，最好多看幾片，以提高檢出率。
4	結果判定	當發現疑似蟲卵後可根據其形態，參考寄生蟲圖譜來確診。
5	結果處理	(1) 對確診患寄生蟲病的寵物及時治療。 (2) 對未能確診，卻高度疑似的寵物可連續多日重複採樣檢查。 (3) 對健康寵物，做好寄生蟲病的預防驅蟲工作。
實訓報告		在教師指導下完成附錄的實訓報告

複習與練習題

一、是非題

(　) 1. 寵物糞便檢查中的漂浮法用於檢查絳蟲卵和吸蟲卵。

(　) 2. 寵物糞便檢查中的沉澱法用的稀釋液是水。

(　) 3. 想要確診寵物是否感染腸道線蟲，只能用直接塗片法進行糞便蟲卵檢查。

(　) 4. 用顯微鏡檢查糞便中的蟲卵時，需要在暗視野下，用低倍鏡檢查。

(　) 5. 用直接塗片法檢查糞便中的寄生蟲蟲卵時，糞液濃度越高越好。

(　) 6. 用糞便直接塗片法檢查蟲卵，方便快捷，但是檢出率低，為提高檢出率可將塗片數增加至 3 張。

(　) 7. 糞便蟲卵檢查時使用最多的是直接塗片法，但如果高度懷疑為吸蟲感染，則該法不是最恰當的檢查方法。

(　) 8. 犬弓首蛔蟲是幼犬常見的寄生蟲，蟲卵呈圓形，卵殼薄，大小約為

68μm×74μm。

（　）9. 糞便檢查除了可以檢查常見的蠕蟲，還可以檢查部分原蟲。

（　）10. 糞便寄生蟲檢查陰性者，可排除寄生蟲感染的可能性。

二、單選題

1. 以下溶液不能用於寵物糞便檢查中的漂浮法的是（　）。
A. 飽和食鹽水　B. 硫酸鋅溶液　C. 硫酸鎂溶液　D. 水

2. 關於寵物糞便檢查的說法錯誤的是（　）。
A. 臨床上，寵物糞便檢查用於檢查寵物體內是否有寄生蟲感染
B. 直接塗片檢查蟲卵時，由於採樣量少，所以要多檢查幾片
C. 採用飽和食鹽水漂浮法時，集卵時間越長越好
D. 沉澱法檢查蟲卵是利用蟲卵的密度比水大的原理

3. 寵物常見的體內寄生蟲不包括（　）。
A. 蛔蟲　B. 絳蟲　C. 鉤蟲　D. 蟎蟲

4. 能經胎盤傳染的體內寄生蟲是（　）。
A. 蛔蟲　B. 絳蟲　C. 旋毛蟲　D. 鉤蟲

5. 在寵物臨床中，用直接塗片法檢查蟲卵最普遍，但因為檢出率低，所以把片數增加至（　）張，可增加寄生蟲蟲卵檢出率。
A. 2　B. 3　C. 4　D. 5

6. 寵物糞便檢查中的漂浮法用到的漂浮液是（　）。
A. 低密度溶液　B. 中密度溶液　C. 高密度溶液　D. 等滲溶液

7. 下列蟲卵中密度較大的是（　）。
A. 蛔蟲卵　B. 絳蟲卵　C. 鉤蟲卵　D. 吸蟲卵

8. 以下說法錯誤的是（　）。
A. 沉澱法是利用蟲卵密度比水大的原理進行集卵的
B. 檢查吸蟲卵用漂浮法效果很好
C. 漂浮法不選用高密度溶液是因為濃度太高，集卵時間不好控制，容易造成蟲卵無法辨識、變形、破裂等
D. 直接塗片法和沉澱法都需要多制幾張片，以提高蟲卵檢出率

9. 沉澱法分自然沉澱法和離心沉澱法，離心沉澱法的離心次數一般為（　）。
A. 1 次　B. 2 次　C. 3 次　D. 4 次

10. 直接塗片法除了能檢查常見的線蟲卵、絳蟲卵和吸蟲卵，還能用於檢查多種蟲卵或原蟲，但不包括（　）。
A. 毛滴蟲　B. 梨形鞭毛蟲　C. 球蟲卵　D. 巴貝斯蟲

習題答案

一、是非題

1. × 2.√ 3. × 4.√ 5. × 6.√ 7.√ 8. × 9.√ 10. ×

二、單選題

1.D 2.C 3.D 4.A 5.B 6.B 7.D 8.B 9.C 10.D

第十節　蜘蛛昆蟲病

學習目標

一、知識目標

1. 掌握犬、貓疥蟎病，蠕形蟎病，耳癢蟎病，蜱病，虱病，蚤病的基本知識。

2. 掌握蟎病實驗室診斷技術的基本知識。

二、技能目標

1. 能正確進行犬、貓疥蟎病，蠕形蟎病，耳癢蟎病，蜱病，虱病，蚤病的診斷、防治（或防控）。

2. 能正確進行蟎病實驗室診斷。

3. 能進行相關知識的自主、合作、探究學習。

任務一　犬、貓疥蟎病

疥蟎病（Sarcoptic mange）是由疥蟎引起的一種皮內寄生蟲病。疥蟎種類很多，可引起人的疥瘡，犬、貓疥蟎病，牛疥蟎病，豬疥蟎病，羊疥蟎病等。

犬、貓疥蟎病，俗稱癩，又名疥癬、疥蟲病等，是由疥蟎科、疥蟎屬的犬疥蟎和背肛蟎屬的貓背肛蟎分別寄生於犬、貓皮膚內引起的一種慢性、接觸性、傳染性皮膚病，主要引起犬、貓劇烈搔癢和各種類型的皮炎。

內容		要　點
訓練目標		會進行犬、貓疥蟎病的診斷、防治。
案例導入	概述	李某飼養的 3 歲犬，表現坐臥不寧，犬吠不止，摩擦，體表有紅斑，遂來求診。臨床檢查可見：該犬初期發病於頭部的眼眶和耳郭的基底部，在前胸、腹下、腋窩、大腿內側等少毛部位和皮膚較薄處偶爾可見小

案例導入	概述	水疱。犬體表有紅斑，皮屑增多，有結痂性濕疹，個別部位皮膚增厚，掉毛，在發病部位有痂皮覆蓋，除掉痂皮之後該部位濕潤呈新鮮紅色，有出血現象。犬煩躁不安，影響採食，進入室內後（溫度升高），表現更為明顯，明顯消瘦。初診疑似疥蟎病。
	思考	1. 如何確診犬、貓疥蟎病? 2. 如何防治犬、貓疥蟎病? 3. 如何進行中西醫結合防控犬、貓疥蟎病?

內容與方法

一、臨床綜合診斷

序號	內容	要　　點		
1	流行病學特點	(1) 易感動物：幼齡犬、貓。		
		(2) 感染來源：患病、帶蟲的易感動物及其汙染物和排泄物。		
		(3) 感染途徑	①直接接觸	健康犬、貓接觸患病犬、貓後感染。
			②間接接觸	接觸疥蟎及被其蟲卵汙染的籠舍、用具、物品等。 透過飼養人員的衣服和手傳染。 透過動物醫護人員的衣服、手傳染。
		(4) 流行特點	①無嚴格的季節性，但在潮濕寒冷的秋末、冬季和早春多發；②長毛、大耳的犬易發；③犬舍環境衛生不潔、潮濕適合疥蟎生長和繁殖；④陰雨潮濕氣候時特別容易發病。	
2	臨床症狀	犬疥蟎臨床症狀	(1) 幼犬症狀較嚴重。	
			(2) 多發於面部、耳根、四肢末梢、腹下等處，可擴散至全身。	
			(3) 病初	①皮膚發紅；②有小結節。
			(4) 病情發展	①發展為水疱；②水疱破潰流出黏稠黃色滲出物；③魚鱗狀痂皮；④皮膚增厚；⑤形成皺襞。
			(5) 患部劇烈搔癢。	
			(6) 抓撓患部或在各種物體上摩擦。	
			(7) 脫毛。	
		貓背肛蟎臨床症狀	①仔貓症狀嚴重；②多發於耳部、面部、眼瞼、頸部、肘部、會陰部和腳部皮膚；③劇烈搔癢；④丘疹；⑤皮膚增厚；⑥革樣硬結；⑦形成黃痂；⑧龜裂；⑨脫毛。	

二、實驗室診斷		
序號	方法	要　點
1	皮膚刮片檢查	(1) 剪去患病動物病、健交界處皮膚的被毛。 (2) 用 75%酒精消毒。 (3) 用手術刀片垂直皮膚刮取病料，直至皮膚輕微出血。 (4) 將病料置於載玻片上。 (5) 滴加 50%甘油溶液於載玻片的病料上。 (6) 加蓋玻片，用手輕壓玻片使病料均勻分布。 (7) 鏡檢： 犬疥蟎　蟲體呈圓形、微黃白色、半透明，蟲卵呈橢圓形。 貓背肛蟎　蟲體呈圓形，大小是犬疥蟎的一半，蟲卵近圓形。

三、防治措施		
序號	內容	要　點
1	綜合防控	(1) 注意隔離和消毒，防止相互感染。 (2) 保持欄舍的衛生和乾燥，對墊物、窩等用品勤清潔消毒。 (3) 定期進行預防性殺蟎。 (4) 汙染的場所、用具等要用殺蟎劑處理。 (5) 多發季節避免去公共草坪等處。 (6) 保持飼養環境光照充足、通風良好、乾燥。 (7) 增強皮膚抵抗力：①定期驅蟲；②用保護皮膚的專用香波定期沐浴；③飼餵護膚性處方糧；④補充微量元素；⑤補充提高免疫力的藥物。
2	治療	(1) 隔離患病寵物，並做好衛生、消毒。 (2) 將患部被毛剪掉，用溫肥皂水清除汙垢。 (3) 選擇驅蟲藥驅蟲（有些品種犬慎用或禁用）：如阿維菌素、伊維菌素、多拉菌素。 (4) 全身藥浴，可選擇藥物： ①林丹：0.03%～0.06%藥液藥浴，每週 1 次，共兩週。 ②寵物蟎蟲病專用香波。 (5) 患處局部塗擦，可選擇藥物： ①林丹軟膏。 ②10%硫黃軟膏：每天 1 次，連用多天。 ③0.5%敵百蟲：1 週塗擦 1 次，注意防止寵物舔食。

2	治療	(6) 止癢，可選擇皮質激素類、抗組胺類藥物。 (7) 使用抗生素防止繼發感染。
案例分析	針對導入的案例，在教師指導下完成附錄的學習任務單	

複習與練習題

一、是非題

（　）1. 多種家畜和人都可發生疥蟎病。

（　）2. 疥蟎寄生於動物和人的皮膚內，刺激皮膚，引起炎症，主要症狀是劇癢，嚴重危害人和動物的健康。

（　）3. 各種疥蟎病的發病特點、臨床症狀和防治措施相似。

（　）4. 人是疥蟎的原始宿主。

（　）5. 各種宿主的疥蟎可以互動感染。

（　）6. 犬疥蟎病又稱癩皮病。

（　）7. 犬疥蟎的發育經過卵、幼蟲、若蟲和成蟲 4 個階段。

（　）8. 疥蟎在犬皮膚的表皮上挖鑿隧道，雌蟲在隧道內產卵。

（　）9. 疥蟎病多發生在冬、秋、春初等季節。

（　）10. 疥蟎病主要發生的部位是頭部（鼻梁、眼眶、耳郭基底部）。

二、單選題

1. 危害較為嚴重的疥蟎病有（　）。
   A. 犬疥蟎病　　B. 豬疥蟎病　　C. 人疥蟎病　　D. 以上都是
2. 疥蟎的原始宿主是（　）。
   A. 犬　　B. 豬　　C. 羊　　D. 人
3. 犬疥蟎的發育經過（　）4 個階段。
   A. 卵　　B. 幼蟲　　C. 若蟲和成蟲　　D. 以上都是
4. 犬疥蟎病的發病誘因是（　）。
   A. 皮膚炎症　　B. 壓力因素　　C. 抵抗力下降　　D. 以上都是
5. 犬疥蟎病的致病機制是（　）。
   A. 蟲體以咀嚼式口器吸取宿主角質層組織和淋巴液
   B. 蟲體機械性刺激及其排泄物、分泌物的作用，引起過敏反應
   C. 在蟲體的機械刺激和毒素的作用下，皮膚發生炎性反應、結節、水疱、結痂等
   D. 以上都是
6. 疥蟎病主要發生部位為（　）。
   A. 鼻梁　　B. 眼眶　　C. 耳郭基底部　　D. 以上都是

7. 以下不屬於犬疥蟎病的主要症狀的是（　）。
   A. 患部劇癢，犬不時用後肢搔抓或用嘴啃咬
   B. 皮膚破潰或痂皮破裂後出血
   C. 食慾減少
   D. 被毛脫落、表面覆蓋黃色痂皮
8. 以下藥物可以用於治療犬疥蟎病的是（　）。
   A. 多拉菌素　B. 阿維菌素　C. 伊維菌素　D. 以上都是
9. 以下措施可以預防犬疥蟎病的是（　）。
   A. 進行預防性殺蟎
   B. 被汙染的場所及用具用殺蟎劑處理
   C. 保持衛生和乾燥，對墊物、窩等用品勤清潔、消毒
   D. 以上都是
10. 犬疥蟎病的診斷方法有（　）。
   A. 皮膚淺刮鏡檢　B. PCR
   C. 皮膚深刮鏡檢　D. 以上都不是

習題答案

一、是非題

1.√ 2.√ 3.√ 4.√ 5.√ 6.√ 7.√ 8.√ 9.√ 10.√

二、單選題

1.D 2.D 3.D 4.D 5.D 6.D 7.C 8.D 9.D 10.C

任務二　蠕形蟎病

蠕形蟎病（Demodicidosis）是由蠕形蟎科、蠕形蟎屬的蠕形蟎引起犬、貓的一種皮膚寄生蟲病，又稱毛囊蟲病或脂蟎病，是一種常見而又頑固的皮膚病。臨床上，犬蠕形蟎病多發，而貓蠕形蟎病罕見。

內容		要　點
訓練目標		正確診斷、防治犬、貓蠕形蟎病。
案例導入	概述	柯基犬，雌性，7 月齡，體重 7.5kg。主人在就診前 2 個月發現該犬下顎部皮膚潮紅、脫毛，在附近的寵物醫院診斷為真菌感染，使用抗真菌藥藥浴及塗抹 2 週，病情未獲控制，患犬出現全身性脫毛，下顎出現膿疱，四肢潮紅、脫毛。主人遂將患犬轉至第二家寵物醫院治療，診斷為膿皮病，使用阿莫西林克拉維酸鉀皮下注射，配合抗菌藥物藥浴，口服卵磷脂。治療 2 週後有好轉跡象，但第 3 週時患犬又出現嚴重症狀，遂轉本院治療。臨床檢查可見：患犬精神沉鬱，雙側下顎淋巴結腫大，四肢按壓疼痛。體溫 40.3℃，心率 108 次/min，呼吸數 40 次/min。患犬精神差，食慾下降，全身皮膚潮紅，背部皮膚出現黑色斑塊，下顎、臉頰及四肢搔癢、出現膿疱。結合前兩次就診經歷及用藥情況，初診疑似蠕形蟎病。
	思考	1. 如何確診犬、貓蠕形蟎病? 2. 如何防治犬、貓蠕形蟎病? 3. 為避免漏診、誤診現象發生，我們應做好哪些工作?

內容與方法

一、臨床綜合診斷

序號	內容	要　點
1	流行病學特點	(1) 易感動物：全年齡段犬、貓，特別是 3～10 月齡的幼犬。 (2) 感染途徑：①水平傳染，直接或間接接觸感染；②有遺傳傾向。 (3) 無明顯季節性。

		貓局部蠕形蟎病通常是自限性的，全身性蠕形蟎病罕見，程度不如犬嚴重。初期多為局部病變，後期可發展為全身感染。
2	臨床症狀	(1) 局部性蠕形蟎病病變部位常發生在眼瞼和眼周、頭部和頸部。 (2) 患部脫毛，皮膚發紅、變厚多皺紋，皮脂腺分泌增強，覆蓋有銀白色黏性的糠皮樣鱗屑。 (3) 罕見搔癢，少部分會出現黑頭、丘疹和小的紅色突起。 (4) 全身性蠕形蟎病的脫毛病變可遍布全身。出現黑頭、丘疹和紅色突起及病變部位出血。 (5) 結痂處通常表面存在繼發感染，可發展為毛囊炎、膿皮病等，這也會導致皮膚搔癢。 (6) 皮膚變成淡藍色或紅銅色，發出難聞的臭味。

二、實驗室診斷

序號	方法		要　點
1	病原學檢查	(1) 蟲卵	犬蠕形蟎的蟲卵呈紡錘形；貓蠕形蟎的蟲卵纖細或呈橢圓形。
		(2) 蟲體	蠕形蟎發育史包括卵、幼蟲、若蟲、成蟲 4 個階段。貓蠕形蟎所有不成熟階段的形態都較犬蠕形蟎更加纖細。以犬蠕形蟎成蟲為例： ①雌蟲長 0.25～0.30mm，寬約 0.045mm。雄蟲長0.22～0.25mm，寬約 0.045mm。 ②蟲體外形上可分為頭、胸、腹三部分，口器由一對須肢、一對刺狀螯肢和一個口下板組成；胸部有 4 對很短的足，腹部細長，表面密布橫紋。 ③雄蟲的生殖孔開口於背面，雌蟲的生殖孔則在腹面。

三、防治措施

序號	內容	要　點
1	綜合防控	(1) 注意犬舍衛生，保持墊料乾燥，定期消毒（被蠕形蟎汙染的犬籠、墊料等可經 50℃、30 min 或 60℃、10 min 消毒）。 (2) 注意犬糧營養均衡，增強機體抵抗力。 (3) 為防止垂直傳染，患犬不宜用於繁殖。 (4) 勿讓健康犬與患犬接觸，以防止直接接觸傳染。

2	治療	(1) 雙甲脒：應用濃度為250mg/kg（250mg溶質溶於1 000g溶液裡），進行藥浴，一般1週1次，連續4～8週。皮膚刮取物檢查為陰性後，繼續治療2～4週。 (2) 1%伊維菌素：按照說明書使用。 (3) 對症治療：對於膿疱嚴重的可將膿疱開放，用3%過氧化氫液清洗後塗擦2%碘酊。全身性感染的病例可結合抗生素療法。

案例分析	針對導入的案例，在教師指導下完成附錄的學習任務單

複習與練習題

一、是非題

（ ）1. 犬蠕形蟎不能傳染給人。
（ ）2. 各種蠕形蟎均有其專一宿主，互相不感染。
（ ）3. 蠕形蟎主要感染犬，貓僅偶爾感染。
（ ）4. 蠕形蟎的生活史主要有三個階段，即蟲卵、幼蟲和成蟲。
（ ）5. 蠕形蟎是一類永久性寄生蟎。
（ ）6. 犬蠕形蟎雌雄異體，雌蟲比雄蟲大。
（ ）7. 犬蠕形蟎病的傳染源是患病或帶蟲的易感動物。
（ ）8. 犬蠕形蟎病可以透過水平傳染感染，也可以經垂直傳染感染。
（ ）9. 蠕形蟎病最早發病部位一般是頭面部及毛少區。
（ ）10. 犬皮膚表皮層包括角質層、透明層、顆粒層和生發層。

二、單選題

1. 犬蠕形蟎寄生的部位是（ ）。
A. 毛囊和皮脂腺　B. 表皮角質層　C. 真皮層　D. 毛幹
2. 以下不是蠕形蟎的易感動物的是（ ）。
A. 5～10月齡的幼犬　B. 產後母犬
C. 抵抗力下降的貓　D. 抵抗力下降的豬
3. 犬表皮的新陳代謝週期是（ ）。
A. 14d　B. 21d　C. 28d　D. 35d
4. 單純犬蠕形蟎感染的症狀不包括（ ）。
A. 丘疹　B. 紅斑　C. 脫毛、鱗屑　D. 流膿、出血
5. 犬蠕形蟎病的臨床檢查方法不包括（ ）。
A. 深刮法　B. 擠壓法　C. 組織活檢　D. 拔毛法
6. 犬蠕形蟎病治療時可選用的用藥方式不包括（ ）。
A. 藥浴　B. 口服　C. 皮下注射
D. 外塗　E. 靜脈注射

7. 犬蠕形蟎病的治療藥物不包括（　）。
A. 伊維菌素　B. 驅蟎中藥洗劑　C. 0.5%敵百蟲　D. 阿苯達唑
8. 可用於環境殺滅蠕形蟎的藥物不包括（　）。
A. 雙甲脒　B. 溴氰菊酯　C. 0.5%敵百蟲　D. 多拉菌素
9. 預防蠕形蟎病，以下說法不正確的是（　）。
A. 不隨意讓寵物和陌生犬、貓嬉戲　B. 補充營養及維他命
C. 及早注射疫苗　D. 慎用糖皮質激素類藥物
10. 在治療寵物蠕形蟎感染時不能使用糖皮質激素的原因是（　）。
A. 糖皮質激素有抗過敏作用　B. 糖皮質激素有消炎作用
C. 糖皮質激素使用後會產生依賴　D. 糖皮質激素使用後可使皮膚變薄

習題答案

一、是非題

1.×　2.×　3.√　4.×　5.√　6.√　7.√　8.×　9.√　10.√

二、單選題

1.A　2.D　3.B　4.D　5.C　6.E　7.D　8.D　9.C　10.D

任務三　耳癢蟎病

耳癢蟎病（Otodectosis）是由癢蟎科、耳癢蟎屬的病原寄生於犬、貓皮膚表面（多寄生在外耳道內）所引起的外寄生蟲病。耳癢蟎病是一種高度傳染性寄生蟲病，可引起外耳部的炎症，貓的感染率高於犬，幼貓發生率最高。

內容		要　點
訓練目標	正確診斷、防治耳癢蟎病。	
案例導入	概述	王女士帶自家泰迪犬前來就診，主述：該犬為雄性，3 歲，體重 6.5kg，近來常發出痛苦的叫聲，頭部散發腥臭味、睡覺時不間斷抖耳朵，搖頭抓耳現象頻繁出現，2d 未進食。臨床檢查可見：該犬躁動不安，咬耳慾望非常強烈。體溫 38.5℃，被毛粗亂，耳部被毛部分脫落，外耳道表皮損傷並伴發輕微炎症，內有厚的棕黑色黏稠滲出物堵塞。初診疑似耳癢蟎病。
	思考	1. 如何確診耳癢蟎病? 2. 如何防治耳癢蟎病? 3. 防控耳癢蟎病時，我們需要具備哪些素養?

內容與方法

一、臨床綜合診斷

序號	內容	要　點
1	流行病學特點	（1）易感動物：犬、貓，特別是幼貓，雪貂和紅狐也可感染。 （2）無明顯季節性。
2	臨床症狀	在臨床上，犬、貓的耳癢蟎的感染率較高。幼貓的發生率最高。病變主要發生在犬、貓的外耳道內。 （1）外耳道有大量耳脂分泌和淋巴液外溢，且往往繼發化膿感染。 （2）有癢感，患病犬、貓不停地搖頭、抓耳、嗚叫，在器物上摩擦耳部，甚至引起外耳道出血。由於抓撓造成耳和頭部脫毛、表皮脫落。經常抓撓和持續性搖頭，能導致耳血腫。 （3）典型病例通常耳道內積聚少量或大量蠟樣或結痂樣分泌物，呈黑褐色或黑色。 （4）如繼發細菌感染，耳分泌物可出現化膿變化。 （5）偶爾耳癢蟎傳染到其他部位，可造成搔癢、丘疹、結痂性皮疹，特別是在頸部、臀部或尾部。

二、實驗室診斷		
序號	方法	要　　點
1	病原學檢查	(1)蟲卵形態觀察　陽性病例的樣本在顯微鏡下可觀察到蟲卵：呈白色、卵圓形，一邊較平直，長度在 166～206μm。 (2)蟲體形態觀察　①耳癢蟎的發育史包括卵、幼蟲、若蟲和成蟲 4 個階段。耳癢蟎成蟲呈橢圓形，雌蟲長 0.41～0.53mm，寬約 0.28mm；雄蟲長 0.32～0.38mm，寬約 0.26mm。 ②口器短、呈圓錐形，有 4 對足，足體凸出。雄蟲的每對足和雌蟲的第 1、2 對足的末端均有吸盤，雌蟲第 4 對足不發達，不能伸出體緣。 ③雄蟲的尾突不發達，每個尾突有兩長兩短 4 根剛毛，尾突前方有兩個不明顯的肛吸盤。

三、防治措施		
序號	內容	要　　點
1	預防	可用阿維菌素類藥物預防和治療耳癢蟎病，建議每月 1 次，具體用法用量參照藥品使用說明書。
2	綜合防控	(1) 加強犬、貓飼養管理和欄舍清潔衛生工作。 (2) 做好欄舍及用具消毒和殺蟲工作。 (3) 注意觀察犬、貓，避免接觸有脫毛和搔癢症狀的動物。 (4) 定期驅蟲。
3	治療	(1)貓的治療　以下方案二選一： ①耳蟎滴劑：每公斤體重 15mg，頸部滴藥，連續 2 次，間隔 2 週。 ②耳蟎噴劑，每隻耳朵 0.15mL，滴入耳道，一次即可痊癒，共同生活的動物需要一起治療。 (2)犬的治療　可以用與貓相同的方法治療耳癢蟎病，也可以注射伊維菌素（柯利犬除外），每公斤體重 0.03mL，連續 2 次。

案例分析	針對導入的案例，在教師指導下完成附錄的學習任務單

複習與練習題

一、是非題

(　) 1. 耳癢蟎是蟎蟲的一種，能寄生在耳道內，也能定居到皮膚其他部位。
(　) 2. 耳癢蟎以脫落的上皮細胞為食。
(　) 3. 貓相對犬來說更容易感染耳癢蟎。
(　) 4. 耳癢蟎主要寄居在皮膚的表面。
(　) 5. 耳癢蟎會導致寵物頻繁搖頭、撓抓。
(　) 6. 貓耳癢蟎可透過直接接觸傳染給犬。
(　) 7. 耳癢蟎病的治療只能達到臨床治癒，極易反覆。
(　) 8. 感染耳癢蟎後，透過增強抵抗力可自癒。
(　) 9. 耳癢蟎較大，肉眼可以直接看到，不需要藉助顯微鏡檢查。
(　) 10. 德國牧羊犬感染耳癢蟎可以選用伊維菌素注射治療。

二、單選題

1. 以下犬種患蟎病後，不能應用伊維菌素的是（　）。
A. 鬥牛犬　B. 柯利犬　C. 幼齡犬　D. 雪橇犬
2. 確定動物感染蟎蟲後，用藥時間為（　）。
A. 7d　B. 14d　C. 21d　D. 28d
3. 寵物感染耳癢蟎後，耳道分泌物會增多，顏色主要是（　）。
A. 黃色　B. 白色　C. 褐色　D. 紅色
4. 寵物感染耳癢蟎後，使用甲硝唑的作用是（　）。
A. 防止細菌繼發感染　B. 防止真菌繼發感染
C. 防止厭氧菌繼發感染　D. 防止病毒繼發感染
5. 一隻邊境牧羊犬被確診為疥蟎感染，請問以下藥物中不適合的是（　）。
A. 伊維菌素　B. 驅蟎中藥洗劑
C. 雙甲脒　D. 溴氰菊酯
6. 以下關於蟎病的說法錯誤的是（　）。
A. 常說的蟎病是指疥蟎、蠕形蟎、耳癢蟎或姬螯蟎的感染
B. 疥蟎寄生於動物的皮膚內，挖掘隧道產卵
C. 蠕形蟎寄生於動物的毛囊和皮脂腺內，也稱毛囊蟲
D. 耳癢蟎寄生於動物耳道內，其他區域不會感染
7. 耳癢蟎的生活週期是（　）。
A. 10～12d　B. 14d　C. 21d　D. 28d
8. 耳癢蟎病的預防措施不包括（　）。
A. 定期給動物用藥物的預防　B. 加強犬、貓的飼養管理
C. 做好隔離、衛生、消毒工作　D. 每天清洗耳道

9. 蟎病會引起動物搔癢，臨床用（　）止癢。
A. 氨芐西林鈉　B. 甲硝唑　C. 撲爾敏　D. 地塞米松

10. 對各種蟎蟲都有效果的藥物是（　）。
A. 氟康唑　B. 伊維菌素　C. 甲硝唑　D. 芬苯達唑

習題答案

一、是非題

1.× 2.√ 3.√ 4.√ 5.√ 6.√ 7.× 8.× 9.× 10.×

二、單選題

1.B 2.D 3.C 4.C 5.A 6.D 7.A 8.D 9.C 10.B

任務四　蜱　　病

蜱病（Ixodiasis）是蜱寄生於犬、貓體表引起的體外寄生蟲病，犬患蜱病的比例遠高於貓。蜱不僅可以引起犬、貓貧血，還是某些細菌、病毒、立克次體和某些原蟲（如巴貝斯蟲）的傳染媒介。蜱病的病原主要有硬蜱和軟蜱，屬於吸血類寄生蟲。生活史包括卵、幼蟲、若蟲和成蟲 4 個階段，蜱吸飽血後落地。

內容		要　點
訓練目標		會進行蜱病的診斷、防治。
案例導入	概述	一花卉種植場養了 8 隻牧羊犬，主訴其中一隻犬發病。初期煩躁不安，被毛粗亂，不願走動，消瘦；隨著病情發展，表現的眼結膜蒼白，有眼眵，精神不振，食慾減退，四肢抽搐。主人認為是犬瘟熱，遂使用犬瘟熱高免血清、磺胺嘧啶鈉注射液等藥物治療5d，病情不見好轉，遂就診。 臨床檢查可見：病犬體重約為 22kg，消瘦，精神沉鬱，飲欲、食慾減退，黏膜蒼白，牙齦和舌頭髮白，流涎，四肢無力，後軀癱瘓，喜臥，病犬表現痛癢感、煩躁不安，舐咬皮膚。檢查體表可見趾爪間隙、耳際、四肢等體表的各部位有大量蟲體存在，大小從米粒大至蠶豆大不等。皮膚局部充血、水腫，有炎症反應。初診疑似蜱病。
	思考	1. 如何確診蜱病? 2. 如何進行蜱病的防治? 3. 蜱除了吸血外，還會帶來哪些潛在的公共衛生安全危害?

內容與方法		
一、臨床綜合診斷		
序號	內容	要　點
1	流行病學特點	(1) 易感動物：犬、貓，且犬患蜱病的比例遠高於貓。 (2) 傳染途徑：直接接觸傳染。 (3) 有明顯季節性：蜱活動季節多發，根據不同地區、不同種類的蜱的活動時間不同有所差別。
2	臨床症狀	(1) 厭食、體重減輕、代謝障礙，一般症狀較輕，主要由蜱唾液分泌的毒素引起。 (2) 大量蜱寄生於後肢時，可引起後肢麻痺，主要由某些蜱唾液分泌的神經毒素引起。 (3) 大量蜱感染時，可出現貧血，特別是幼年犬、貓。

二、實驗室診斷		
序號	方法	要　　點
1	病原學檢查	(1) 犬、貓體表有蜱即可確診。 (2) 蟲體形態觀察　①硬蜱：呈紅褐色或灰褐色、長卵圓形，背腹扁平，從芝麻粒大到米粒大不等。雌蟲吸飽血後，蟲體膨脹可達蓖麻籽大。 ②軟蜱：未吸血時為黃灰色，吸飽血後為灰黑色。蟲體扁平且前端較窄，呈卵圓形或長卵圓形。

三、防治措施		
序號	內容	要　　點
1	預防	定期驅蟲：可使用雙甲脒、溴氰菊酯、伊維菌素等藥物。
2	綜合防控	(1) 使用雙甲脒、溴氰菊酯、伊維菌素等藥物定期消滅犬、貓體表及環境中的蜱。 (2) 避免與蜱接觸。 (3) 摘除或掉落的蜱要集中起來焚燒。
3	治療	(1) 摘除犬、貓體表的蜱：摘除蜱時，應朝與動物皮膚垂直的方向往上拔，否則蜱的假頭容易斷在動物體內，引起局部炎症。 (2) 雙甲脒：濃度 0.037 5%，噴灑或藥浴，間隔 7d 重複用藥一次。 (3) 溴氰菊酯：濃度 0.01%，噴灑或藥浴，間隔 10～15d 重複用藥一次。 (4) 伊維菌素注射液：按照說明書使用。 (5) 對症治療：貧血嚴重時可進行輸血。 (6) 營養支持療法：補充營養，增強機體抵抗力。
案例分析	針對導入的案例，在教師指導下完成附錄的學習任務單	

複習與練習題

一、是非題

(　) 1. 蜱是體外寄生蟲。

(　) 2. 貓的蜱病比犬多見。

(　) 3. 蜱吸飽血後不會從犬、貓身上落下。

(　) 4. 蜱不僅可以引起犬、貓貧血，還是某些細菌、病毒、立克次體、原蟲（如巴貝斯蟲）的傳染媒介。

(　) 5. 蜱的生活史包括卵、幼蟲、若蟲和成蟲 4 個階段。

(　) 6. 蜱以宿主的皮屑為食。

(　) 7. 蜱病一年四季均可發生。

(　) 8. 伊維菌素可用於驅蜱。
(　) 9. 摘除蜱時，應在與動物皮膚垂直的方向往上拔。
(　) 10. 犬、貓體表發現蜱即可確診為蜱病。

二、單選題

1. 蜱寄生於犬、貓的（　）。
   A. 小腸　B. 體表　C. 肺　D. 膽囊
2. 蜱以宿主的（　）為食。
   A. 頭髮　B. 皮屑　C. 血液　D. 皮屑和血液
3. 蜱病的傳染途徑是（　）。
   A. 接觸傳染　B. 消化道傳染　C. 呼吸道傳染　D. 垂直傳染
4. 下列可用於治療蜱病的藥物有（　）。
   A. 0.01%溴氰菊酯　B. 伊維菌素注射液　C. 雙甲脒　D. 以上藥物均可
5. 犬、貓蜱病的臨床症狀有（　）。
   A. 厭食、體重減輕、代謝障礙，一般症狀較輕
   B. 大量蜱寄生於後肢時，可引起後肢麻痺
   C. 大量蜱感染時，可出現貧血，特別是幼年犬、貓
   D. 以上臨床症狀均有可能出現
6. 蜱病的病原主要有硬蜱和軟蜱，屬於（　）寄生蟲。
   A. 細胞內　B. 吸血類　C. 血液　D. 腸道
7. 蜱吸飽血後（　）。
   A. 落地　B. 不落地
   C. 立即死亡　D. 進入皮下組織產卵
8. 大量蜱寄生於後肢時，可引起（　），主要由某些蜱唾液分泌的神經毒素引起。
   A. 後軀癱瘓　B. 後肢壞死　C. 後肢潰爛　D. 後肢麻痺
9. 大量蜱感染時，可出現貧血，主要是由於（　）導致貧血。
   A. 蜱吸食大量血液　B. 大量溶血
   C. 微血管通透性升高，導致大量紅血球從血管內漏出　D. 胃腸道出血
10. 下列關於防控犬、貓蜱病的說法，錯誤的是（　）。
   A. 定期使用吡喹酮驅除犬、貓身上的蜱
   B. 避免與蜱接觸
   C. 摘除或掉落的蜱要集中起來焚燒
   D. 定期使用雙甲脒驅除環境中的蜱

習題答案

一、是非題

1.√　2.×　3.×　4.√　5.√　6.×　7.×　8.√　9.√　10.√

二、單選題

1.B　2.C　3.A　4.D　5.D　6.B　7.A　8.D　9.A　10.A

任務五　虱　　病

虱病（Pediculosis）是虱寄生於犬、貓體表引起的體外寄生蟲病，犬患虱病的比例遠高於貓。犬虱病由犬毛虱和犬長顎虱引起，其中犬毛虱可傳染犬複孔絛蟲病。犬毛虱以毛髮和表皮鱗屑為食，犬長顎虱以吸食血液為主。貓虱病由近喙狀貓毛虱引起，近喙狀貓毛虱以毛髮和表皮鱗屑為食。虱的發育過程包括卵、若蟲和成蟲 3 個階段，虱終生不離開宿主，且有嚴格的宿主特異性。

內容		要　點
訓練目標		會進行虱病的診斷、防治。
案例導入	概述	林先生飼養的 2 月齡博美犬搔癢不安，前來診治。經檢查，該犬體重 1.2kg，精神萎靡，掉毛，局部皮膚破損，掀開頸部背側毛叢，發現有小米大的蟲體蠕動，毛幹上有白色橢圓小點狀物附著。初診疑似虱病。
	思考	1. 如何確診虱病? 2. 如何進行虱病的防治? 3. 為更好防控虱病，我們需要具備哪些素養?

內容與方法

一、臨床綜合診斷

序號	內容	要　點
1	流行病學特點	（1）易感動物：犬、貓，且犬患虱病的比例遠高於貓。 （2）傳染途徑：直接接觸傳染、混用管理用具等。 （3）無明顯季節性。
2	臨床症狀	（1）搔癢不安、啃咬或摩擦搔癢處。 （2）脫毛：由於啃咬搔癢處引起的自損性脫毛。 （3）繼發濕疹、水疱、膿疱等。 （4）嚴重者食慾不振，影響睡眠，營養不良。

二、實驗室診斷

序號	方法	要　點
1	病原學檢查	（1）在犬、貓體表發現虱或虱卵即可確診。 （2）蟲體形態：呈白色或灰黑色，蟲體扁平、無翅。 （3）蟲卵形態：呈長橢圓形、黃白色。

三、防治措施		
序號	內容	要　點
1	預防	定期驅蟲：可使用雙甲脒、溴氰菊酯、伊維菌素等藥物。
2	綜合防控	(1) 使用雙甲脒、溴氰菊酯、伊維菌素等藥物定期消滅犬、貓體表及環境中的虱類。 (2) 避免與虱類接觸。 (3) 摘除或掉落的虱類和卵要集中起來焚燒。
3	治療	(1) 雙甲脒：濃度 0.037 5%，噴灑或藥浴，間隔 7d 重複用藥一次。 (2) 溴氰菊酯：濃度 0.01%，噴灑或藥浴，間隔 10～15d 重複用藥一次。 (3) 伊維菌素注射液：按照說明書使用。 (4) 對症治療：搔癢嚴重時可使用皮質類固醇藥物如潑尼松龍等，出現皮膚破損感染時可使用抗生素治療。 (5) 營養支持療法：補充營養，提高機體體抗力。
案例分析		針對導入的案例，在教師指導下完成附錄的學習任務單

複習與練習題

一、是非題

(　) 1. 虱是犬、貓體外寄生蟲。
(　) 2. 犬患虱病的比例遠高於貓。
(　) 3. 感染犬、貓的虱均為犬毛虱。
(　) 4. 感染犬、貓的虱均為近喙狀貓毛虱。
(　) 5. 犬虱病由犬毛虱和犬長顎虱引起。
(　) 6. 貓虱病由犬長顎虱引起。
(　) 7. 犬、貓虱病有明顯的季節性。
(　) 8. 在犬、貓體表發現虱或虱卵即可確診為虱病。
(　) 9. 犬、貓虱病的治療方法與蜱病治療方法相似。
(　) 10. 虱終生不離開宿主，且有嚴格的宿主特異性。

二、單選題

1. 近喙狀貓毛虱以（　）為食。
A. 血液　B. 毛髮和表皮鱗屑　C. 血液和毛髮　D. 血液和表皮鱗屑
2. 犬毛虱以（　）為食。
A. 血液　B. 毛髮和表皮鱗屑　C. 血液和毛髮　D. 血液和表皮鱗屑
3. 犬長顎虱以（　）為食。
A. 血液　B. 毛髮和表皮鱗屑　C. 血液和毛髮　D. 血液和表皮鱗屑

4. 虱病的傳染途徑是（ ）以及混用管理用具等。
A. 直接接觸傳染 B. 消化道傳染 C. 呼吸道傳染 D. 垂直傳染
5. 犬毛虱可傳染（ ）病。
A. 蛔蟲 B. 弓形蟲 C. 犬複孔絛蟲 D. 華支睾吸蟲
6. 在犬、貓（ ）發現虱或虱卵即可確診虱病。
A. 糞便 B. 體表 C. 眼分泌物 D. 血液
7. 犬、貓易感虱病，犬患虱病的比例與貓相比（ ）。
A. 很低 B. 很高 C. 幾乎一致 D. 稍高
8. 犬、貓虱病的臨床症狀有（ ）。
A. 搔癢、不安、啃咬或摩擦搔癢處 B. 由於啃咬搔癢處引起的自損性脫毛
C. 繼發濕疹、水疱、膿疱等 D. 以上症狀均可發生
9. 下列可用於治療虱病的藥物有（ ）。
A. 0.01%溴氰菊酯 B. 伊維菌素注射液
C. 雙甲脒 D. 以上藥物均可
10. 下列關於防控犬、貓虱病的說法，錯誤的是（ ）。
A. 定期使用0.01%溴氰菊酯驅除犬、貓體表的虱
B. 定期使用0.01%溴氰菊酯驅除環境中的虱
C. 摘除或掉落的虱類和卵要集中起來焚燒
D. 以上說法均錯

習題答案

一、是非題

1.√ 2.√ 3.× 4.× 5.√ 6.× 7.× 8.√ 9.√ 10.√

二、單選題

1.B 2.B 3.A 4.A 5.C 6.B 7.B 8.D 9.D 10.D

任務六　蚤　病

蚤病（Pulicosis）是蚤寄生於犬、貓體表引起的體外寄生蟲病，犬蚤病由犬櫛首蚤和貓櫛首蚤引起，貓蚤病由貓櫛首蚤引起。蚤除了吸食宿主血液外，還是犬複孔絛蟲的中間宿主，並能傳染一些疾病。蚤的生活史分為卵、幼蟲、蛹、成蟲 4 個階段。

內容		要　點
訓練目標		正確診斷、防治蚤病。
案例導入	概述	6 月齡黃金獵犬，犬主給該犬洗澡發現其體表有深褐色小蟲體，遂就診。主訴該犬經常去野外玩耍，食慾正常，排糞和排尿正常。臨床檢查可見：體溫 38.5℃，精神狀態好，牙齦呈粉紅色，檢查被毛，發現活動性很強的深褐色小蟲體。初診疑似蚤病。
	思考	1. 如何確診蚤病? 2. 如何進行蚤病的防治? 3. 為更好地防控蚤病，我們需要具備哪些素養?

內容與方法

一、臨床綜合診斷

序號	內容	要　點
1	流行病學特點	(1) 易感動物：犬、貓，也見於人。 (2) 傳染途徑：直接接觸傳染。 (3) 無明顯季節性。
2	臨床症狀	(1) 搔癢不安、啃咬或摩擦搔癢處。 (2) 長期感染可引起貧血。 (3) 還可能引起蚤過敏性皮炎：劇烈搔癢、脫毛、皮膚出現粟粒大小的結痂。

二、實驗室診斷

序號	方法	要　點
1	病原學檢查	(1) 在犬、貓體表發現蚤或蚤糞即可確診。 (2) 蟲體形態觀察：小型蟲體，雄蟲長不足 1mm，雌蟲長可超過 2mm，呈深褐色。 (3) 蚤糞觀察：蚤糞硬、黑、發亮，將蚤糞置於濕潤的白紙，可濾出血紅素。

三、防治措施		
序號	內容	要　點
1	預防	定期驅蟲：可使用雙甲脒、溴氰菊酯、伊維菌素等藥物。
2	綜合防控	(1) 使用雙甲脒、溴氰菊酯、伊維菌素等藥物定期消滅犬、貓體表及環境中的蚤類。 (2) 避免與蚤類接觸。
3	治療	與虱病的治療方法相同，詳見虱病的治療方法。
案例分析		針對導入的案例，在教師指導下完成附錄的學習任務單

複習與練習題

一、是非題

(　) 1. 蚤是體外寄生蟲。

(　) 2. 蚤病有明顯的季節性，好發於春季和夏季。

(　) 3. 蚤的生活史分為卵、幼蟲、蛹、成蟲 4 個階段。

(　) 4. 犬、貓透過直接接觸傳染蚤病。

(　) 5. 在犬、貓體表發現蚤或蚤糞即可確診為蚤病。

(　) 6. 犬、貓蚤病一定會引起蚤過敏性皮炎。

(　) 7. 犬、貓虱病的治療方法與蚤病治療方法相似。

(　) 8. 在犬、貓體表發現蚤或蚤糞即可確診為虱病。

(　) 9. 搔癢嚴重時可使用皮質類固醇藥物如潑尼松龍等，出現皮膚破損感染時可使用抗生素治療。

(　) 10. 蚤病有明顯的季節性，好發於冬季。

二、單選題

1. 蚤類以（　）為食。

A. 血液　B. 毛髮和表皮鱗屑　C. 血液和毛髮　D. 血液和表皮鱗屑

2. 蚤是（　）的中間宿主。

A. 蛔蟲　B. 犬複孔絛蟲　C. 蠕形蟎　D. 肝片吸蟲

3. 犬、貓傳染蚤病的方式為（　）。

A. 直接接觸傳染　B. 消化道傳染　C. 呼吸道傳染　D. 垂直傳染

4. 蚤過敏性皮炎表現為（　）。

A. 劇烈搔癢　B. 脫毛

C. 皮膚出現粟粒大小的結痂　D. 以上均有

5. 貓蚤病的病原是（ ）。
A. 犬櫛首蚤
B. 貓櫛首蚤
C. 犬櫛首蚤和貓櫛首蚤
D. 花蠕形蚤

6. 在犬、貓（ ）發現蚤或蚤糞即可確診為蚤病。
A. 糞便
B. 體表
C. 眼分泌物
D. 血液

7. 蚤糞硬、黑、發亮，將蚤糞置於濕潤的白紙，可濾出血紅素，顏色為（ ）。
A. 紅色
B. 黑色
C. 藍色
D. 黃色

8. 犬、貓蚤病的臨床症狀有（ ）。
A. 搔癢不安、啃咬或摩擦搔癢處
B. 長期感染可引起貧血
C. 蚤過敏性皮炎
D. 以上情況均有可能

9. 下列可用於治療蚤病的藥物有（ ）。
A. 0.01%溴氰菊酯
B. 伊維菌素注射液
C. 雙甲脒
D. 以上藥物均可

10. 下列關於防控犬、貓蚤病的說法，錯誤的是（ ）。
A. 定期使用0.01%溴氰菊酯驅除犬、貓體表的蚤
B. 定期使用0.01%溴氰菊酯驅除環境中的蚤
C. 定期使用四環素類藥物預防
D. 避免與蚤類接觸

習題答案

一、是非題

1.√ 2.× 3.√ 4.√ 5.√ 6.× 7.√ 8.× 9.√ 10.×

二、單選題

1.A 2.B 3.A 4.D 5.B 6.B 7.A 8.D 9.D 10.C

實訓十四　蟎病實驗室診斷技術

內容	要　點
訓練目標	掌握疥蟎病、蠕形蟎病、姬螯蟎病和耳癢蟎病的實驗室診斷技術。
考核內容	1. 疥蟎病實驗室診斷的操作方法。 2. 蠕形蟎病實驗室診斷的操作方法。 3. 姬螯蟎病實驗室診斷的操作方法。 4. 耳癢蟎病實驗室診斷的操作方法。

內容與方法		
一、疥蟎病的實驗室診斷技術		
序號	內容	要　點
1	器材	剪毛剪 1 把、手術刀片 2 個（鈍刀片）、載玻片、蓋玻片、碘酒棉球、酒精棉球、顯微鏡。
2	試劑	50%甘油。
3	操作方法	（1）選取 2～3 個新鮮患處或搔癢特別嚴重的部位，剪毛，並用 75%酒精擦拭消毒。 （2）採樣部位選擇患部與健康皮膚交界處，優選耳郭或肘部（檢出率更高）。 （3）採樣方法選擇淺刮法或深刮法。淺刮時，用刀片多摩擦，反覆刮；深刮時，可以刮到皮膚微微出血。操作時注意採樣力度。 （4）將刮取物放到滴有 50%甘油的載玻片上，取蓋玻片將刮取物輕輕按壓，盡量使刮取物與溶液混勻。 （5）採樣結束後在採樣部位塗擦碘酒消毒。
4	結果判定	顯微鏡下發現疥蟎或疥蟎的卵可確診。
5	結果處理	（1）對確診患疥蟎病的寵物採取療程治療。 （2）對未能確診，卻高度疑似的寵物可多次、重複採樣檢查或用藥物排查。 （3）對健康寵物，做好體外寄生蟲病的預防驅蟲工作。

二、蠕形蟎病的實驗室診斷技術		
序號	內容	要　點
1	器材	剪毛剪 1 把、手術刀片 2 個（鈍刀片）、止血鉗一把、載玻片、蓋玻片、碘酒棉球、酒精棉球、顯微鏡。
2	試劑	50%甘油。
3	操作方法	(1) 選取 2～3 個新鮮患處或搔癢特別嚴重的部位，剪毛，並用 75%酒精稍擦拭消毒。 (2) 採樣部位選擇患部與健康皮膚交界處，優選有毛區。 (3) 採樣方法：採樣方法可選擇拔毛法、擠壓法或深刮法。 ①拔毛法和擠壓法可聯合使用。選定採樣部位後，先用力擠出毛囊內容物，再拔取毛髮，確保樣本的代表性。 ②深刮時注意要刮到皮膚出血，確保刮取深度達到真皮層，即蠕形蟎寄生部位。操作時需注意採樣力度。 (4) 將所採樣本放到滴有 50%甘油的載玻片上，取蓋玻片將刮取物輕輕按壓，盡量使刮取物與溶液混勻。 (5) 採樣結束後在採樣部位塗擦碘酒消毒。
4	結果判定	顯微鏡下發現蠕形蟎或蠕形蟎的卵可確診。
5	結果處理	(1) 對確診患蠕形蟎病的寵物採取療程治療。 (2) 對未能確診，卻高度疑似的寵物可多次、重複採樣檢查或用藥物排查。 (3) 對健康寵物，做好體外寄生蟲病的預防驅蟲工作。

三、姬螯蟎病的實驗室診斷技術		
序號	內容	要　點
1	器材	透明膠帶（專用）、載玻片、蓋玻片、顯微鏡。
2	試劑	50%甘油。
3	操作方法	(1) 選取 2～3 個新鮮患處或搔癢特別嚴重的部位，剪毛，並用 75%酒精稍擦拭消毒。 (2) 採樣部位選擇背部皮屑集中處。 (3) 採樣方法：採樣方法可選擇透明膠帶黏取法。 ①選用透明度較高的膠帶裁剪成載玻片大小。 ②選定背部皮屑較多處，直接按壓黏取。 採樣時，在保證樣本不疊加的情況下多黏幾處。 (4) 將黏取病料的透明膠帶直接黏在滴有 50%甘油的載玻片上鏡檢即可。

4	結果判定	顯微鏡下發現姬螯蟎或姬螯蟎的卵可確診。
5	結果處理	(1) 對確診患姬螯蟎病的寵物採取療程治療。 (2) 對未能確診，卻高度疑似的寵物可多次、重複採樣檢查或用藥物排查。 (3) 對健康寵物，做好體外寄生蟲病的預防驅蟲工作。

四、耳癢蟎病的實驗室診斷技術

序號	內容	要　點
1	器材	一次性棉花棒若干、載玻片、蓋玻片、顯微鏡。
2	試劑	50%甘油。
3	操作方法	(1) 將棉花棒伸入寵物外耳道內塗抹採樣。 (2) 將所採樣本置於滴有50%甘油的載玻片上，充分混勻後，取蓋玻片輕輕按壓。
4	結果判定	顯微鏡下發現耳癢蟎或耳癢蟎的卵可確診。
5	結果處理	(1) 對確診患耳癢蟎病的寵物採取沖洗、塗藥及療程治療。 (2) 對未能確診，卻高度疑似的寵物可多次、重複採樣檢查或用藥物排查。 (3) 對健康寵物，做好體外寄生蟲病的預防驅蟲工作。

實訓報告	在教師指導下完成附錄的實訓報告

複習與練習題

一、是非題

（　）1. 常說的蟎病就是指疥蟎感染。

（　）2. 疥蟎病檢查時採樣部位主要是病變部位與健康皮膚交界處。

（　）3. 耳蟎也是蟎蟲的一種，牠不僅能寄生在耳道內，還可以定居到皮膚的其他部位。

（　）4. 疥蟎是所有蟎蟲中引起搔癢感最強烈的。

（　）5. 犬蟎蟲可能感染人，所以要避免和患蟎病的犬接觸。

（　）6. 蠕形蟎病寄生在動物的毛囊和皮脂腺內。

（　）7. 蠕形蟎病不能根治，只能達到臨床治癒，易復發。

（　）8. 姬螯蟎寄生於皮膚角質層。

（　）9. 疥蟎是一種體型微小的節肢動物。

（　）10. 疥蟎病檢查採樣時要深刮才可能採集到蟲體或蟲卵。

二、單選題

1. 我們常說的蟎病不包括（　）。
A. 疥蟎　B. 蠕形蟎　C. 姬螯蟎
D. 耳癢蟎　E. 塵蟎
2. 治療疥蟎病的藥物不包括（　）。
A. 伊維菌素　B. 雙甲脒　C. 溴氰菊酯　D. 左旋咪唑
3. 以下犬種感染蟎後，不能應用伊維菌素的是（　）。
A. 鬥牛犬　B. 柯利犬　C. 幼齡犬　D. 雪橇犬
4. 疥蟎的發育過程中不包括（　）。
A. 蟲卵期　B. 幼蟲期　C. 蛹期　D. 成蟲期
5. 以下蟎蟲中，能在動物皮內挖掘隧道的是（　）。
A. 疥蟎　B. 姬螯蟎　C. 蠕形蟎　D. 耳癢蟎
6. 懷疑動物患蠕形蟎病，採樣時常用的採樣方法不包括（　）。
A. 淺刮法　B. 深刮法　C. 拔毛法　D. 擠壓法
7. 懷疑動物患疥蟎病，採樣時常用的採樣方法是（　）。
A. 淺刮法或深刮法　B. 透明膠帶黏取法
C. 拔毛法　D. 擠壓法
8. 懷疑動物患姬螯蟎病，採樣時常用的採樣方法是（　）。
A. 透明膠帶黏取法　B. 深刮法
C. 拔毛法　D. 擠壓法
9. 確定動物感染蟎蟲後，用藥時間為（　）。
A. 7d　B. 14d　C. 21d　D. 28d
10. 臨床病例中發現一隻犬出現搔癢表現劇烈的皮膚病症狀，在採樣鏡檢後未發現任何病原，但注射伊維菌素後症狀有所緩解，高度懷疑該病例感染的是（　）。
A. 疥蟎　B. 蠕形蟎　C. 姬螯蟎　D. 耳癢蟎

習題答案

一、是非題

1. × 2. √ 3. × 4. √ 5. √ 6. √ 7. √ 8. √ 9. √ 10. ×

二、單選題

1.E　2.D　3.B　4.C　5.A　6.A　7.A　8.A　9.D　10.A

參考文獻

陳溥言，2006. 獸醫傳染病［M］. 北京：中國農業出版社.

陳鵬，2020. 一例犬心絲蟲病例的診治體會［J］. 湖南畜牧獸醫，220（6）：30-32.

崔世烈，2015. 一例貓後睪吸蟲病的診治報告［J］. 畜牧獸醫科技資訊（08）：1.

丁朝陽，席曉華，熊德友，2017. 婁底市一起犬感染布魯氏菌病的流行病學調查［J］. 湖南畜牧獸醫，(03)：9-10.

丁向陽，何樹軍，2017. 犬虱形態學及中西藥結合治療觀察［J］. 中獸醫醫藥雜誌，36（06）：68-69.

范惠娟，2022. 犬葡萄球菌引發膿皮症臨床診療 1 例［J］. 中國工作犬業（01）：52-53.

俸忠蘭，王正學，白正廣，等，2015. 藏獒艾利希氏體病的診斷與治療［J］. 中國畜牧獸醫文摘，31（03）：178-179.

韓曉暉，王雅華，2008. 寵物寄生蟲病［M］. 北京：中國農業科學技術出版社.

郝雲峰，由欣月，秦彤，等，2019. 犬冠狀病毒診斷技術研究進展［J］. 中國畜牧獸醫，46（12）：3514-3519.

江林宜，2017. 一例犬耳癢蟎病的防治［J］. 中國畜牧獸醫文摘，33（07）：157.

姜紅偉，彭澎，2021. 一例犬鉤蟲病的診治及驅蟲方案［J］. 畜牧獸醫科技資訊，(05)：206-207.

李平松，2022. 中西醫結合治療犬細小病毒病［J］. 畜牧獸醫科技資訊（01）：159-161.

李新，王雯，姜岩，等，2019. 貓華支睪吸蟲病的診斷報告［J］. 中國獸醫雜誌，55（01）：100-101.

林德貴，2014. 常見的寵物臨床人獸共患病診治［J］. 中國動物檢疫，31（07）：70-72.

劉亮，金玉榮，任婧，2021. 一例犬冠狀病毒病的診治與體會［J］. 廣西畜牧獸醫，37（03）：125-126.

羅永莉，何航，陳脊宇，等，2020. 一例犬球蟲病的診治［J］. 當代畜牧（02）：18.

呂亞茹，王磊，常曉未，2022. 冷面殺手「天花」消亡史［J］. 中國醫學人文，8（04）：68-69.

馬世波，田啟超，2020. 泰迪犬附紅血球體症的診治［J］. 山東畜牧獸醫，41（01）：67-68.

孟璞岩，楊帆，李浩棠，等，2017.1 例犬疱疹病毒感染的病例報告［J］. 畜牧與獸醫，49（01）：121.

龐博，郭瑞，郭文潔，2021.1 例犬弓首蛔蟲病的治療［J］. 養殖與飼料，20（11）：157-158.

單敏，安娜，劉宏鋒，等，2019. 犬利什曼原蟲病例報告［J］. 中國獸醫雜誌，55（11）：83-85.

唐歡，高晨曦，王怡，等，2022. 一例貓傳染性腹膜炎病的診斷與治療［J］. 今日畜牧獸醫，38（08）：103-105.

王海軍，張超，2022. 一犬細小病毒感染併發腸套疊的病例報告［J］. 山東畜牧獸醫，43（03）：37-39.

王旭東，王凡，周冰倩，2021. 重慶市北碚區寵物源沙門菌耐藥性監測及 ESBL 和 PMQR 基因檢測

［J］．微生物學通報，48（08）：2714-2722.
王雅麗，王亨，崔璐瑩，等，2018. 犬鉤端螺旋體感染診治病例［J］．中國獸醫雜誌，54（12）：86-88.
徐盾，2017. 犬並殖吸蟲病的診治［J］．畜牧獸醫科技資訊（05）：13-14.
羊建平，張鴻，2012. 寵物疫病［M］．北京：中國農業出版社．
楊玉平，樂濤，2008. 寵物傳染病與公共衛生［M］．北京：中國農業科學技術出版社．
尹駿杰，2021. 一例幼犬梨形鞭毛蟲混合梭狀芽孢桿菌感染引起急性腸炎的病例分析［J］．浙江畜牧獸醫，46（01）：38-39.
于叢爽，陳曉蕾，斯旭曈，2021. 一例貓泛白細胞減少症的診治及體會［J］．福建畜牧獸醫，43（04）：49-50.
于清宏，2021. 犬疥蟎病的診治［J］．養殖與飼料，20（04）：109-110.
曾靖棋，周夢圓，馬玉芳，2022. 一例犬瘟熱的診治［J］．福建畜牧獸醫，44（03）：65-67.
張丹輝，2020. 陝西圈養大熊貓常見病毒病檢測與防治研究［D］．楊凌：西北農林科技大學．
張鳳珍，叢春英，2008. 一例北京犬白色念珠菌病的診斷與治療［J］．畜牧獸醫科技資訊（01）：86.
張羽，陽玉彪，勞小香，等，2015. 1 例警犬韋氏巴貝斯蟲病的綜合診治［J］．黑龍江畜牧獸醫（04）：130-131.
趙培，牛亞樂，趙小利，等，2016. 一例犬假性狂犬病的病例報告［J］．江西農業（01）：14.
周金龍，應佳樂，黃豔，等，2020. 一例幼犬蠕形蟎病的診療體會［J］．浙江畜牧獸醫，45（05）：41-42.
周雲峰，劉娟，裴儒羿，等，2018. 一例犬感染吸吮線蟲的診治［J］．畜牧獸醫科技資訊（07）：152-153.
卓國榮，周紅蕾，張斌，等，2018. 一例寵物犬弓形蟲病的診治［J］．黑龍江畜牧獸醫（16）：129-131.
鄒積振，馬燕麗，董崇波，2016. 一例犬蜱病感染的診治［J］．特種經濟動植物，19（04）：9-10.

附錄 1　任務工作單

學生任務分配表

<table>
<tr><td>班級</td><td></td><td>組號</td><td></td><td>指導教師</td><td></td></tr>
<tr><td>組長</td><td></td><td>學號</td><td colspan="3"></td></tr>
<tr><td>組員</td><td colspan="5">
<table>
<tr><td>姓名</td><td>學號</td><td>姓名</td><td>學號</td></tr>
<tr><td></td><td></td><td></td><td></td></tr>
<tr><td></td><td></td><td></td><td></td></tr>
<tr><td></td><td></td><td></td><td></td></tr>
<tr><td></td><td></td><td></td><td></td></tr>
<tr><td></td><td></td><td></td><td></td></tr>
</table>
</td></tr>
<tr><td>任務分工</td><td colspan="5"></td></tr>
</table>

自主探學表

組號：__________姓名：__________學號：__________檢索號：__________
章：__________節：__________任務：__________
任務中案例導入問題的解決要點：

思考 1 解決要點	思考 2 解決要點	思考 3 解決要點

合作研學表

組號：__________姓名：__________學號：__________檢索號：__________

章：　__________節：　__________任務：__________

任務中案例導入的問題：

（1）小組交流討論，教師參與，形成正確的解決方案要點。

思考 1 解決要點	思考 2 解決要點	思考 3 解決要點

（2）記錄自己存在的不足。

____

____

____

____

____

展示賞學表

組號：__________姓名：__________學號：__________檢索號：__________
章：__________節：__________任務：__________

（1）每個小組推薦一位小組長，匯報任務導入案例中問題的解決方案要點，借鑑每組經驗，進一步優化方案。

思考 1 解決要點	思考 2 解決要點	思考 3 解決要點

（2）記錄每一組的優勢方案。

____

____

____

____

____

疾病診治過程記錄表

組號：__________姓名：__________學號：__________檢索號：__________

章：　__________節：　__________任務：__________

引導問題：按照疾病診治方案，對任務中案例導入的疾病診治問題進行解決，並記錄診治過程。

疾病診治過程記錄

診　斷		治　療	
診斷方法	診斷方法要點	治療方法	治療方法要點

個人自評表

組號：__________姓名：__________學號：__________檢索號：__________
章：__________節：__________任務：__________

班級		組名		日期	
評價指標	評價內容			分數	自評分數
資訊檢索	能有效利用網路、圖書資源查找有用的相關資訊等；能將查到資訊有效應用到學習中			10	
感知課堂	是否熟悉診療工作職位，認同工作價值；在學習中獲得滿足感，課堂氛圍良好			10	
參與態度	積極主動與教師、同學交流，相互尊重、理解；能進行有效溝通、適時進行資訊交流			10	
	能處理好合作學習和獨立思考的關係，做到有效學習；能提出有意義的問題或發表個人見解			10	
知識、能力獲得情況	有效達成知識目標			10	
	有效達成能力目標			10	
	有效達成素養目標			10	
思維態度	是否能發現問題、提出問題、分析問題、解決問題、創新問題			10	
自評回饋	準時高效完成任務；較好地掌握知識點；具有較強的資訊分析能力和理解能力；具有較為嚴謹、全面的思維能力並能條理清晰地表達			20	
合計				100	
有益的經驗和做法					
總結及回饋建議					

小組內互評驗收表

組號：__________姓名：__________學號：__________檢索號：__________
章：__________節：__________任務：__________

班級		組名		日期	
驗收組長		成員			
驗收任務					
驗收評價標準	評價內容			分數	分數評定
	該同學在診療流程中出錯，錯一處扣 5 分			40	
	該同學能積極主動與教師、同學交流，相互尊重、理解；能進行有效溝通、適時進行資訊交流			10	
	該同學能處理好合作學習和獨立思考的關係，做到有效學習；能提出有意義的問題或發表個人見解			10	
	該同學學習方法得當，獲得進一步學習的能力			10	
	該同學能發現問題、提出問題、分析問題、解決問題、創新問題			10	
	該同學能準時高效完成任務；較好掌握知識點；具有較強的資訊分析能力和理解能力；具有較為嚴謹、全面的思維能力並能條理清晰地表達			20	
評價分數合計				100	
該同學不足之處					
針對性改進建議					

小組間互評表

被評組號：__________評價組號：__________檢索號：__________
章：______________節：______________任務：____________

班級		被評組號		日期	
評價指標	評價內容			分數	分數評定
匯報表述	表達準確			15	
	語言流暢			10	
	準確描述該組的完成情況			15	
內容正確度	內容正確			30	
	表達到位			30	
互評分數合計				100	
該組不足之處					
針對性改進建議					

教師評價表

組號：__________姓名：__________學號：__________檢索號：__________
章：__________節：__________任務：__________

班級		被評組號		教師	
出勤情況					
評價內容	評價要點			分數	分數評定
1. 查閱文獻情況	任務實施過程中文獻查閱	(1) 是否查閱資訊資料		10	
		(2) 正確運用資訊資料		10	
2. 互動交流情況	組內交流，教學互助	(1) 積極參與交流		15	
		(2) 積極接受教師指導		15	
3. 任務完成情況	規定時間內完成度和完成準確度	(1) 在規定時間內完成		20	
		(2) 完成準確度		30	
分數合計				100	

附錄 2　實訓報告

<table>
<tr><td>姓名</td><td></td><td>學號</td><td></td><td>專業及班級</td><td></td><td>指導教師</td><td></td></tr>
<tr><td>課程名稱</td><td colspan="3"></td><td>實訓名稱</td><td colspan="3"></td></tr>
<tr><td>實訓時間</td><td colspan="3"></td><td>實訓地點</td><td colspan="3"></td></tr>
<tr><td>實訓目的</td><td colspan="7"></td></tr>
<tr><td>實訓內容和操作步驟</td><td colspan="7"></td></tr>
<tr><td>小組成員及其分工</td><td colspan="7"></td></tr>
<tr><td>實訓過程記錄</td><td colspan="7"></td></tr>
<tr><td>實訓效果或體會</td><td colspan="7"></td></tr>
<tr><td>建議和其他</td><td colspan="7"></td></tr>
<tr><td>教師評語</td><td colspan="7"></td></tr>
</table>

寵物疫病

主　　編：陽玉彪，林德貴
發 行 人：黃振庭
出 版 者：崧燁文化事業有限公司
發 行 者：崧燁文化事業有限公司
E-mail：sonbookservice@gmail.com
粉 絲 頁：https://www.facebook.com/sonbookss/
網　　址：https://sonbook.net/
地　　址：台北市中正區重慶南路一段61號8樓
8F., No.61, Sec. 1, Chongqing S. Rd., Zhongzheng Dist., Taipei City 100, Taiwan

電　　話：(02)2370-3310
傳　　真：(02)2388-1990
印　　刷：京峯數位服務有限公司
律師顧問：廣華律師事務所 張珮琦律師

定　　價：550元
發行日期：2024年10月第一版
◎本書以POD印製

國家圖書館出版品預行編目資料

寵物疫病 / 陽玉彪，林德貴 主編 . -- 第一版 . -- 臺北市：崧燁文化事業有限公司, 2024.10
面；　公分
POD版
ISBN 978-626-394-950-8(平裝)
1.CST: 家畜病理學 2.CST: 傳染性疾病 3.CST: 寄生蟲感染疾病 4.CST: 疾病防制
437.257　　113015382

電子書購買

爽讀 APP

臉書